高等学校教材
本教材荣获中国工程图学学会优秀教材奖
课件荣获全国高等学校计算机课件评比二等奖

工程图学简明教程

A CONCISE COURSE OF ENGINEERING GRAPHICS （第六版）

王成刚　赵奇平　主　编

刘雪红　姚　勇　副主编

U0178215

武汉理工大学出版社

内 容 简 介

本套教材是在对"工程图学"的本质及教育功能再认识的基础上,着眼于新时期对人才的要求,以加强对学生综合素质及创新能力的培养为出发点,结合编者多年来教学改革成果编写而成的。它由教程、习题集和数字化辅助教学资源三部分组成,内容包括工程图基本知识、投影理论基础、组合体、轴测图、工程形体常用表达法、机械图、计算机绘图与建模、房屋建筑图、展开图及焊接图等。数字化辅助教学资源(DVD 光盘)与教程及习题集内容紧密配合,内容包括基于 VR、AR 技术的 APP 软件,电子教案,电子习题集,解题指导等,可全方位辅助本课程的教与学,通过电脑、手机等终端实现辅助教课与辅助学习的功能。

本教材针对高等学校"工程图学"(或"工程制图")课而编写,适用于 36~96 学时各专业的课堂教学、网络教学、教学参考及自学。

对教程中的标题、内容提要及专用术语,给出了英汉对照,以适应时代发展及双语教学的需要。

Introduction

This book provides students with new and enlarged perceptions and insight into engineering graphics study based on the author's many years' teaching experiences and deep research into the field. It aims to foster in students the genuine creativity so as to meet the requirement of the current age for talented people with comprehensive abilities. The book consists of three parts-text books, exercise book, and the digital assisted teaching resources. Its contents cover a wide range of aspects including fundamental knowledge of engineering drawing, basic projection theories, combined solids, axonometric representation, commonly used descriptions for engineering structures, mechanical drawings, computer graphics and modeling, housing architecture drawings, developed drawings and its welding drawings, etc. Digital supplementary teaching resources (DVD) are tightly integrated with tutorials and exercise books. Its content includes an app based on VR and AR technology, electronic lesson plans, electronic exercise books and its guidance, etc. It's committed to assist the teachers' teaching and the students' learning of the course in all aspects, allowing teachers and students to achieve the function of auxiliary teaching and learning through computers, mobile phones and other terminals.

This textbook aims complied for compensate the engineering graphics lecturing at universities. It requires 36-96 hours and is suitable for classroom lecturing, online teaching or self-studying.

A list of English versions for title, abstract and special terminologies are given at the back of the book for bilingual teaching purpose.

图书在版编目(CIP)数据

工程图学简明教程/王成刚,赵奇平主编. −6 版. −武汉:武汉理工大学出版社,2022.1(2024.5 重印)
ISBN 978-7-5629-6432-2

I. ①工… II. ①王… ②赵… III. ①工程制图-高等学校-教材 IV. ①TB23

中国版本图书馆 CIP 数据核字(2021)第 142565 号

项目负责人:陈军东 陈 硕 徐 扬　　　　　　　　　　责任编辑:陈 硕
责 任 校 对:黄 鑫　　　　　　　　　　　　　　　　　排　 版:芳华时代
出 版 发 行:武汉理工大学出版社
社　　　　址:武汉市洪山区珞狮路 122 号　邮编:430070
经　　　　销:各地新华书店
印　　　　刷:崇阳文昌印务股份有限公司
开　　　　本:787×1092 1/16　印张:18　字数:460 千字
版　　　　次:2022 年 1 月第 6 版
印　　　　次:2024 年 5 月第 3 次印刷　总第 31 次印刷
印　　　　数:163001—168000 册
定　　　　价:40.00 元(随教材赠送 DVD 光盘——数字化辅助教学资源)

《工程图学简明教程》(第六版)编辑委员会

第 六 版 前 言

随着"工程图学"课的教学改革及探索的不断深入,本课程的教学目的及任务也越来越明确。"工程图学"作为一门工科、应用理科及工程管理学科各专业都开设的工程基础课,作为一门培养高级技术人才的工程学科入门课程,肩负着培养学生基本工程素质、空间思维与想象能力、动手能力及综合素质的重任,这已逐步成为广大"工程图学"教育工作者的共识。

本套教材正是在上述共识的基础上,着眼于新时期对人才的要求,以加强对学生综合素质及创新能力的培养为出发点,结合编者多年来教学改革成果编写而成的。它综合考虑了当前的教师和学生状况,使教学内容、教学方法与教学手段相协调,力求在不增加教师和学生负担的前提下,充分利用有限的教学资源,最大限度地调动学生的学习主动性和积极性,从而使"工程图学"教育从以"知识、技能"为主的教育,向以"知识、技能、方法、能力、素质"综合培养的教育转化。

在本套教材的编写过程中,秉承了我国"制图教育"的经验及特色,并充分运用了现代教育理论和方法论的研究成果,将"工程图学"知识与"方法论"相结合,使学生在学习"工程图学"知识、进行工程制图基本训练的同时,得到科学思维方法的培养及空间思维能力、创新能力的开发和提高。

在教材体系和内容的编排上,力求简明扼要,并紧紧围绕以"学"为中心、以"素质提高"为目的的指导思想,力图为处理好下列关系提供切实可行的方法和途径:

(1)知识学习、能力培养与素质提高的关系;

(2)仪器图、草图训练与计算机绘图的关系;

(3)基础知识与工程应用的关系;

(4)理论知识与工程实践的关系;

(5)多媒体教学与传统教学、动手能力培养的关系;

(6)课内教学与课外复习、练习的关系。

本套教材在 2017 年第五版的基础上,经过反复征询使用教师、学生及本学科专家、教授的意见和建议,根据时代及学科发展的需要,对教材内容进行了修订及完善,更新了相应国家标准,升级并修订了计算机绘图相应内容,增加了 Inventor 三维建模相关内容,并在附录中增加了"弹簧"内容。该套教材由武汉理工大学的王成刚副教授、赵奇平教授任主编,武汉理工大学的刘雪红副教授、姚勇老师任副主编,王成刚负责统筹修订。参加本次教材修订的还有全体《工程图学简明教程》编辑委员会的成员。在此,谨向支持、帮助、关心本教材的领导、同事和朋友表示衷心的感谢。

本教材一直以来,得到了北京理工大学董国耀教授、焦永和教授,清华大学童秉枢教授、许隆文教授,武汉大学丁宇明教授、密新武教授的关心、帮助与指导,他们对本教材的体系完善、概念准确、质量提高等方面提出了若干宝贵的修改意见和建议,在此,对他们表示衷心的感谢。

还要感谢使用本教材的教师及同学们,他们在教材的使用中提出了很多好的建议,从而使该教材得以不断完善。

与该教程配套的《工程图学简明习题集》(第六版)及"工程图学简明教程数字化教学资源"一并出版，形成了一整套数字化、立体化的教材。

在本套教材的编写及修订过程中，参考了部分同学科的教材、习题集等文献(见书后的"参考文献")，在此谨向文献的作者致谢。由于编者水平有限，书中的缺点、谬误之处，恳请广大同仁及读者不吝赐教，在此谨先表谢意。

让所有"工程图学"课的教师都能轻松地教，

让所有的学生都能愉快地学，

让所有学到的知识都能转化为解决实际问题的能力，

让所有使用本教材的学生都能在潜移默化中得到工程素质和创新能力的提高！

——这便是我们的愿望以及我们编写本教材的所有目的。

编者
2022 年元月
于马房山

目　　录

0 绪 论
Chapter 0　Preface

0.1　工程图学课的本质和特征
[Nature and characteristics of engineering graphics]

图[picture,drawing]是用绘画表现出来的形象。自人类社会产生以来,最先使用的交流媒介便是语言和图。人类社会的进一步发展才产生了文字,而文字的最原始形态也是图。由此可见,图是人类进行交流的三大媒介(语言、文字和图)之一,这三大媒介各有特色,又相互联系,从而构成了人类交流的基本形态。那么,为什么这种最原始的形态在科技如此发达的今天,其作用不但没有减弱,反而由于图像处理技术的发展而得以不断增强呢? 其原因就在于图自身的特性。因为图具有形象性、象形性、整体性和直观性,还具有审美性、抽象性等特性,它既可以是客观事物的形象记录,又可以是人们头脑中想象形象的表现,既可记录过去,又可反映现在和未来。这些特性决定了图在人类社会发展中的不可替代性。随着计算机科学的发展,进一步打通了图与数之间的关联,使图与数之间的转化成为可能,从而揭示出了图更深层的特性。**图形**[figure]则是在纸或其他平面上表示出来的物体的形状。而研究空间形体的形状、大小和位置的相互关系的科学正是**几何学**[geometry]。

工程[engineering]是一切与生产、制造、建设、设备相关的重大的工作门类的总称。如机械工程、建筑工程、电气工程、采矿工程、水利工程、航天工程、生物工程等。每个工程门类都有其自身的专业体系、专业规范和专业知识。显然,在本门课程的教学中没有可能,也没有必要把所有的专业知识都介绍给学生,更无法预知学生毕业后的具体工作领域及发展方向。然而,一切工程也有其共性,工程的核心概念是设计和规划,而设计和规划的表达形式都离不开工程图样。工程的基本特性主要体现为实用性和实效性,它以理论为基础和指导,但必须落实到具体工程问题的解决上。由于工程问题的多样性及复杂性,使得每一个工程都有其自身的特点,其解决方法都将会因时、因地、因人而异。由此可见,工程图样的共性主要体现在几何形体的构成及表达上、工程图通用规范的运用和工程问题的分析方法上。

对理工科学生而言,科学素质可谓是立业之本,而构成科学素质的重要基础便是数学、几何学、物理学、化学等基础学科。这些基础学科与工程应用相结合,便形成了培养人才工程素质的重要内容。如数学与工程应用相结合便形成了工程数学,物理学与工程应用相结合便形成了工程力学、电工学,化学与工程应用相结合便形成了有机化学、无机化学,而几何学与工程应用及工程规范相结合便形成了工程图学。由此不难看出,工程图学并不是仅为某个特定专业提供基础,而是作为"**工程教育**"[engineering education]的一部分,为一切涉及工程领域的人才提供空间思维和形象思维表达的理论及方法。

为此,可认为"工程图学"课程的本质就是**以几何学为基础,以投影法为方法,研究几何形体的构成、表达及工程图样绘制、阅读基础的工程基础课**。其特征主要体现为:

（1）基础性［Fundamentality］

工程图学是作为一切工程和与之相关人才培养的工程基础课,并为后续的工程专业课的学习提供基础。

（2）学科交叉性［Interdisciplinary connection］

工程图学是几何学、投影理论、工程基础知识、工程基本规范及现代绘图技术相结合的产物。

（3）工程性［Engineering］

工程图学的研究对象是工程中的形体构成、分析及表达,需随时与工程规范、工程思想相结合。

（4）实用性［Practicability］

工程图学除基础性之外,还具有广泛的实际应用性,是理论与实践相结合的学科。

（5）通用性［Common］

工程图作为工程界的通用语言,具有跨地域、跨行业性,无论古今、中外,尽管语言、文字不同,但工程图的表达方法都是相似的。

（6）方法性［Methodology］

工程图学中处处蕴含着工程思维和形象思维的方法,可有效地培养学生的空间想象能力和分析、综合能力。

0.2　工程图学教育的功能
［Importance of engineering graphics］

为了满足新时期对人才培养的需要,工程图学教育应具备如下功能:

（1）培养学生工程素质［engineering qualities］的功能

主要包括工程概念的形成、工程思想方法的建立、工程人员基本识图、绘图能力及工作作风的培养和训练。

（2）培养学生空间思维能力和空间想象能力的功能

本课程的一个显著特点是"以投影法为方法,研究几何形体的构成及表达",其核心就是空间要素的平面化表现和平面要素的空间转化。正是通过这两种互相转化的训练,将学生固有的三维物态思维习惯提升到形象思维和抽象思维相融合的层次,从而使学生得到"见形思物"和"见物想形"的空间思维能力和空间想象能力的培养。

（3）培养学生图形表达能力的功能

作为现代高级工程人才,不仅需要具有语言表达能力和书面表达能力,还需要具有图形表达能力。工程图样是工程界的通用技术语言,所有的创造发明、技术革新、设备改造,都需要用图样将设计构思表达出来。因此,图形表达能力也是工程人才需必备的基本能力之一。

（4）培养学生的分析、综合能力和开拓、创新意识的功能

在绘图与识图的训练中,随时应注重将分析方法与综合方法相结合,使学生学会从整到分的复杂问题简单化处理的分析方法和由分到整、由多个视图把握整体形状及结构的综合方法,从而提高学生的分析、综合能力。在对形体表达方案的多样性与唯一性、视图表达物体的不确定性与确定性的分析训练中,逐步打破学生的思维定势,从而培养学生的开拓、创新意识。

（5）为后续课程学习打基础的功能

本课程仅作为工程人才培养的一门工程基础课，为后续相关工程课的学习打下基础。如需深入到某一专业领域，则需补充相关的专业知识和专业规范，从而构成对专业图样的阅读和表达能力，为此，必须使学生基础扎实。只有具备扎实的基础，才能在需要时进行知识对接，才能很快地进行知识及能力的扩展。这就要求本课程的教学必须重点突出，而不是面面俱到。

（6）培养学生手工绘图及计算机绘图，提高学生动手能力的功能

绘制工程图是工程设计的一个重要环节，熟练运用绘图工具及计算机，绘出符合国家标准要求的图纸，将是工程人员动手能力的重要体现。

（7）拓宽学生的知识面、使学生形成合理的知识结构的功能

今天的大学生是 21 世纪祖国的栋梁，他们中的一部分将走上管理及领导岗位。图形表达及分析的思维方法可直接应用于企业管理及工作方法之中，使管理程序化、工作条理化，从而提高管理水平及工作效率。

0.3 本课程的教学目的
[Teaching objectives]

（1）学会运用投影法进行工程形体的观察、分析的方法。
（2）学习工程形体的构成及表达方法。
（3）学习工程图样的基本规范及阅读方法。
（4）得到绘制、阅读工程图样的基本训练。
（5）学习计算机绘图、建模的基础知识及基本操作方法。
（6）培养形象思维、空间思维能力和开拓、创新精神。
（7）培养严谨求实、认真负责的工程素养。

0.4 本教材的主要特色
[Characteristics of the book]

（1）在投影基础部分贯彻了以"体"为主线的内容体系

把点、线、面视为立体上的几何元素，是"体"的表达的一部分，为"体"的分析及表达服务。精简了点、线、面投影的度量问题及综合图解部分的内容，使点、线、面的投影与"体"的投影紧密结合，从而达到学以致用、省时高效的目的。

（2）将截交、相贯归并到组合体部分进行讨论

把截交、相贯作为形成组合体的方式看待，改变了过分强调单一几何元素的投影理论而与"体"相脱离的现象，贴近了工程需求，突出并更加理顺了对"体"的理解。

（3）突出体现了加强对学生空间思维和创新能力的培养

在章节编排、文字描述和习题选编中，均加强了对综合思维能力的培养，尤其是对空间思维、形象思维、创新思维、多向思维能力的培养和训练，增加了二、三维间的转换互动的训练等。如习题集中增加了对号入座、构型练习、互动选择、一题多解、分向穿孔、凸凹互补、转位变换等题型，教材中增加了对不确定性问题的讨论等，以提高学生的分析、判断能力及综合解决工程

实际问题的能力。

(4)将投影图与视图概念区分使用,彻底解决了在教学中前后两个"视图"概念不一致的现象,避免了"三视图"对工程图样画法的负面影响。

(5)标准件、齿轮、零件图、装配图合并为一章

该部分作为工程图学知识在机械专业领域的典型应用,并增设"机械产品设计、制造与机械图"一节,使学生尽早获得初步的工程设计概念,加强对学生工程素质的培养,以利于学生将所学的知识向能力转化。

(6)加强了对草图及测绘的训练

教材及习题集中,安排了草图绘制方法、组合体模型测绘、轴测图草图绘制、零件测绘、部件测绘等环节,以提高学生的绘图实践能力。

(7)计算机绘图与建模部分独立设章,以利于教学时根据学时数及设备状况进行灵活安排。

(8)建筑图、展开图及焊接图部分,用于拓宽学生的知识面,并可供需要相关知识专业的学生学习。

(9)全部采用了最新国家标准。

(10)开发了"移动平台数字化辅助教学资源"APP 软件,将 AR(增强现实)技术引入到本教程及习题辅助教学之中,为学生利用互联网、手机辅助学习提供了条件,更有利于个性化教学、翻转课堂的开展。

(11)对教材中的标题、内容提要及专用术语,给出了相应的英文表述,以适应时代发展及双语教学的需要。

0.5 与本教材配套的数字化辅助教学资源介绍
[Introduce digital resources for assisting teaching]

为了方便教学及学生充分利用移动终端进行辅助学习,本套教材配送多媒体数字化辅助教学 DVD 光盘 1 张,其内容包括如下四个部分:

(1)移动终端 APP 软件

本套教程及习题集,共配套开发了 4 款 APP 软件,读者只需要将光盘中的 APP 软件拷贝到具有 Android 系统的手机上,安装完成后便可使用(无需下载及网络流量)。

①《工程图学简明教程立体动态模型库》APP(Android 版)

该软件包括了本教程主要例题的动态模型,软件安装后,无需上网,便可随时随地在手机上观看并交互式操作教程中的模型,相当于我们随身携带的模型库,可帮助学习者观察、分析模型、建立空间概念。

②《工程图学简明教程随手拍 AR 模型》APP(Android 版)

该软件将先进的 AR(增强现实)技术引入到本课程的辅助教学中。软件安装后,当学习到图号带有"⚫"图标的例题时,便可打开本软件,进入对应的章次,用手机照相镜头对准该例题的图,在手机屏幕上便会出现对应模型,并可进行交互式观察及分析,从而加深对模型及图样表达的理解。本技术的应用,可大大提高学习者的对学习本课程的积极性和主动性,提高学习效率。

③《工程图学简明习题集习题解答辅助系统》APP(Android 版)

该软件包括了本习题集题目的解答及主要立体的动态模型,软件安装后,无需上网,便可随时在手机等移动终端上观看习题对应的模型与解答,对于适合徒手绘图及补画第三投影的题目,还可在手机等移动终端上徒手画图、补图。这相当于学习者随身携带了习题集及模型库,可随时得到学习与练习中的帮助,并随时进行学习和练习。

③《工程图学简明习题集随手拍 AR 模型》APP(Android 版)

该软件将先进的 AR(增强现实)技术引入到本课程的辅助教学中。软件安装后,当练习中需要模型帮助时,便可打开本软件,进入对应章次,手机照相镜头对准该练习题的图形,则在手机屏幕上便会出现对应动态立体模型,从而得到动态模型的帮助,加深对模型及图样表达的理解。

(2)电子教案(PPT)

包括本教材的教学提纲、电子挂图及模型动画等,为开放式课件,供教师进行多媒体教学时使用,也可供学生自学及课后复习时参考。教学时教师可根据自己的教学习惯,方便地对课件进行修改、增删、重组,以达到最佳教学效果。

(3)《工程图学简明习题集解题指导》(电脑版)

包括与本书配套习题集中全部习题的解答、解题步骤及主要立体的模型动画,选择题还可直接在计算机上交互点选。该课件主要为学生课后作业提供适时的帮助、辅导,也可供教师进行课堂作业分析、讲解使用。

(4)电子习题集

包括了与本书配套习题集中适合于在计算机上进行作业的习题,为开放式 *.dwg 格式文件,学生可在计算机上直接使用 AutoCAD 完成相应作业。

此外,为了进行在线教学的需要,在超星 MOOC 平台上,构建了"工程图学"MOOC,可作为在线学习及混合式教学的教学资源,网址为:https://mooc1.chaoxing.com/course/214669892.html

0.6　本课程的学习方法建议

[Some tips and suggestions for learning the course]

(1)以"图"为中心,随时围绕"图"进行学习和练习。

(2)注意抽象概念的形象化,随时进行"物体"与"图形"的相互转化训练,以利于提高空间思维能力和空间想象能力。

(3)学与练相结合,必须保质保量地完成各相应部分的习题,才能使所学知识得以巩固(本课程中的练习,是教学中实践环节的重要体现,它是教学内容的重要组成部分)。

(4)适当的课前预习对学好本课程是十分必要的,它可提高听课效率。在听课时应积极主动地思考,听课后应及时进行练习,以加深对所学内容的理解,并巩固所学的内容。

(5)严格要求自己,随时注重对严谨、认真、负责、细致等优秀工程素养的培养。

(6)随时进行理论知识与工程知识的对比,从而了解工程知识与理论知识的差异,以尽早实现理论知识向应用的转化。

(7)随时运用所学的知识和方法,观察、分析所能见到的物体,并用于分析、解决实际问题,以实现理论知识向工作能力的转化。

（8）充分运用与本教材配套的数字化辅助教学资源进行学习和练习后的检查、对照,有利于所学知识的掌握和巩固,并有利于提高分析、思维能力。但完成作业时仍必须首先独立思考,才能真正实现知识的掌握和能力的提高。

1 工程图基本知识

Chapter 1 Fundamental Knowledge of Engineering Drawings

内容提要:本章主要介绍绘制工程图样所涉及的中华人民共和国国家标准《技术制图》及《机械制图》中有关图纸幅面、比例、字体、图线及尺寸标注等方面的基本规范,这些规范是一切工程技术图样都必须遵循的标准。同时,还将介绍常用绘图工具的使用方法、绘图的基本方法、步骤以及手工绘图的基本技能、技巧。使初学者了解绘制工程图样的基本规范,并得到规范手工绘图的基本训练。

Abstract:This chapter mainly deals with the basic standard of drawing width, scale, script, lines, and dimensioning. It is in strict accordance with the established standard specified in "Technological drawing" and "Mechanical drawing" set by People's Republic of China standard to be followed by all relevant engineering drawings. Meanwhile, the chapter also introduces some rudimentary methods of using drawing tools, and procedures of drafting drawings plus some skills and techniques of hand drawing.

1.1 工程图基本规范介绍
[Fundamental standards introduction of engineering drawings]

工程图样作为工程界的技术语言,要达到表达设计思想、进行技术交流的目的,就必须遵循统一的规范。这个统一的规范就是相关的中华人民共和国国家标准,简称国标,用字母 GB 表示。其中,涉及到各行各业都应遵循的内容,已被纳入中华人民共和国国家标准《技术制图》[technical drawings],它在具体内容上已与国际标准[ISO－International Organization for Standardization]的《技术制图》基本一致,以便于更广泛地进行国际间的技术交流与合作。同时,由于不同专业有其不同的要求及特色,因而不同的专业领域仍保留了本专业的国家标准,这一点需在学习及应用时注意区分和识别。

1.1.1 工程图通用术语[Special terminologies](GB/T 13361—2012)①

为了使工程内容的表达及交流规范化,GB/T 13361－2012 给出了若干技术制图中的通用术语及其定义,部分摘录如下:

(1)**图**[drawing]:用点、线、符号、文字和数字等描绘事物几何特性、形状、位置及大小的一种形式。

(2)**图样**[drawing]:根据投影原理、标准或有关规定,表示工程对象,并有必要的技术说明的图。

---

① 《标准化法》规定,国家标准分强制性标准和推荐性标准。"G"、"B"、"T"分别为"国家"、"标准"、"推荐"汉语拼音的第一个字母,13361 为该标准的顺序号,2012 表示标准颁布或修订的年份。

(3)**简图**[diagram]:由规定符号、文字和图线组成的示意性的图。

(4)**图形符号**[graphics symbols]:由图形或图形与数字、文字组成的表示事物或概念的特定符号。

(5)**简化画法**[simplified representation]:包括规定画法、省略画法、示意画法等在内的图示方法。

(6)**规定画法**[specified representation]:对标准中规定的某些特定表达对象,所采用的特殊图示方法。

(7)**省略画法**[omissive representation]:通过省略重复投影、重复要素、重复图形等达到使图样简化的图示方法。

(8)**示意画法**[schematic representation]:用规定符号和(或)较形象的图线绘制图样的表意性图示方法。

(9)**方案图**[conceptual]:概要表示工程项目或产品意图的图样。

(10)**原理图**[schematic diagram]:表示系统、设备的工作原理及其组成部分的相互关系的简图。

(11)**设计图**[design drawing]:在工程项目或产品进行构形和计算过程中所绘制的图样。

以上仅给出《技术制图》中的部分通用术语,其余内容将在相应的部分进行介绍。

1.1.2 图纸幅面和格式[Formats and style](GB/T 14689—2008)

1. 图纸幅面[Formats]

图纸幅面简称图幅,指由图纸的宽度和长度组成的图面,即图纸的有效范围,通常用细实线绘出,称为图纸边界线或裁纸线,基本幅面的尺寸及边框尺寸见表1.1。如基本幅面不能满足绘图时布图的需要,可采用加长幅面。加长幅面尺寸是由基本幅面的短边成整数倍增加而形成的,如 A3×3 为 420×891 即 420×(297×3)。需要时,可查阅 GB/T 14689—2008。

表1.1　基本幅面尺寸及图框尺寸　　　　　　　　　　　　　　　　(单位:mm)

幅面代号	A0	A1	A2	A3	A4
$B×L$	841×1189	594×841	420×594	297×420	210×297
a	25				
c	10			5	
e	20		10		

2. 图框[Border]

图框指图纸上限定绘图区域的线框,即绘图的有效范围,通常用粗实线绘出,称为图框线。图框线尺寸由表1.1中的 a、c、e 尺寸确定。加长幅面图纸的图框尺寸,应按所选用基本幅面大一号的图框尺寸确定。如 A3×3,则应按 A2 的边框尺寸确定。

图纸可横放(X 型)或竖放(Y 型),并分为装订型和非装订型两种格式。同一产品中的所有图样均应采用同一格式。具体画法及规定见表1.2。

3. 标题栏及明细栏[Title block and item block]

标题栏指由名称与代号区、签字区、更改区和其他区组成的栏目。它反映一张图样的综合信息,是图样的重要组成部分。明细栏一般用于装配图,格数根据需要确定,并与装配图中零件或部件的编号相对应,在装配图中自下而上按顺序填写。

(1)标题栏的格式及尺寸,由 GB/T 10609.1—2008 规定;明细栏的格式及尺寸,由 GB/T 10609.2—2009 规定,可根据需要选用,见图 1.1,有 a)、b)两种形式。

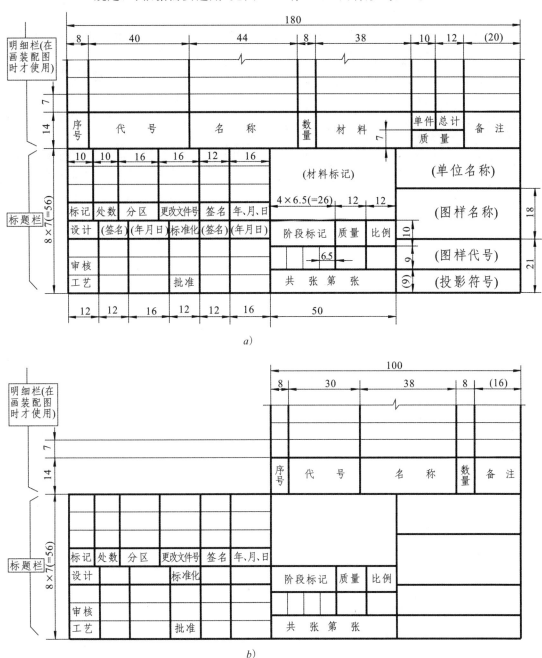

图 1.1　标题栏及明细栏的格式及尺寸

(2)标题栏通常应位于图纸的右下角,与看图方向保持一致。在特殊情况下(如采用印好边框的图纸,或布图受限时),可使标题栏位于图纸的右上角。如表 1.2 所示。

表 1.2 图样格式及边框画法

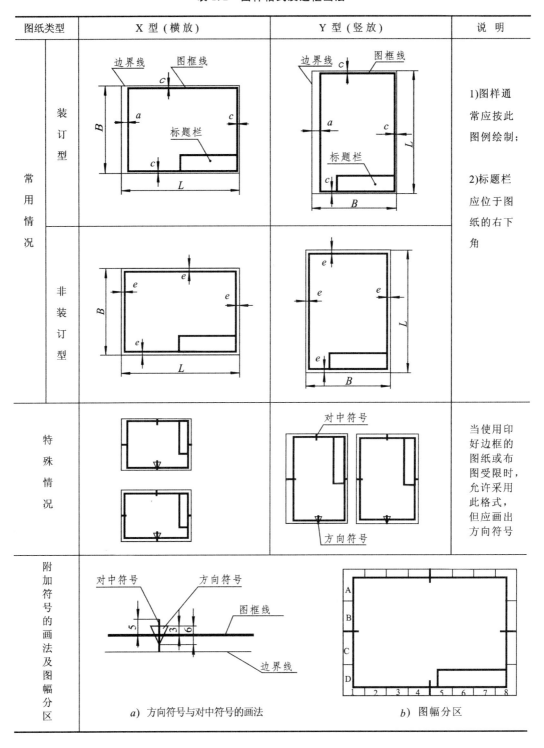

图纸类型		X 型（横放）	Y 型（竖放）	说　明
常用情况	装订型			1)图样通常应按此图例绘制； 2)标题栏应位于图纸的右下角
	非装订型			
特殊情况				当使用印好边框的图纸或布图受限时，允许采用此格式，但应画出方向符号
附加符号的画法及图幅分区		*a*) 方向符号与对中符号的画法	*b*) 图幅分区	

（3）标题栏的组成及各部分内容填写的要求如表 1.3 所示。

表 1.3　标题栏的组成及填写要求

区　名		填　写　要　求
更改区	标记	按照有关规定或要求填写更改标记
	处数	填写同一标记所表示的更改数量
	分区	必要时，按照有关规定填写。如 B3，表示更改处位于图纸 B3 区内
	更改文件号	填写更改所依据的文件号
	签名和年月日	填写更改人姓名和更改的时间
签字区	设计	设计人员签名、时间
	审核	审核人员签名、时间
	工艺	工艺人员签名、时间
	标准化	标准化人员签名、时间
	批准	负责人员签名、时间
其他区	材料标记	按相应标准或规定填写所使用材料的标记
	阶段标记	按有关规定从左到右填写图样的各生产阶段
	质量	所绘制图样相应产品的计算质量，以千克为单位时可不写单位
	比例	绘制图样所采用的比例
	共×张　第×张	同一图样代号中图样的总张数及该张所在的张次
	投影符号	第一角画法(可省略)：　　　　　　第三角画法：
名称与代号区	单位名称	绘制图样单位的名称或代号，也可因故不填写
	图样名称	绘制对象的名称
	图样代号	按有关标准或规定填写图样的代号

1.1.3　比例[Scale]（GB/T 14690—1993）

（1）绘制图样时所采用的比例是指图样中的图形与实物相应要素的线性尺寸之比，即"**图距：实距＝比例尺**"。比值为 1 的比例称为**原值比例**[full scale]，比值大于 1 的比例称为**放大比例**[enlargement scale]，比值小于 1 的比例称为**缩小比例**[reduction scale]。

（2）需要按比例绘制图样时，应从表 1.4 规定的系列中选取适当的比例。

表 1.4　绘图比例

种　类	比　　　　例
原值比例	$1:1$
放大比例	$2:1$　$(2.5:1)$　$(4:1)$　$5:1$　$1\times10^n:1$　$2\times10^n:1$　$(2.5\times10^n:1)$　$(4\times10^n:1)$　$5\times10^n:1$
缩小比例	$(1:1.5)$　$1:2$　$(1:2.5)$　$(1:3)$　$(1:4)$　$1:5$　$(1:6)$　$1:1\times10^n$　$(1:1.5\times10^n)$　$1:2\times10^n$　$(1:2.5\times10^n)$　$(1:3\times10^n)$　$(1:4\times10^n)$　$1:5\times10^n$　$(1:6\times10^n)$

注：1）n 为正整数。

　　2）必要时才允许选用括号内的比例。

为方便看图,建议尽可能按工程形体的实际大小用1∶1画图,如工程形体太大或太小,则采用缩小或放大的比例画图。不论放大或缩小,标注尺寸时必须标注工程形体的实际尺寸,见图1.2。

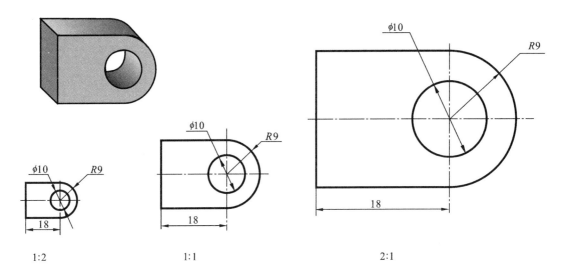

图 1.2 用不同比例画出的图形

(3)比例一般应标注在标题栏的比例栏内,必要时也可注在视图名称的下方或右侧,如

$$2 \colon 1 \qquad \frac{\mathrm{I}}{2 \colon 1} \qquad \frac{A}{1 \colon 100} \qquad \frac{B-B}{2.5 \colon 1} \qquad \frac{墙板位置图}{1 \colon 200} \qquad \underline{平面图 \; 1 \colon 100}$$

1.1.4 字体[Lettering](GB/T 14691−1993)

图样上除了反映工程形体形状、结构的图形外,还需要用文字、符号、数字对工程形体的大小、技术要求等加以说明。工程图中的文字,必须遵循下列规定。

(1)图样中书写的字体必须做到:字体工整、笔画清楚、间隔均匀、排列整齐。

(2)字体的号数用字体的高度(h)表示;字体高度的公称尺寸系列为:1.8、2.5、3.5、5、7、10、14、20(单位:mm)。

(3)汉字应写成长仿宋体,并应采用国家正式公布推行的简化字。汉字的高度不应小于3.5mm,其字宽一般为$h/\sqrt{2}$。图1.3所示为长仿宋体汉字示例。

(4)字母和数字分 A 型和 B 型,A 型字体的笔画宽度(d)为字高(h)的十四分之一,B 型字体的笔画宽度(d)为字高(h)的十分之一。

(5)字母和数字可写成斜体或直体(常用斜体)。斜体字字头向右倾斜,与水平线成75°。图1.4为数字及字母的 A 型斜体字的书写形式示例。

(6)综合运用时,用作指数、分数、极限偏差、脚注等的数字和字母,一般应采用小一号的字体;图中的数学符号、物理量符号、计量单位符号以及其他符号、代号,应分别符合国家有关法令和标准的规定,如图1.5所示。

10 号字

字体工整笔画清楚间隔均匀排列整齐

7 号字

横平竖直注意起落结构均匀填满方格

5 号字

技术制图机械电子汽车船舶土木建筑矿山井坑港口纺织服装

3.5 号字

螺纹齿轮端子接线飞行指导驾驶舱位挖填施工引水通风闸阀坝棉麻化纤

图 1.3　长仿宋体汉字示例

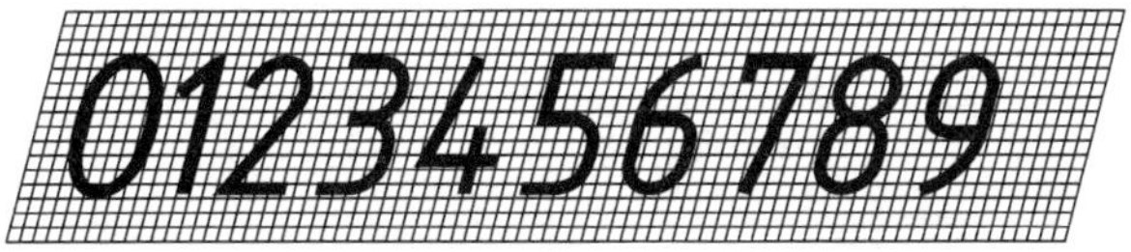

0123456789

a) 阿拉伯数字[Arabic numerals]

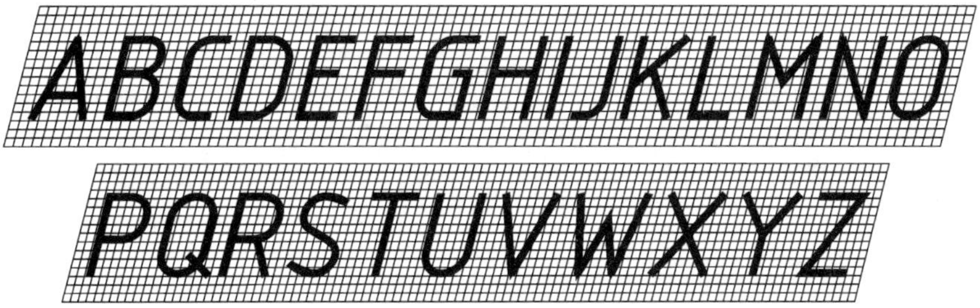

ABCDEFGHIJKLMNO

PQRSTUVWXYZ

b) 大写拉丁字母[Capital letters]

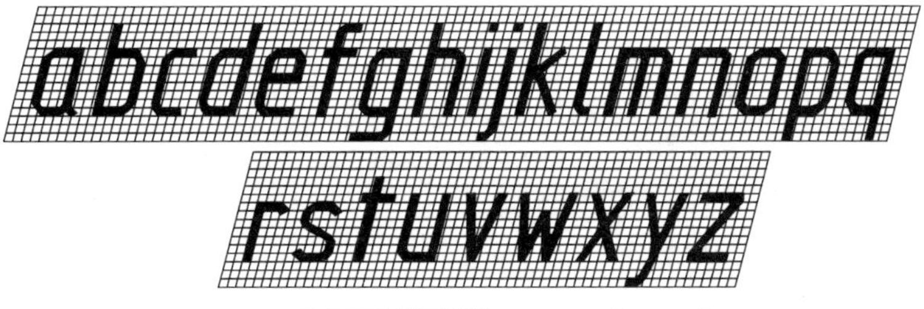

abcdefghijklmnopq

rstuvwxyz

c) 小写拉丁字母[Lowercase letters]

图 1.4　数字及字母的 A 型斜体字示例

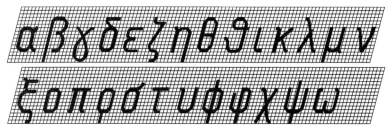

d) 小写希腊字母[Lowercase Greek letters]

e) 罗马数字[Roman numerals]

图 1.4   数字及字母的 A 型斜体字示例(续)

$$10JS7(\pm0.007) \quad HT200 \quad M24\text{-}6h \quad Tr32 \quad \phi25H7/g6$$

$$\frac{A\text{-}A}{2:1} \quad \phi30f7\binom{-0.020}{-0.053} \quad GB/T\ 5782 \quad SR25 \quad R8 \quad A(x,y,z)$$

图 1.5   字体综合应用示例

1.1.5   图线[Line](GB/T 17450—1998,GB/T 4457.4—2002)

(1)图线是指起点和终点间以任意方式连接的一种几何图形,形状可以是直线或曲线、连续线或不连续线。

(2)图线由点、短间隔、间隔、短画、画、长画等线素[line element]构成。

(3)线段[line segment]是由一个或一个以上的不同线素组成的一段连续或不连续的图线,如实线［solid line］线段,由"长画、短间隔、点、短间隔"组成的细点画线[center line]线段,由"画、短间隔"组成的细虚线[hidden line]线段等。

(4)所有线型[line type]的图线宽度[line weight](d)按图样的类型和尺寸大小在 0.13 mm、0.18 mm、0.25 mm、0.35 mm、0.5 mm、0.7 mm、1mm、1.4 mm、2 mm 数系中选择。所有线型的图线分粗线、中粗线和细线三种,其宽度比率为 4∶2∶1,在同一图样中,同类图线的宽度应一致。机械图样中,通常采用两种线宽,其粗线[thick line]与细线[thin line]的宽度之比为 2∶1。

(5)国家标准(GB/T 17450—1998)规定了 15 种基本线型及若干种基本线型的变形,需要时可查相应国家标准手册。机械工程图样中常用图线的名称、型式、宽度及其应用见表 1.5。

14

表 1.5　常用图线的名称、型式、宽度、应用及图例

图线名称	图线型式、图线宽度	一般应用	图　　例
粗实线	宽度(d)：优先选用0.5、0.7mm	可见轮廓线、可见棱边线、相贯线、螺纹牙顶线、齿顶圆(线)等	
细虚线	宽度(d)：为粗线宽度的1/2	不可见轮廓线、不可见棱边线	
细实线	宽度(d)：为粗线宽度的1/2	尺寸线、尺寸界线、剖面线、重合断面的轮廓线、过渡线、辅助线、引出线、螺纹牙底线及齿轮的齿根线、短中心线等	
细点画线	宽度(d)：为粗线宽度的1/2	轴线、对称中心线、分度圆（线）、孔系分布的中心线、剖切线	
细双点画线	宽度(d)：为粗线宽度的1/2	可动零件的极限位置的轮廓线、相邻辅助零件的轮廓线、重心线、轨迹线、特定区域线、中断线等	

图线名称	图线型式、图线宽度	一般应用	图 例
波浪线	宽度(d)：为粗线宽度的1/2	断裂处的边界线、视图与剖视图的分界线	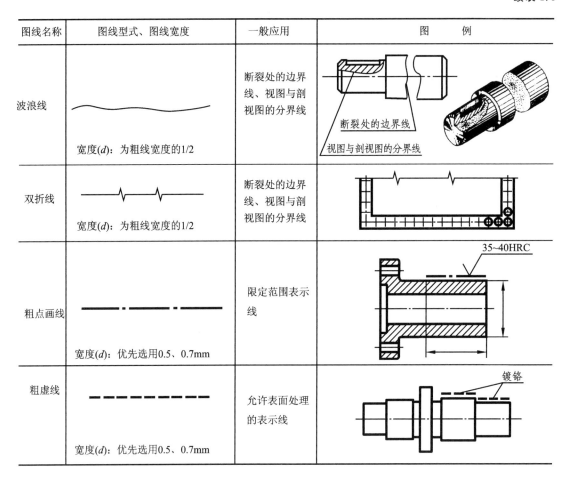
双折线	宽度(d)：为粗线宽度的1/2	断裂处的边界线、视图与剖视图的分界线	
粗点画线	宽度(d)：优先选用0.5、0.7mm	限定范围表示线	
粗虚线	宽度(d)：优先选用0.5、0.7mm	允许表面处理的表示线	

1.1.6 尺寸标注[Dimension](GB/T 4458.4—2003,GB/T 16675.2—2012)

图形主要表达工程形体的形状及结构,而工程形体的大小通常由标注的尺寸确定。标注尺寸是一项极为重要的工作,必须认真细致,一丝不苟。如果尺寸有遗漏或错误,将会给生产带来困难和损失。

1. 基本规则[Basic rule]

(1)工程形体的真实大小应以图样上所注的尺寸数值为依据,与图形的大小及绘图的准确度无关。

(2)图样中(包括技术要求和其他说明)的尺寸,以毫米为单位时,不需标注计量单位的代号或名称,如采用其他单位,则必须注明相应的计量单位的代号或名称。

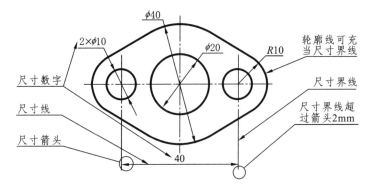

图 1.6 尺寸的组成及标注示例

(3)图样中所标注的尺寸,为该图样所示工程形体的最后完工尺寸,否则应另加说明。

(4)工程形体的每一尺寸,一般只标注一次,并应标注在反映该结构最清晰的图形上。

2. 尺寸的组成[Composing of dimension]

如图 1.6 所示,一个完整的尺寸一般应包括尺寸数字、尺寸线、尺寸界线和尺寸线终端形式。

(1)尺寸数字[Dimension figure]

线性尺寸的数字一般应注写在尺寸线的上方,也允许注写在尺寸线的中断处。线性尺寸数字的方向一般应按表 1.7 中第一项所示的方法注写。国标还规定了一些注写在尺寸数字周围的标注尺寸的符号,可参阅表 1.6。例如:标注直径时,应在尺寸数字前加注符号"ϕ";标注半径时,应在尺寸数字前加注符号"R"(通常对小于或等于半圆的圆弧注半径,对大于半圆的圆弧则注直径);标注球面的直径或半径时,通常应在符号"ϕ"或"R"前再加注符号"S",还有若干规定符号及缩写词,参见表 1.6。

表 1.6　尺寸标注常用符号及缩写词

名词	直径	半径	球直径	球半径	厚度	正方形	45°倒角	深度	沉孔或锪平	埋头孔	均布	弧长	展开长
符号或缩写词	ϕ	R	$S\phi$	SR	t	□	C	↧	⊔	∨	EQS	⌒	⌒

(2)尺寸线[Dimension line]

尺寸线用细实线绘制,不能用其他图线代替,一般也不得与其他图线重合或画在其延长线上。标注线性尺寸时,尺寸线必须与所标注的线段平行;当有几条互相平行的尺寸线时,大尺寸要注写在小尺寸的外面,以免尺寸线与尺寸界线相交。在圆或圆弧上标注直径或半径尺寸时,尺寸线或其延长线一般应通过圆心。

尺寸线的终端有两种形式,如图 1.7 所示,箭头[arrowhead]适用于各种类型的图样,图中的 b 为箭头尾部的宽度,一般约为粗实线的宽度;斜线用细实线绘制,图中的 h 为文字的高度。圆的直径、圆弧半径及角度的尺寸线的终端不应画成斜线。在采用斜线形式时,尺寸线与尺寸界线必须互相垂直。同一张图样中一般应采用同一种尺寸线终端形式,机械图样中一般采用箭头作为尺寸线的终端。

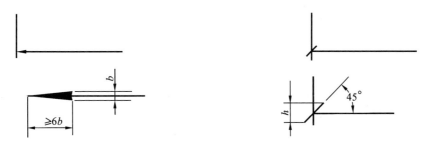

图 1.7　尺寸线终端的二种形式及画法

(3)尺寸界线[Dimension limit]

尺寸界线用细实线绘制,并应由图形的轮廓线、轴线或对称中心线处引出。也可利用轮廓线、轴线或对称中心线作为尺寸界线。尺寸界线一般应与尺寸线垂直,并超出尺寸线的终端 2mm 左右。

3. 尺寸注法示例[Give some demonstrations of dimension]

表 1.7 中列出了国标规定的一些尺寸注法。

表 1.7　尺寸注标示例

标注内容	示　　例	说　　明
线性尺寸数字的方向	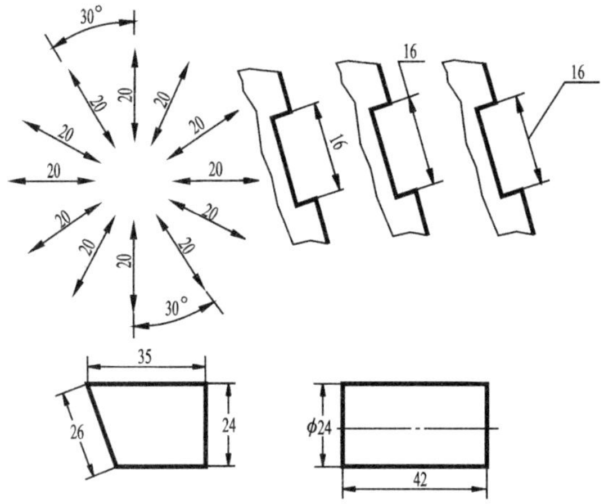	第一种方法：尺寸数字应按左上图所示的方向注写，并尽可能避免在图示30°范围内标注尺寸，当无法避免时，可按右上图的形式标注； 第二种方法：在不致引起误解时，对于非水平方向的尺寸，其数字可水平地注写在尺寸线的中断处，如下面的两图所示； 在一张图样中，应尽可能采用同一种方法，一般采用第一种方法注写
角度	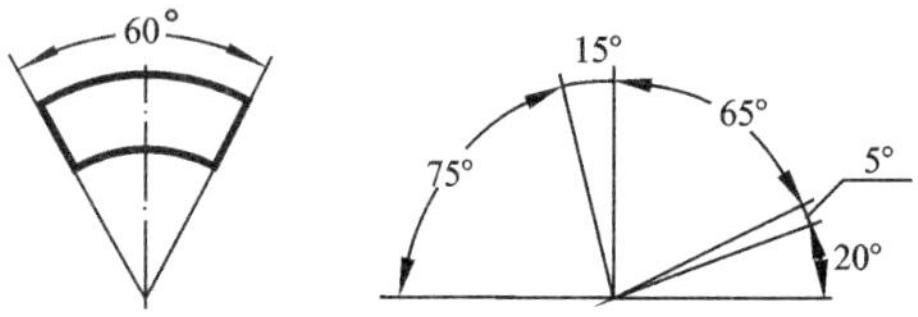	尺寸界线应沿径向引出，尺寸线画成圆弧，圆心是角的顶点。尺寸数字一律水平书写，一般应注写在尺寸线的中断处，必要时也可按右图的形式标注
圆	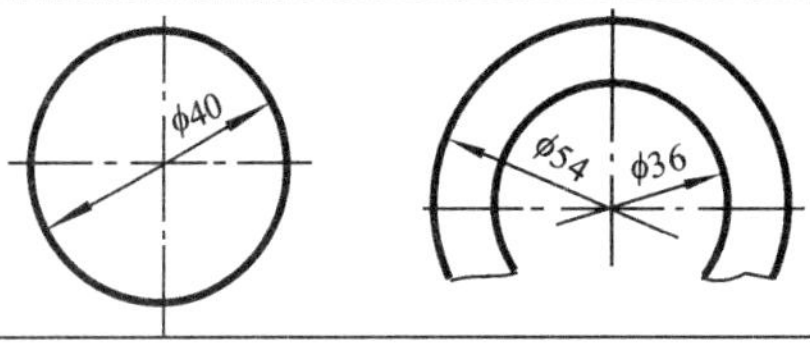	圆的直径尺寸一般应按这两个例图标注
圆弧	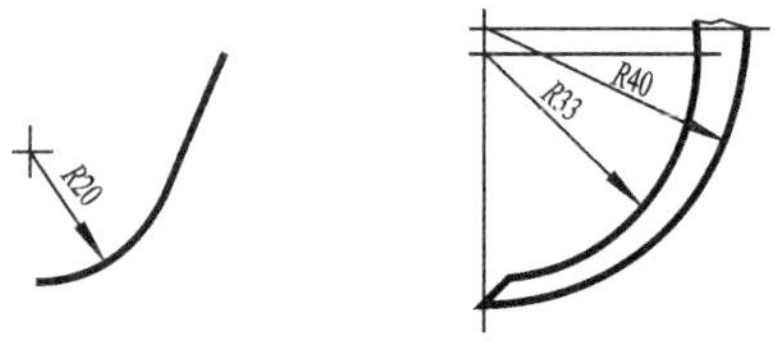	圆弧的半径尺寸一般应按这两个例图标注
大圆弧	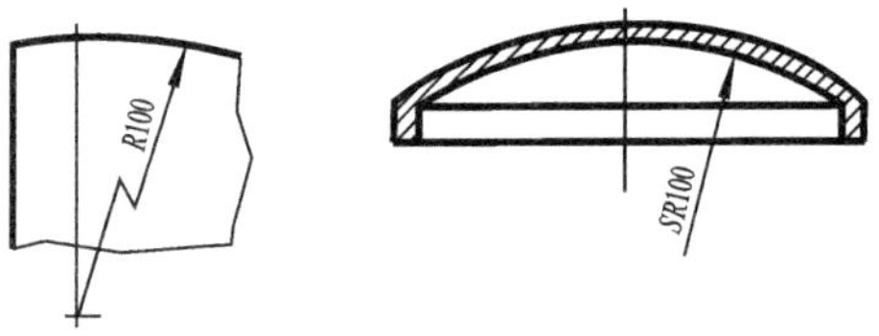	在图纸范围内无法标出圆心位置时，可按左图标注；不需标出圆心位置时，可按右图标注
小尺寸	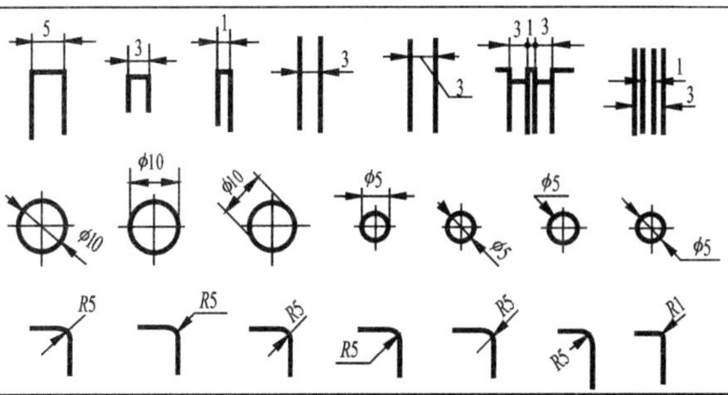	如上排例图所示，没有足够的位置时，箭头可画在尺寸界线的外面，或用小圆点代替两个箭头；尺寸数字也可写在外面或引出标注。圆和圆弧的小尺寸，可按下两排例图标注

18

标注内容	示 例	说 明
球面	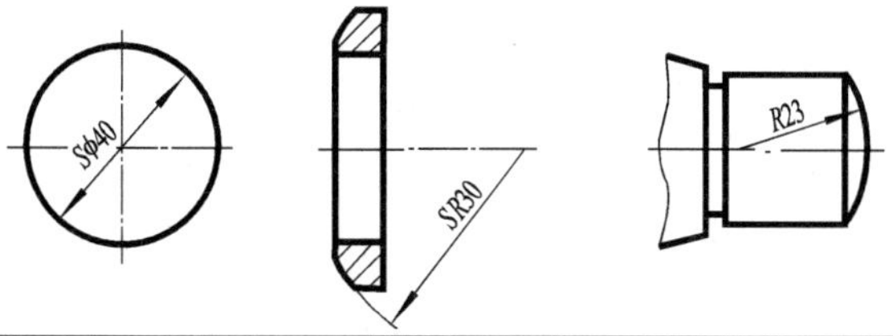	标注球面的尺寸，如左侧两图所示，应在 φ 或 R 前加注"S"。不致引起误解时，则可省略 S，如右图中的右端球面
弦长和弧长		标注弦长和弧长时，如这两个例图所示，尺寸界线应平行于弦的垂直平分线，标注弧长尺寸时，尺寸线用圆弧，并应在尺寸数字左方加注符号"⌒"
只画出一半或大于一半时的对称机件 板状零件		图上的尺寸84和64，其尺寸线应略超过对称中心线或断裂处的边界线，仅在于尺寸界线接触的一端画出箭头。在对称中心线的两端分别画出两条与其垂直的平行细实线（对称符号） 标注板状零件的尺寸时，可如例图中所示，在厚度的尺寸数字前加注符号"t"
光滑过渡处的尺寸 允许尺寸界线倾斜		如例图所示，在光滑过渡处，必须用细实线将轮廓线延长，并从它们的交点引出尺寸界线 尺寸界线一般应与尺寸线垂直，必要时允许倾斜。仍如这个例图所示，若这里的尺寸界线垂直于尺寸线，则图线很不清晰，因而允许倾斜
正方形结构	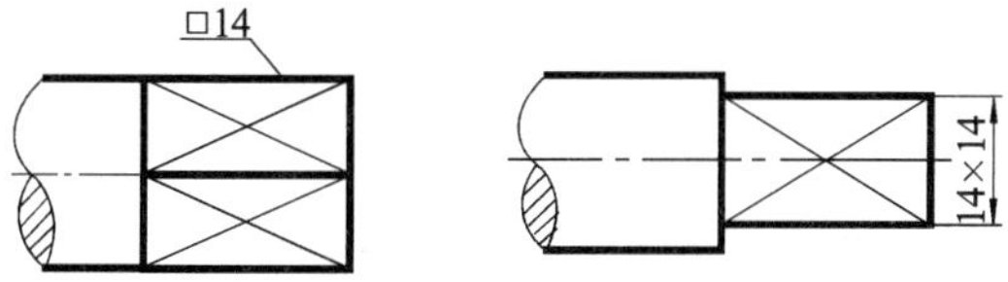	如例图所示，标注剖面为正方形的机件的尺寸时，可在边长尺寸数字前加注符号"□"，或用14×14代替"□14"。图中相交的两条细实线是平面符号（当图形不能充分表达平面时，可用这个符号表示平面）
斜度和锥度	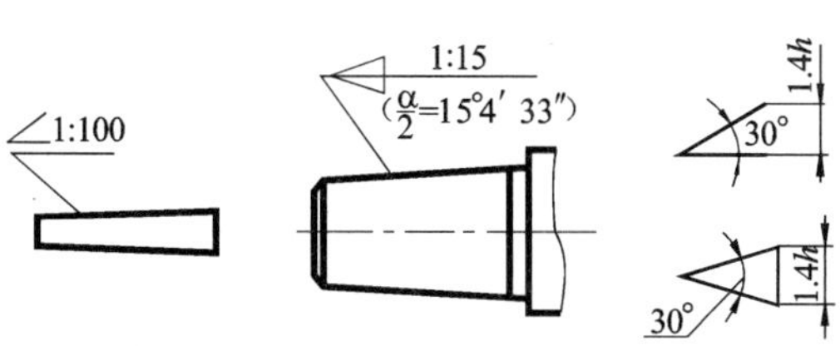	斜度、锥度可用左侧两个例图中所示的方法标注，符号的方向应与斜度、锥度的方向一致。锥度也可注在轴线上，一般不需在标注锥度的同时，再注出其角度值（α为圆锥角）；如有必要，则可如例图中所示，在括号中注出其角度值。 斜度和锥度符号的画法，如右图所示，符号的线宽为h/10，h为字高
图线通过尺寸数字时的处理	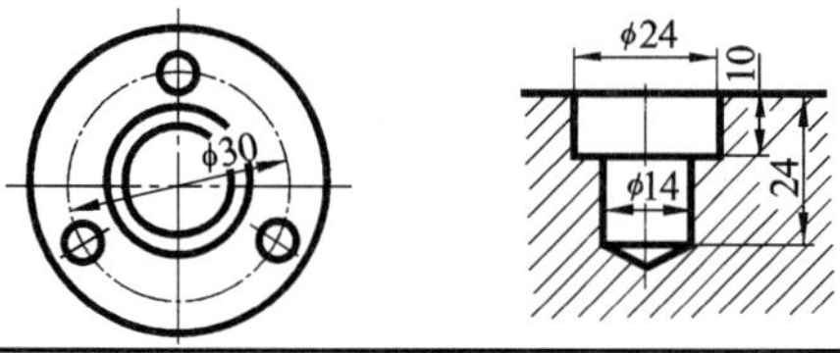	尺寸数字不可被任何图线通过。当尺寸数字无法避免被图线通过时，图线必须断开，如例图所示

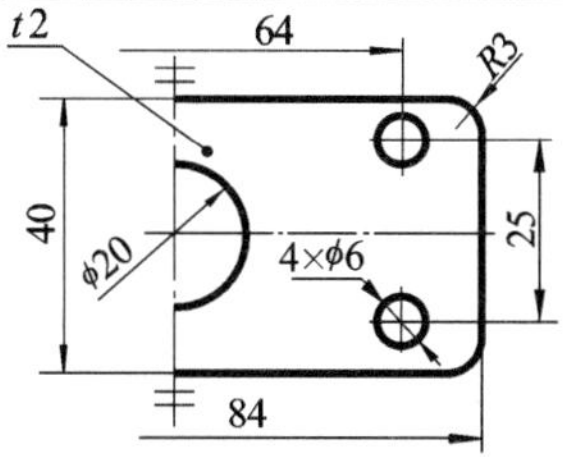

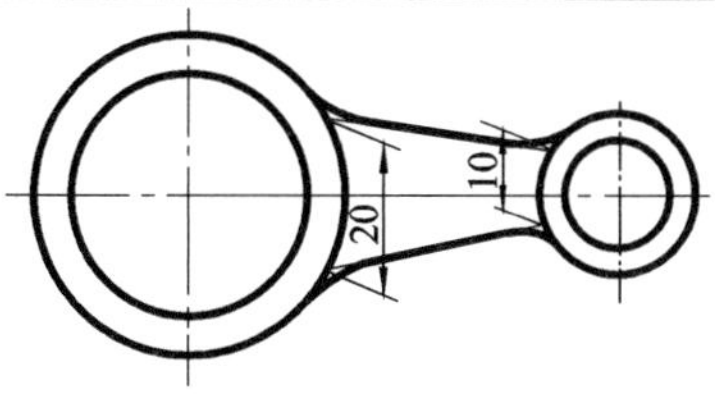

19

4. 尺寸简化注法示例［Give some simplified representation demonstrations of dimension］

表 1.8 中列出了 GB/T 16675.2—2012 中给出的部分尺寸简化注法示例,供进行尺寸标注时选用。

表 1.8 尺寸简化注标示例

标注内容	简化注法示例	简化前注法	说　明
阶梯轴	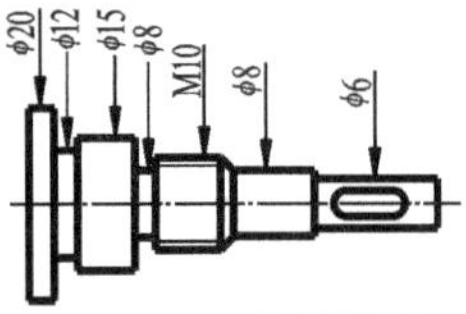	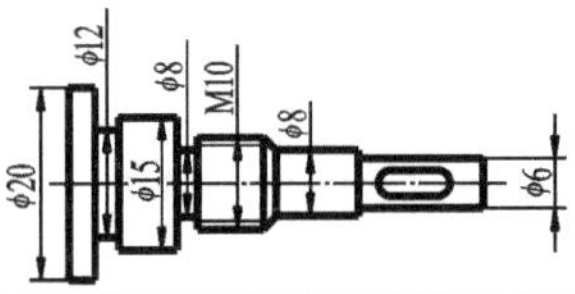	标注尺寸,可采用带箭头的指引线
圆	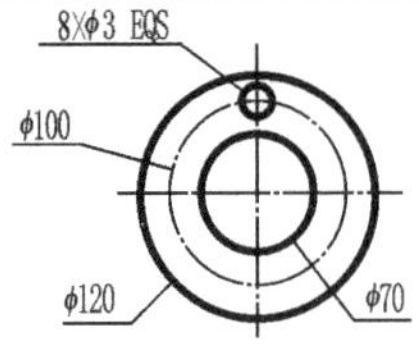	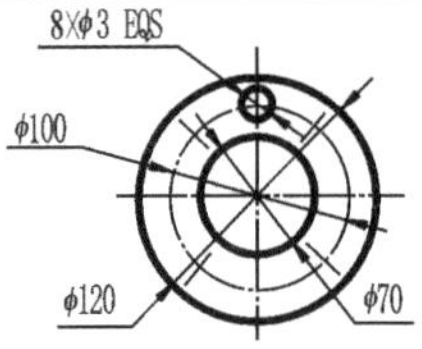	标注尺寸,也可采用不带箭头的指引线
坐标式尺寸	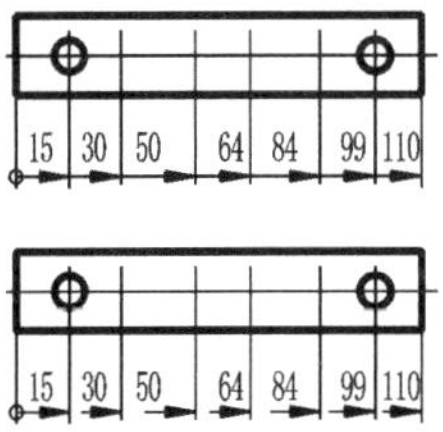	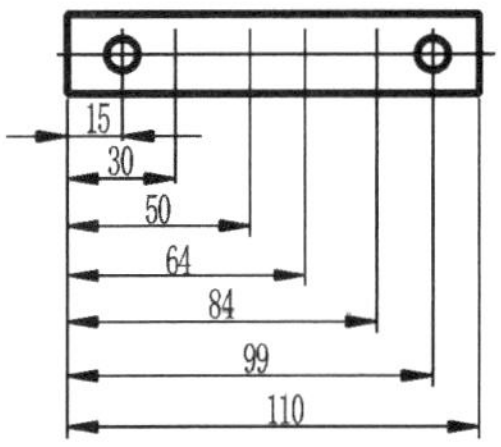	从同一基准出发尺寸,可采用单向箭头的尺寸线
	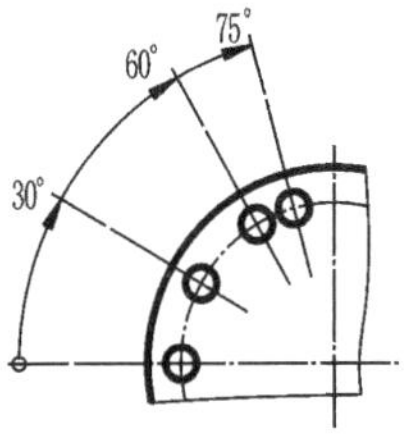 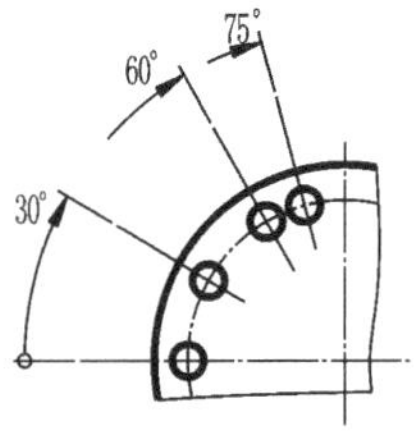	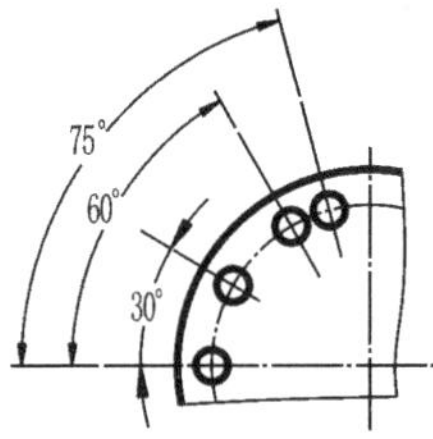	
同心圆弧	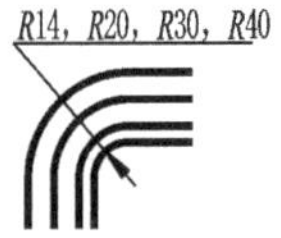 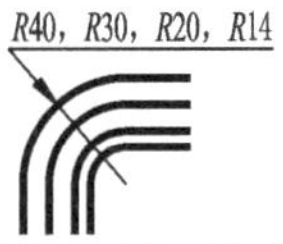	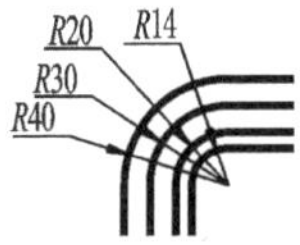	一组同心圆弧或圆心位于一条直线上的多个不同心圆弧的尺寸,可采用共同的尺寸线和箭头依次表示
圆心在一直线上的圆弧	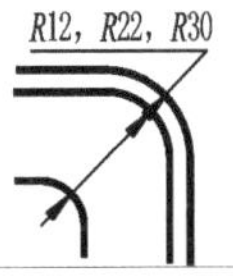	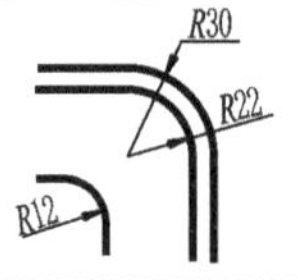	
同心圆或阶梯孔	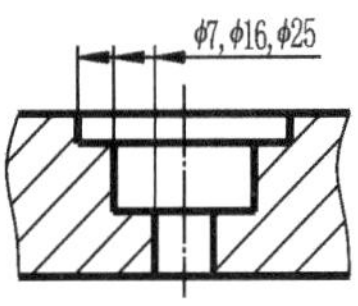 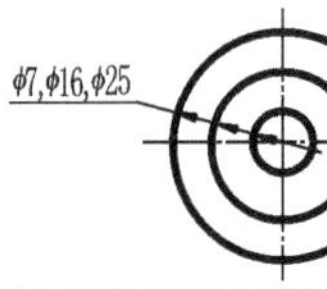	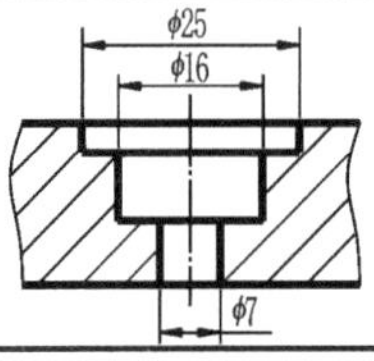	一组同心圆或尺寸较多的阶梯孔的尺寸,可采用共同的尺寸线和箭头依次表示

20

1.2　几何作图与圆弧连接

[Geometrical construction and arc conjunction]

1.2.1　几何作图[Geometrical construction]

工程图样上的图形都是由各种类型的线段(直线、圆弧或其他曲线)组成的,如图 1.8 所示,六角扳手的外形轮廓就是由一些直线和圆弧组成的几何图形。因此,掌握一些常见几何图形的作图方法是十分必要的。

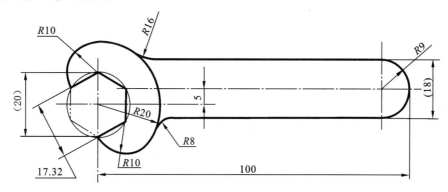

图 1.8　六角扳手

在表 1.9 中,给出了**正六边形**[regular hexagon]、**正五边形**[regular pentagon]、**椭圆**[ellipse]、**斜度**[rake]、**锥度**[taper]的几何作图方法及步骤,可供读者在画图时参考。

表 1.9　常见几何图形的作图方法

种类		作　图　步　骤		说　明
正六边形	根据对角线长度 D 作图	*a*) 作法一	*b*) 作法二	作法一:利用外接圆半径作图 作法二:利用外接圆以及三角板、丁字尺配合作图
	根据对边距离 S 作图	*a*) 作法一	*b*) 作法二	作法一:利用对边距离、三角板及丁字尺配合作图 作法二:利用内切圆以及三角板、丁字尺配合作图

种类	作 图 步 骤	说 明
正五边形	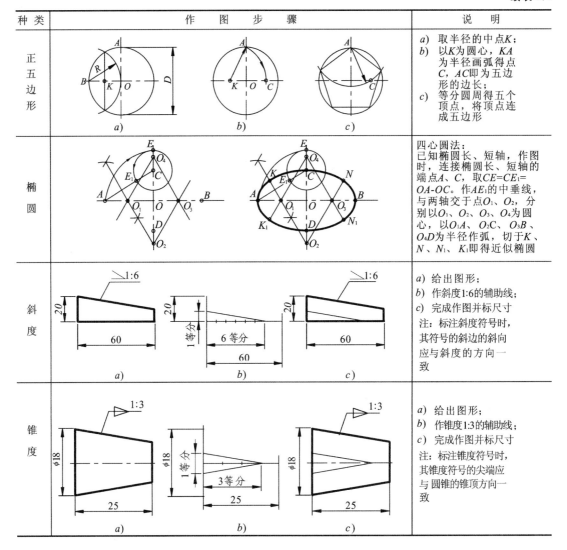	a) 取半径的中点 K； b) 以 K 为圆心，KA 为半径画弧得点 C，AC 即为五边形的边长； c) 等分圆周得五个顶点，将顶点连成五边形
椭圆		四心圆法： 已知椭圆长、短轴，作图时，连接椭圆长、短轴的端点 A、C，取 $CE=CE_1=OA-OC$。作 AE 的中垂线，与两轴交于点 O_1、O_2，分别以 O_1、O_2、O_3、O_4 为圆心，以 O_1A、O_2C、O_3B、O_4D 为半径作弧，切于 K、N、N_1、K_1 即得近似椭圆
斜度		a) 给出图形； b) 作斜度1:6的辅助线； c) 完成作图并标尺寸 注：标注斜度符号时，其符号的斜边的斜向应与斜度的方向一致
锥度		a) 给出图形； b) 作锥度1:3的辅助线； c) 完成作图并标尺寸 注：标注锥度符号时，其锥度符号的尖端应与圆锥的锥顶方向一致

1.2.2 圆弧连接［Arc conjunction］

用已知半径［radius］的圆弧，光滑连接（即相切［tangency］）两已知线段［given segment］（直线或圆弧），称为**圆弧连接**。这种起连接作用的圆弧，称为**连接弧**［connecting arc］。作图时，要保证相切的关键是准确找出连接弧的圆心［center］和切点［point of contact］。

1. 圆弧连接的基本关系［The basic relation of arc conjunction］

（1）半径为 R 的圆弧与已知直线 I 相切，其圆心轨迹是距离直线 I 为 R 的两条平行线 II 和 III。当圆心为 O 时，由 O 向直线 I 作垂线，得垂足 K 即为切点，如图 1.9a 所示。

（2）半径为 R 的圆弧与已知圆弧（圆心为 O_1，半径为 R_1）相切，其圆心轨迹是已知圆弧的同心圆。此同心圆的半径 R_2 要根据相切的情况（外切或内切）而定：当两圆弧外切时，$R_2=R_1+R$，如图 1.9b 所示；当两圆弧内切时，$R_2=|R_1-R|$，如图 1.9c 所示。连心线 $O\text{-}O_1$ 与已知圆弧的交点 K 即为切点。

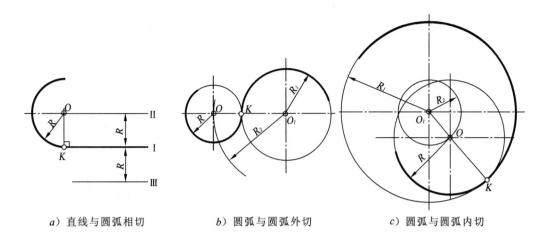

a) 直线与圆弧相切   b) 圆弧与圆弧外切   c) 圆弧与圆弧内切

图 1.9 圆弧连接的基本关系

2. 圆弧连接作图举例［Arc conjunction drawing instance］

表 1.10 列举了用已知半径为 R 的圆弧,连接两已知线段的六种情况。

表 1.10 圆弧连接作图举例

连接要求		求连接弧的圆心 O 和切点 K_1、K_2	画连接弧
连接相交两直线	两直线倾斜		
	两直线垂直		
连接一直线和一圆弧			

23

连 接 要 求		求连接弧的圆心 O 和切点 K_1、K_2	画 连 接 弧
连接两圆弧	外切		
	内切		
	内外切		

1.3 常用绘图工具及用法介绍
[Common drawing tools and their usage]

"工欲善其事,必先利其器"。绘图本身就是工程设计中的一项重要工作,而绘图工具则是高效、准确、优质绘图的重要保证。下面介绍手工绘制工程图的常用工具。

1. 图板、丁字尺、三角板

图板[drawing board] 用作画图的垫板,要求表面平整光洁,棱边光滑平直。左、右两侧为工作导边。

丁字尺[T-square] 由尺头和尺身组成,尺身的上边为工作边,用于绘制水平线,使用时,将尺头内侧靠紧图板的左侧边上下移动,沿尺身的上边便可画出一系列水平线,如图1.10所示。

三角板[triangles] 一副三角板由45°和30°—60°各一块组成。三角板与丁字尺配合使用时,可画垂直线和与水平线成15°、30°、45°、

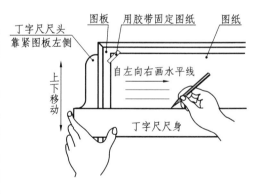

图 1.10 利用丁字尺画水平线

24

60°、75°的倾斜线,如图 1.11 所示。

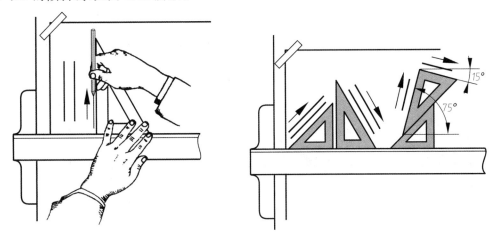

图 1.11　用三角板配合丁字尺画垂直线和各种倾斜线

2. 圆规、分规

圆规[compass]　用于画圆及圆弧。使用前应先调整针脚,使针脚带阶梯的一端向下,并使针尖稍长于铅芯,见图 1.12a。画图时,先将两脚分开至所需的半径尺寸,用左手食指把针尖放在圆心位置,见图 1.12b;转动时用力和速度都要均匀,并使圆规向转动方向稍微倾斜,见

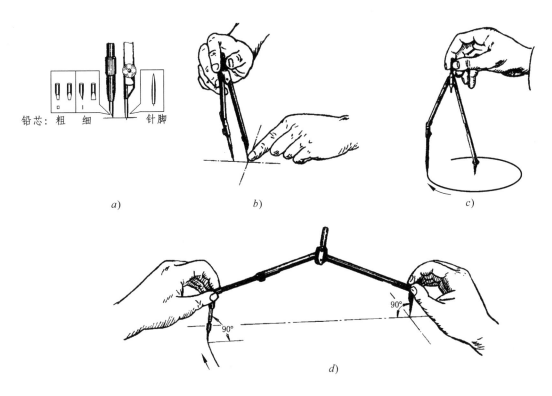

图 1.12　圆规及其用法

图 1.12c。画大圆时,要接上加长杆,使圆规两脚均垂直于纸面,见图 1.12d。分规[divider]用于量取尺寸和等分线段。为了准确地度量尺寸,分规的两针尖应平齐,如图 1.13a,其使用方法见图 1.13b 和图 1.13c。

a）分规

b）调节分规的手法

c）用分规等分线段

图 1.13　分规及其用法

3. 铅笔

铅笔[pencil]　用于绘图线及写字,是手工绘图必不可少的工具。绘图铅笔的一端有铅芯软硬程度的标记,H、2H、3H…表示硬铅芯,H 前的数字越大,表示铅芯越硬;B、2B、3B…表示软铅芯,B 前的数字越大,表示铅芯越软。HB 表示铅芯软硬适中。画粗线常用 B、2B 铅芯的铅笔,写字用 HB 或 H 铅芯的铅笔,画细线用 H 或 2H 铅芯的铅笔。画粗线的铅笔芯一般应磨成矩形,其余应磨成锥形,见图 1.14。

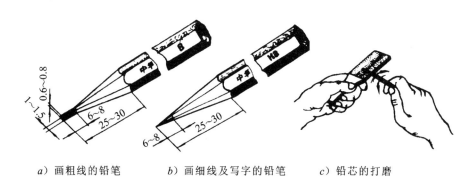
a）画粗线的铅笔　　　　b）画细线及写字的铅笔　　　　c）铅芯的打磨

图 1.14　铅笔

4. 图纸

图纸[drawing paper]是绘图使用的纸。使用仪器绘图通常应采用专门的绘图图纸,其纸质较厚、较硬,用铅笔画线后用橡皮擦去时,纸面应不起毛或起毛少。通常购买的全开(整张)绘图纸一般尺寸约为 880×1230,比 A0 图幅稍大些,绘图时需根据图幅尺寸的规定,将图纸规范化。当然,若能买到印有边框及标题栏的图纸,则绘图时就省去了图纸规范化的过程。

在徒手绘草图时,常采用印有小方格的坐标纸,可使作图快捷、准确。在描图时,常采用透明的硫酸纸(也称描图纸)。

5. 其他绘图用具

除上面已介绍的用具之外，绘图时还需准备一把专用的削铅笔刀[knife]，修磨铅笔芯用的砂纸[sandpaper]，固定图纸用的透明胶带[adhesive tape]和擦改图线用的橡皮[rubber]。

如需要，还可准备光滑连接曲线的曲线板[irregular curve]（或曲线尺），度量角度的量角器[protractor]，量取不同作图比例线段的比例尺（或三棱尺）[triangular scale]，绘各种符号用的模板[template]，擦除图线时用的擦图片[erasing shield]，以及描墨线图时用的直线笔[ruling pen]（或鸭嘴笔）等。绘图工具种类繁多，有些仅在特定绘图时才会用到。随着计算机绘图的普及，描图、晒图等复制图的工作已逐步被计算机绘图所替代，使手工绘图使用的工具得以简化。

1.4 绘制仪器图的方法及步骤
[Standard drawings drafting method]

开始学习绘图与刚开始学习写字一样，方法和习惯正确与否，将直接影响作图的质量及效率。下面，以手柄的作图为例介绍绘仪器图的方法及步骤。

第一阶段：绘图前的准备工作[Preliminary]

(1)准备好所需的全部作图用具，擦净图板、丁字尺、三角板。

(2)削磨铅笔、铅芯（通常应于课前进行，随时使绘图工具处于备用状态）。

(3)分析了解所绘对象，根据所绘对象的大小选择合适的图幅及绘图比例。如图1.15a中手柄的总长为180，总高为$\phi60$，如按1:1绘图，则采用A4图幅即能绘出。如只有A3图幅的图纸，则可采用2:1绘制。

(4)固定图纸。通常将图板划分为作图区、丁字尺区、样图区和工具区，图纸应尽量固定于图板的左下方，但下方应留出放丁字尺的位置，见图1.15b。固定图纸时首先用透明胶带贴住图纸的一个角，然后用丁字尺校正图纸（使丁字尺尺身与图纸边线或图框线对准），再固定其余三个角。

第二阶段：画底图[Drawing base figure]

本阶段的目的是确定所绘对象在图纸上的确切位置，这是保证绘图正确、高效、准确的重要步骤。常不分线型，全部采用超细实线（比细实线更细、且轻）绘制。

(1)绘图纸边界线（也称裁纸线）、图框线和标题栏框线，见图1.15c。

(2)布图：使所绘对象处于图纸的适当位置，见图1.15c。

(3)绘重要的基准线、轴线、中心线等，见图1.15c。

(4)绘已知线段及已知圆弧，见图1.15d。

(5)作图求解。如圆弧连接，则需求出各中间弧及连接弧的圆心和切点，见图1.15d。

(6)绘制中间线段、连接线段及需要确定位置的其他图线，见图1.15e。

(7)对照原图检查、整理全图，将不需要的作图过程线擦去。如发现与原图形状不符，应找出原因，并及时改正。

第三阶段：加深、整理[Deepen and trim]

该阶段是表现作图技巧、提高图面质量的重要阶段。所绘的全部内容都将是图纸的最终结果，故应认真、细致，一丝不苟。

加深的原则是:先细后粗,先曲后直;从上至下,从左至右。

图线要求:线型正确,粗细分明,均匀光滑,深浅一致。

图面要求:布图适中,整洁美观,字体、数字符合标准规定。

具体步骤如下:

(1)加深图中的全部细线,包括轴线、中心线、细虚线等,一次性绘出标题栏框线、剖面线、尺寸界线、尺寸线及箭头等。

(2)加粗圆弧。圆弧与圆弧相接时应顺次进行加粗。

(3)用丁字尺从上至下加粗水平直线,到图纸最下方后应刷去图中的碳粉,并擦净丁字尺。

(4)用三角板与丁字尺配合,从左至右加粗垂直方向的直线,到图纸最右方后刷去图中的碳粉,并擦净三角板。

(5)加粗斜线。

(6)填写尺寸数据、符号、文字及标题栏。

(7)检查、整理全图,擦去图中不需要的线条,擦净图中被弄脏的部分,如发现错误应及时修改。

(8)取下图纸,去掉透明胶带,完成作图,如图1.15f所示。

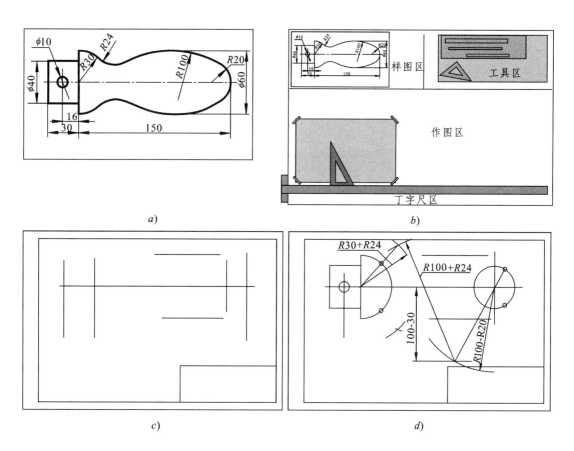

图 1.15 绘仪器图的方法及步骤

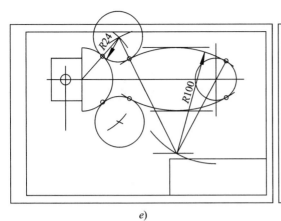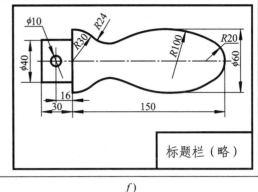

e)

f)

图 1.15 绘仪器图的方法及步骤(续)

1.5 绘制草图的方法及步骤
[Method and step of drawing sketch]

以目测比例[rang estimation scale],按一定的画法及要求,徒手[manual](或部分使用绘图仪器)绘制的图称为草图。绘制草图是高效、方便的绘图方式。在实际工作中,进行工程设计的方案拟定、零件的结构设计以及现场实物测绘时,为了提高绘图效率,或因现场条件的限制,常采用绘制草图的方式来实现工程形体的表达。绘制草图的要点如下:

(1)准确把握所绘对象的形体构成及结构,仔细分析其形状特征。

(2)目测比例。应仔细观察和分析所绘对象上各结构的相对比例关系,可借助于铅笔、手指、步伐等大致度量所绘对象的相对大小。

(3)线型应正确、粗细应分明,使表达正确、完整。

(4)图形画完后,应根据测绘的需要画出尺寸界线及尺寸线。

(5)集中测量[overall dimensioning]。由于图形不精确,所绘对象的大小主要由尺寸反映,故尺寸的测量应正确、完整、准确。

(6)仪器绘图是徒手绘图的基础,掌握好仪器绘图将会使徒手绘图轻松自如。

下面,以绘制垫片的草图为例,介绍绘制草图的方法及步骤。

垫片样图如图 1.16 所示。

(1)分析所绘对象,选定绘图比例及图纸大小。

(2)布图、绘中心线,如图 1.17a 所示。

(3)绘底图,如图 1.17b 所示。

(4)加深,如图 1.17c 所示。

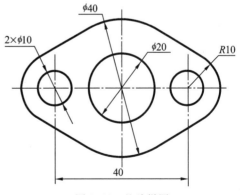

图 1.16 垫片样图

(5)整理图形,并根据图形表达的需要绘尺寸界线及尺寸线,如图 1.17d 所示。

(6)标注尺寸数值,填写标题栏及必要的文字说明,完成全图,如图 1.17e 所示。

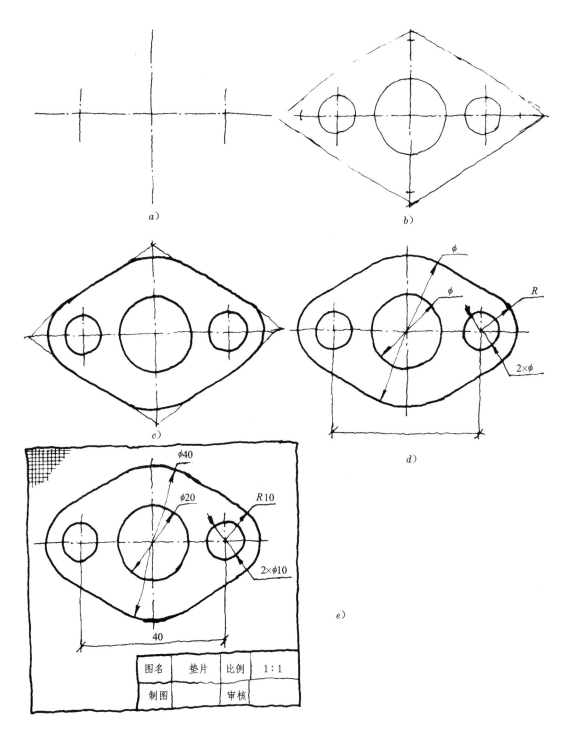

图名	垫片	比例	1:1
制图		审核	

图 1.17　绘草图的方法及步骤

2 投影理论基础

Chapter 2　Basis Projection Theory

内容提要：本章主要介绍投影法的基本知识，并将投影法直接应用于基本几何体的投影及形成立体表面的基本要素——点、直线、平面的投影分析，从而为组合体的投影表达、读图分析提供必要的理论基础及方法。本章的内容是学习本课程的基础，需充分理解和掌握，并灵活运用。

Abstract：This chapter focus on the introduction of basic knowledge of projection methodology，the direct application of projection on basic geometric structure，and the major elements analysis in terms of points，lines，and surface which forms solid surface. This provides indispensable theoretical basis for combined parts projection descriptions and drawing reading analysis. This chapter sets a solid foundation for the course study and therefore requires thorough understanding.

2.1　投 影 法
[Projection method]

2.1.1　投影法的形成及分类 [Formation and categories of projection]

人们生活在三维空间中，所见所触的一切有形物都是三维形体，通常称为**物体**（或**立体**）[solid]。而人们常用于描绘物体的方式是——**图**[picture]，它是用绘画表现出来的形象。将图绘在纸张或其他平面上，就形成了**图形**[figure]。因此，一切图形从其本质特征来讲都是二维的（或称平面的）。那么如何才能用平面图形来完整、准确地表达物体？人们发现，当灯光或日光照射物体时，在物体后的地面或墙面上便会产生物体的**影子**[shadow]，如图 2.1 所示。人们注意到影子与物体之间存在着相互对应的关系，这一自然现象经科学抽象，便形成了用平面图形表达空间形体的基本方法——**投影法**，从而构建了投影几何学这一科学体系。其投影的构成要素如图 2.2 所示。

投射中心[projection center]：所有投射线的起源点，见图 2.2 中的点 S。

投射线[projection line]：发自投射中心且通过被表示物体上各点的直线。

投射方向[projection direction]：当投射中心位于无穷远时，投射线所指的方向，如图 2.3 所示。

投影面[projection plane]：投影法中，得到投影图的平面，见图 2.2、图 2.3 中的平面 P。

形体[object]：抽象的几何形与立体的总称（用于投射的对象）。

投影法[projection method]：投射线通过形体，向选定的面投射，并在该面上得到图形的方法。

投影图（或称**投影**）[projection，views]：根据投影法所得到的图形，如物体在平面 P 上得

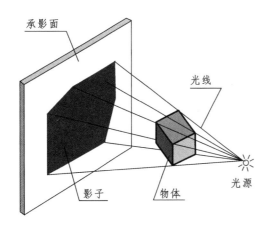

图 2.1　产生影子的自然现象

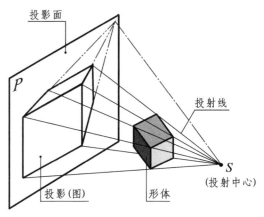

图 2.2　投影的构成要素（中心投影法）

到的投影图。

投射［projection］：用投影法得到形体的投影图的过程，如将物体对面 P 进行投射。

根据投射时投射线类型及方向的不同，投影法可分为如下类型：

投影法 $\begin{cases} \textbf{中心投影法}：投射线汇交一点的投影法（见图 2.2） \\ \textbf{平行投影法}：投射线相互平行的投影法（见图 2.3） \end{cases}$

平行投影法 $\begin{cases} \textbf{斜投影法}：投射线倾斜于投影面的平行投影法（见图 2.3a） \\ \textbf{正投影法}：投射线垂直于投影面的平行投影法（见图 2.3b） \end{cases}$

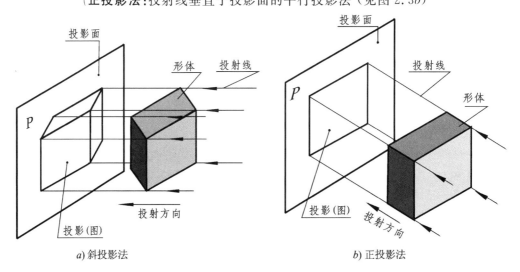

a) 斜投影法　　　　　　　　　*b)* 正投影法

图 2.3　平行投影法［Parallel projection method］

2.1.2　投影图形成的三要素 ［Three major projection elements］

从投影图形成的过程可以看出，若形体位置、投射中心（或投射方向）及投影面位置确定，则形体的投影图就唯一确定。为此我们称**形体、投射中心**（**或投射方向**）、**投影面**为投影图形成的三要素。

由于正投影法的投射方向垂直于投影面，因此，对正投影法而言，只要**形体位置、投影面位置确定**，则正投影图就唯一确定，这表明采用正投影法时，获得投影图会更为方便。

2.1.3 正投影法的基本性质 [Characteristics of orthography method]

正投影法的基本性质如表 2.1 所示,这些性质可运用几何学知识加以严格的证明,是使用正投影法作图的重要依据。

表 2.1 正投影法的基本性质

性质	实 形 性	积 聚 性	类 似 性
图例	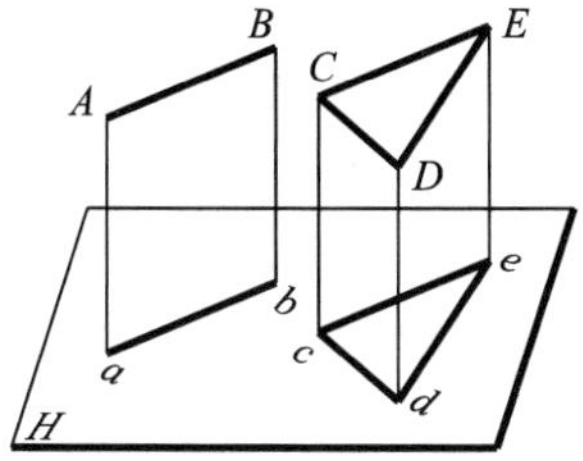	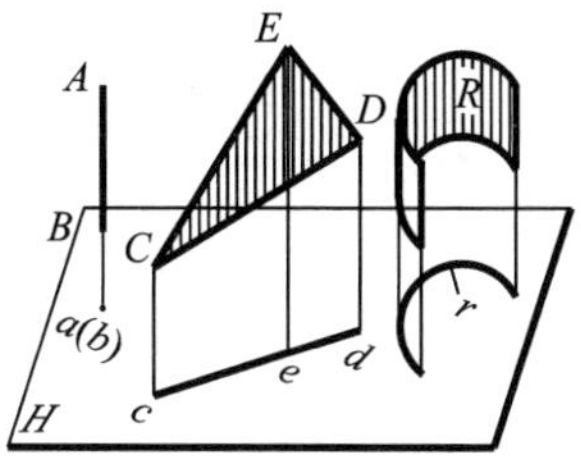	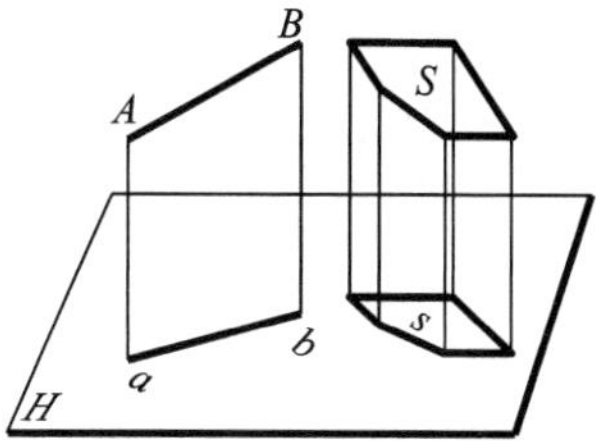
投影特性	直线平行于投影面,其投影反映直线的实长;平面图形平行于投影面,其投影反映平面图形的实形	直线、平面、柱面垂直于投影面,则投影分别积聚为点、直线、曲线	当直线、平面倾斜于投影面时,直线的投影仍为直线,平面的投影为平面图形的类似形
性质	平 行 性	从 属 性	定 比 性
图例	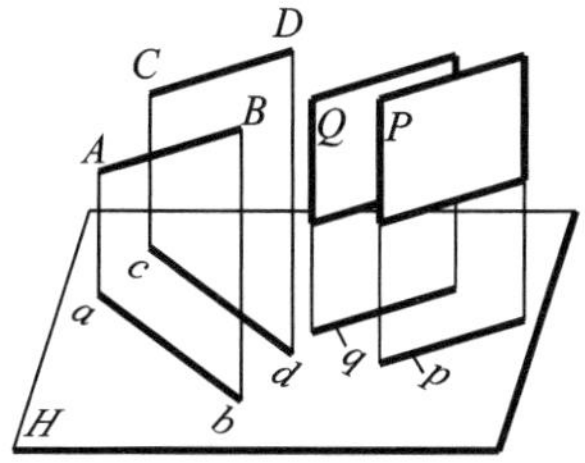	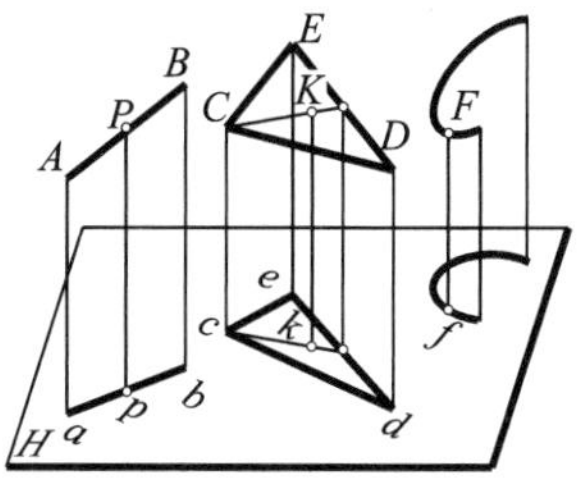	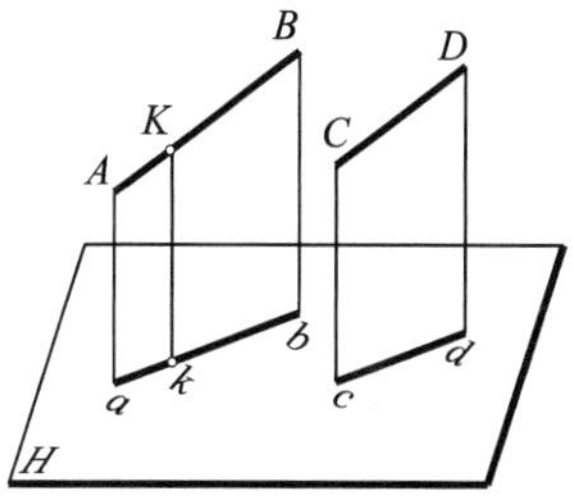
投影特性	空间相互平行的直线,其投影一定平行;空间相互平行的平面,其积聚性的投影相互平行	直线或曲线上点的投影必在该直线或曲线的投影上;平面或曲面上的点、线的投影必在该平面或曲面的投影上	点分线段的比,投影后保持不变;空间两平行线段长度的比,投影后保持不变
说明	1)类似形:指平面图形投影后所得的投影图,与原平面图形保持定比性不变。表现为边数相等,凸、凹状态相同,平行关系、曲直关系不变。 2)本书约定:空间的点、线、面用大写字母表示,其投影用对应的小写字母表示		

2.1.4 投影法的应用 [Application of projection method]

1. 中心投影法 [Central projection method]

人们观察物体时,人的眼瞳就相当于投射中心,因此,采用中心投影法所绘的投影图具有最好的"真实感"、"立体感",但可度量性较差、准确绘图较困难,所以此方法常用于绘制外观效果图。它是绘制透视图的理论基础,如图 2.4 所示。

2.斜投影法[Oblique projection method]

斜投影法常用于绘制斜轴测图,如图2.5所示。

图2.4 透视图

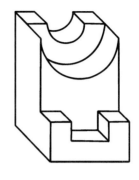

图2.5 斜轴测图

3.正投影法[Orthogonal method]

正投影法便于多面投影,在表达物体时常采用多面投影分别反映物体各侧面的形状及结构,如图2.6所示。因此,正投影法是绘制工程图的主要方法。显然,正投影图具有很好的真实性、可度量性及准确性,但立体感差,需进行一定的学习和训练才能熟练地运用。**在本书后面的章节中,如未加说明,则所提到的"投影"均指正投影。**

同时,正投影法还可应用于**正轴测图和标高投影图**的绘制,如图2.7、图2.8所示。

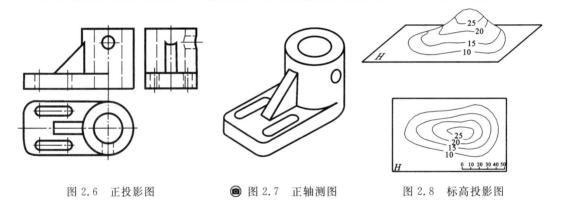

图2.6 正投影图 　　◉ 图2.7 正轴测图 　　图2.8 标高投影图

2.2 三面投影的形成及投影规律
[Formation and projection laws of solid three projections]

2.2.1 三面投影体系的建立[The three projection－planes system]

从正投影的形成过程可知,只要形体位置确定,投影面确定,则正投影(图)就唯一确定。那么,通过形体在一个投影面上的投影,能否确定形体在空间的位置及形状呢? 如图2.9所示,显然单个投影不能完整地确定空间形体的位置及形状,因为从立体几何可知,要确定一个空间要素的位置,需要三维坐标系,如图2.10所示。

两两垂直的三个坐标轴分别构成了 *XOY*、*XOZ*、*YOZ* 三个互相垂直的平面,由这三个互相垂直的平面组成的投影面体系称为**三面投影体系**,如图2.11*a* 所示。

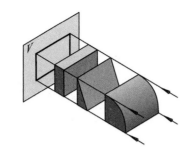

图 2.9　不同形体的单面正投影立体图

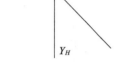

图 2.10　三维坐标系

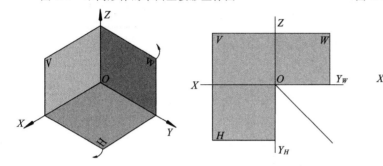

a)三面投影体系的立体图　　　　b)三面投影体系的展开图　　　　c)三面投影体系

图 2.11　三面投影体系的建立

XOZ 平面通常处于正立位置,称为**正立投影面**[vertical projection plane],也称为 V 面,用大写字母 V 表示;

XOY 平面通常处于水平位置,称为**水平投影面**[horizontal projection plane],也称为 H 面,用大写字母 H 表示;

YOZ 平面通常处于侧立位置,称为**侧立投影面**[profile projection plane],也称为 W 面,用大写字母 W[width]表示。

投影面与投影面的交线称为**投影轴**[projection axis],三个投影轴分别称为 X **轴**、Y **轴**、Z **轴**;三个投影轴的交点称为**坐标原点**[original point],通常用字母 O 表示。

为了在同一张纸上画出形体在三个投影面上的真实投影,国家标准规定:V 面保持不动,将 H 面和 W 面分别绕 OX 轴和 OZ 轴向后旋转 90°与 V 面重合(OY 轴被"分"为 OY_H 和 OY_w),并去掉投影面的边框,如图 2.11b、c 所示。

2.2.2　立体三面投影的形成及投影规律
[Formation and projection laws of solid three projections]

1. 立体三面投影的形成[Formation of solid three projections]

将立体按一定的方位置于三面投影体系之中,则可将立体分别向三个投影面作正投影。形体在 V 面上得到的投影称为**正面投影**(或称 V **面投影**),反映形体的 x 坐标和 z 坐标;形体在 H 面上得到的投影称为**水平投影**(或称 H **面投影**),反映形体的 x 坐标和 y 坐标;形体在 W 面上得到的投影称为**侧面投影**(或称 W **面投影**),反映形体的 y 坐标和 z 坐标,如图 2.12a 所示。

将 H 面和 W 面连同其面上的投影分别绕 OX 轴和 OZ 轴向后旋转 90°与 V 面重合,并去掉投影面的边框,如图 2.12b、c 所示。将立体在三面投影体系中所得的 V 面投影、H 面投影和 W 面投影合称为立体的**三面投影**。

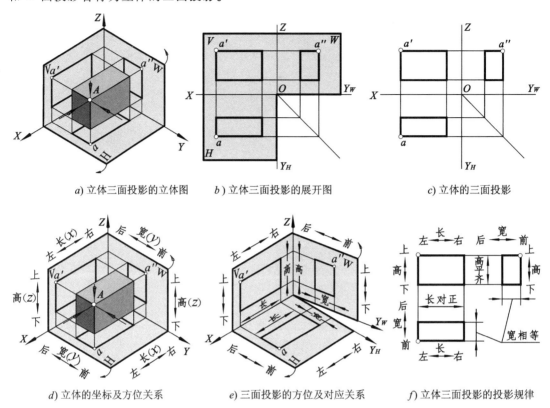

a) 立体三面投影的立体图 b) 立体三面投影的展开图 c) 立体的三面投影

d) 立体的坐标及方位关系 e) 三面投影的方位及对应关系 f) 立体三面投影的投影规律

图 2.12 立体三面投影的形成及投影规律

2. 立体三面投影的投影规律[Projection laws of solid three projections]

为了分析和讨论的方便,把立体的长、宽、高分别与投影体系中的 x、y、z 对应起来。将置于投影体系中立体沿 X 方向的相对坐标值称为立体的长、沿 Y 方向的相对坐标值称为立体的宽、沿 Z 方向的相对坐标值称为立体的高,并规定立体的前、后,左、右及上、下方位,如图 2.12d 所示。相应三面投影图的对应关系及对应方位,如图 2.12e、f 所示,由此可得三面投影图的投影特性如下:

V 面投影:即从前往后投射,在 V 面上所得的投影,反映立体的长和高(即 x、z 坐标);

H 面投影:即从上往下投射,在 H 面上所得的投影,反映立体的长和宽(即 x、y 坐标);

W 面投影:即从左往右投射,在 W 面上所得的投影,反映立体的高和宽(即 y、z 坐标)。

从图 2.12 可以看出,三面投影图的**投影规律**为:

V 面投影与 H 面投影共同反映立体的**长**(即具有相同的 x 坐标和相同的 x 坐标差),其投影在长度方向互相对正,简称"**长对正**";

V 面投影与 W 面投影共同反映立体的**高**(即具有相同的 z 坐标和相同的 z 坐标差),其投影在高度方向互相平齐,简称"**高平齐**";

H 面投影与 W 面投影共同反映立体的**宽**(即具有相同的 y 坐标和相同的 y 坐标差),其投影在宽度方向一一对应,且保持相等,简称"**宽相等**"(应特别注意该两投影的前后对应关系)。

36

"**长对正、高平齐、宽相等**"这一投影规律,概括了立体各投影图之间的内在联系,不仅各投影图在整体上要满足这一投影规律,而且每个投影图中的各相应部分都必须满足这一投影规律,因此,它是绘制立体投影图和看懂立体投影图的最基本的原则和方法。

由于立体的投影图仅与立体的放置方位有关,改变立体与投影面的相对距离,并不会引起投影图内容的改变,而仅改变投影图到投影轴的相对距离,因此,在作投影图时,通常不需要画出投影轴,只要按投影图的投影规律进行作图即可,这样可使投影图的布置更为方便,也使作图更为简单,如图 2.13b 所示。

如果在作图时需要恢复投影轴,则可根据投影图的投影规律将投影轴重新画出来,如图 2.14 所示(根据 H 面投影图与 W 面投影图应满足"宽相等"这一规律,作 45°斜线,在斜线上可任取一点作为坐标原点 O,从而作出投影轴)。

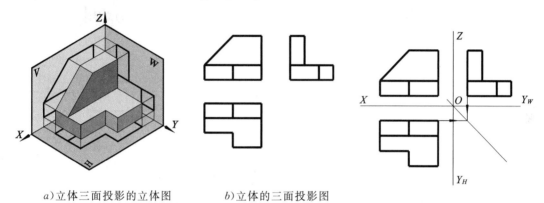

　　　　a)立体三面投影的立体图　　　　　　b)立体的三面投影图

　　　　　　图 2.13　立体的三面投影图　　　　　　　图 2.14　恢复三面投影图的投影轴

2.3　基本平面立体的投影
[Projections of basic plane body]

2.3.1　立体的分类 [Classification of solids]

工程上所采用的立体,根据其功能的不同,在形状及结构上也千差万别,但如果按照立体各组成部分的几何性质来分类,则所有立体不外乎平面立体和曲面立体两大类。

所有表面均为平面的立体称为**平面立体**[plane body],而部分或全部表面为曲面的立体,则称为**曲面立体**[body of curved surface]。

平面立体根据棱线几何特性的不同,可分为**棱柱**[prism]和**棱锥**[pyramid](棱台可看成是棱锥被平行于底面的平面切割而成,故仍可当棱锥看待)。

曲面立体根据其构成形式的不同,可分为由回转曲面构成的**回转体**[body of revolution]和含有非回转曲面的**非回转体**两大类。由于回转体结构简单、制作方便,因而在工程中所采用的曲面立体,绝大部分都是回转体。最基本的回转体,有**圆柱**[cylinders]、**圆锥**[cones]和**圆球**[spheres]等。

上述的棱柱、棱锥、圆柱、圆锥和圆球等通常称为**基本立体**[basic body],它们是构成工程形体的基本要素,也是绘图、读图时进行形体分析的基本单元。

2.3.2　基本平面立体的三面投影图［Three projections of basic plane body］

棱柱是最常见也是应用最多的平面立体，它有一组互相平行的棱线，其表面由一组棱面与上下底面组成。而棱锥则有一组交汇于一点的棱线，其表面由一组棱面和底面组成。基本平面立体三面投影图的作图方法及步骤如表 2.2 所示。

表 2.2　基本平面立体三面投影图的作图方法及步骤

	立 体 图	画图步骤1	画图步骤2	画图步骤3
正六棱柱	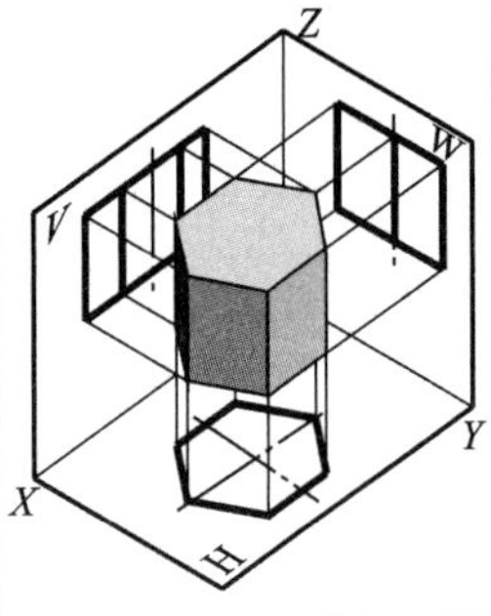	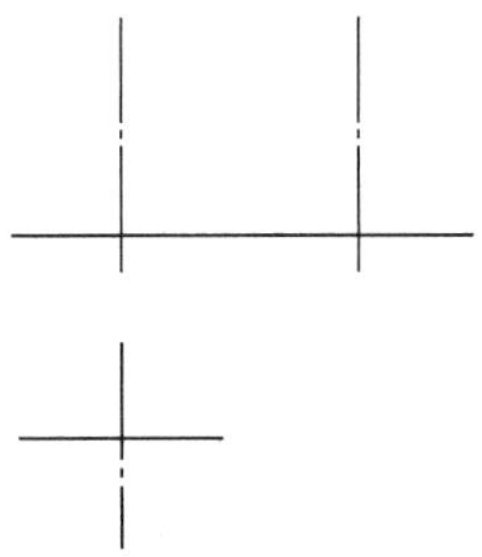	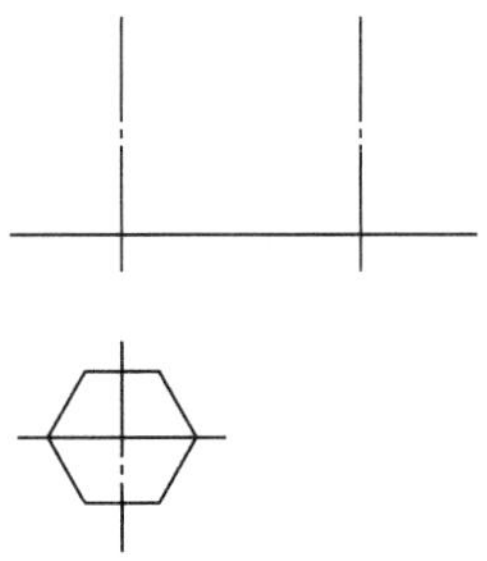	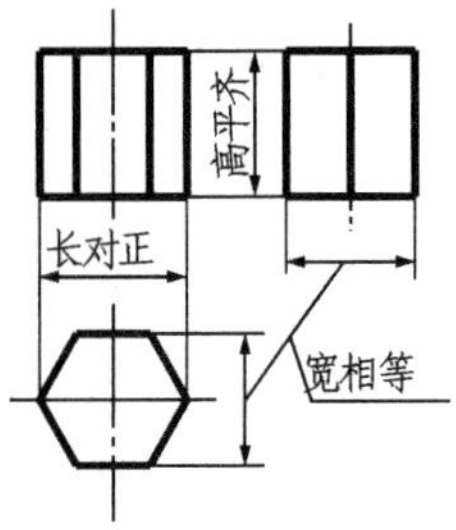
四棱锥	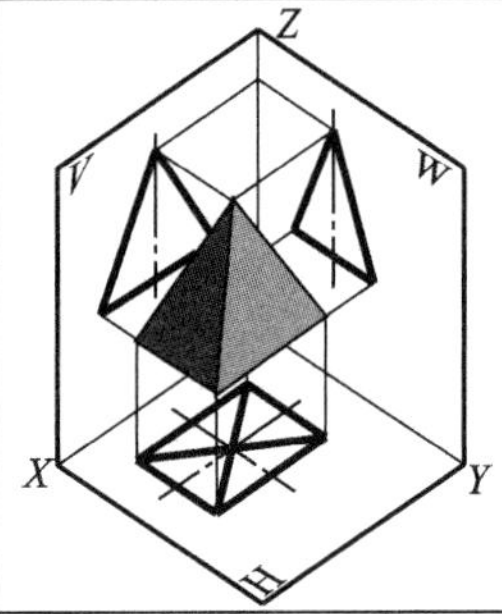	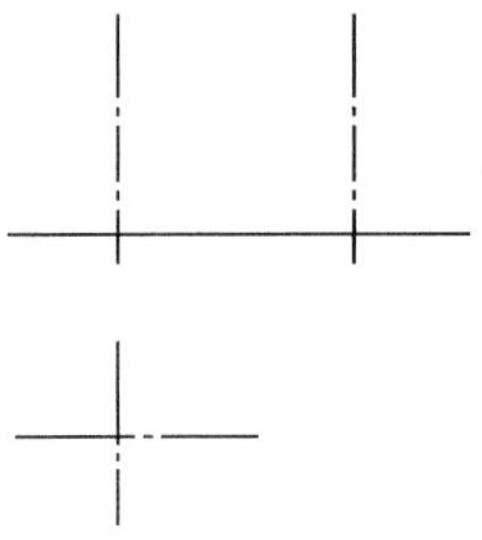	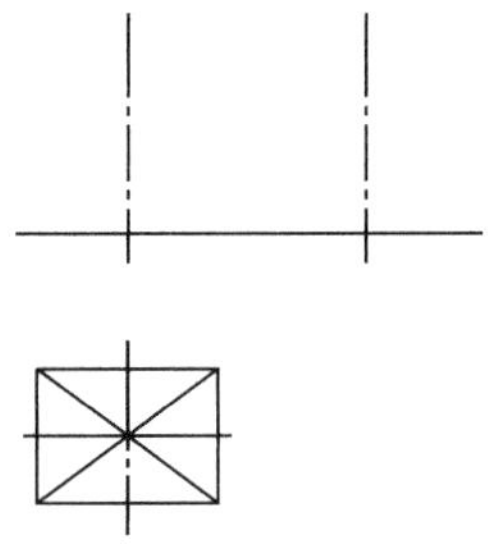	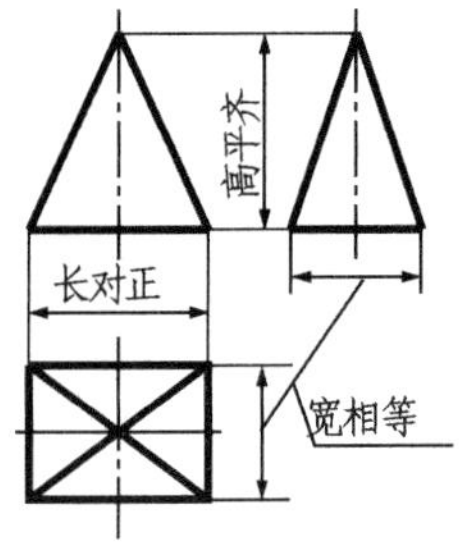
四棱台	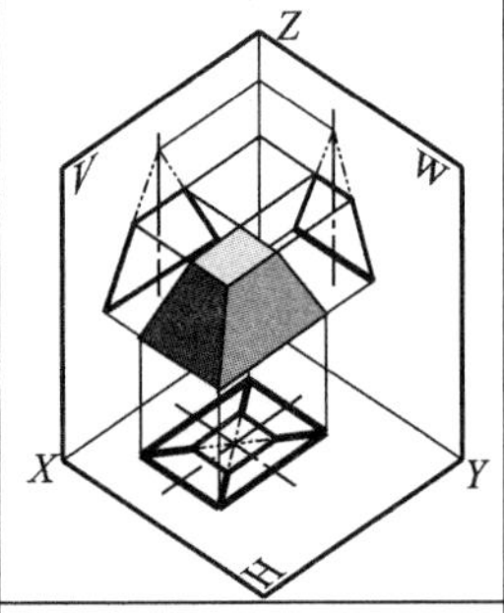	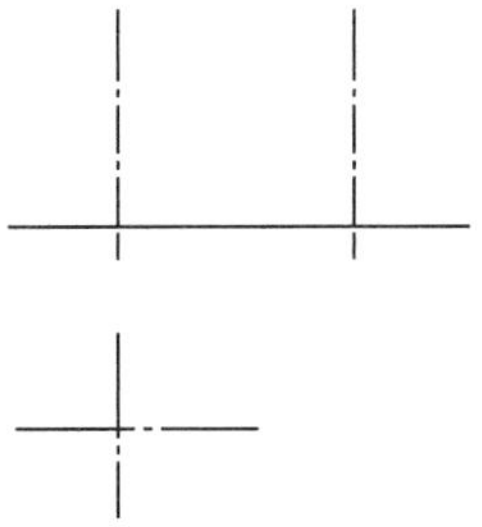	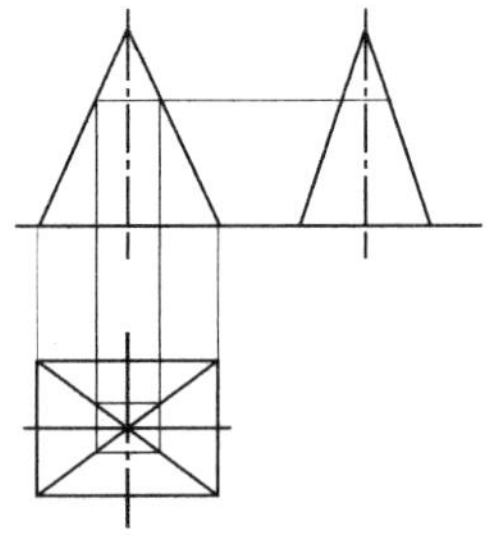	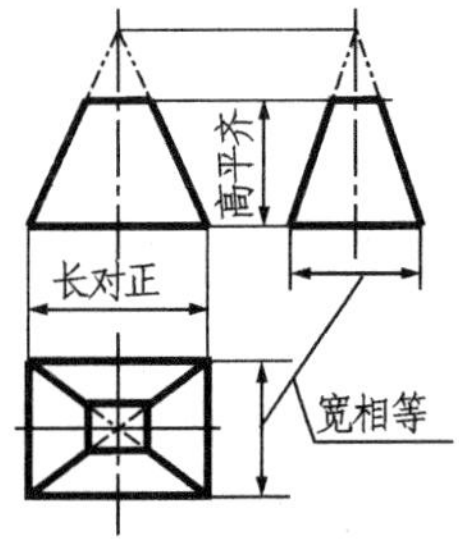
说明		画对称中心线、轴线和底面等作图基准线	画反映底面实形的投影图	根据投影规律，画其余的投影图。检查、整理底图后，加深

［例 2.1］　如图 2.15a 所示，根据平面立体的轴测图，作其三面投影图。

解：从立体的轴测图可见，该立体由一个四棱台和一个四棱柱形的孔构成。作图过程如下：

(1)作四棱台的三面投影图。作图步骤见图 2.15b、c、d。(2)作四棱柱孔的三面投影图。因四棱柱是立体的内表面，投影时其轮廓线不可见，故用细虚线画出，见图 2.15e。(3)擦去作图过程线，将可见轮廓线画为粗实线，见图 2.15f。

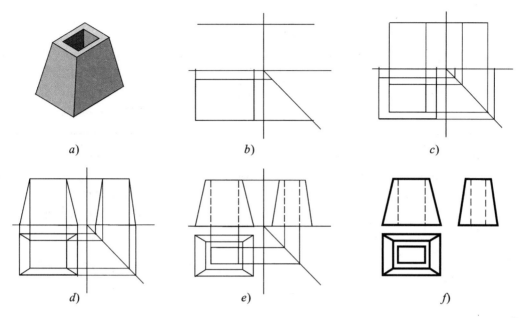

图 2.15　根据平面立体的轴测图,作其三面投影图

2.4　立体的表面构成要素的投影分析
[**Projection analysis on points，lines，surface of solid surface**]

从平面立体的投影可知,平面立体的表面是由多个平面构成的。两个平面相交产生棱线。三个(或更多)平面相交产生顶点。因此,作平面立体的投影图,其实质就是作立体表面上点、线、面的投影。显然,点、线、面是构成立体的基本要素,它在更深的层次上揭示了立体的构成特征及立体表面各部分的相互关系。为了进一步掌握较复杂工程形体的表达方法及分析方法,下面将学习立体表面上的点、直线、平面的投影及相互关系。

2.4.1　立体表面上点的投影 [Point projection of solid surface]

1. 立体表面上点的投影及投影规律 [Point projection and its laws]

[**例 2.2**]　如图 2.16a 所示,求作顶点 S 的 W 面投影,并完成三棱锥的 W 面投影。

解:

方法一:根据三面投影图的投影规律"高平齐"、"宽相等"直接作图,如图 2.16b、c 所示。

方法二:恢复投影轴,再作图,如图 2.16d、e、f 所示。

如果在图 2.16 中仅保留点 S,则其投影如图 2.17 所示。

由此可见,点是构成一切形体的基本元素,它存在于形体的任一表面或棱线上,是作图的最小单元。空间点的投影与基本几何体的投影一样,也必须满足"长对正"、"高平齐"、"宽相等"的投影规律。将这一投影规律运用于点的投影上,还可表述如下:

(1)点的正面投影与水平投影的连线垂直于 OX 轴,如图 2.17b 中的 $s's \perp OX$,即"长对正";点的正面投影与侧面投影的连线垂直于 OZ 轴,如图 2.17b 中的 $s's'' \perp OZ$,即"高平齐"。

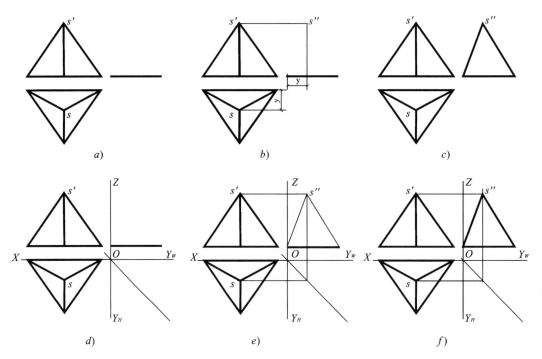

图 2.16 求作点的投影

(2)点的投影到投影轴的距离,等于空间点到相应投影面的距离。如图 2.17 中

$s's_z = s\,s_{y_H} = Ss''$(点 S 到 W 面的距离)$= x_s$(点 S 的 x 坐标);

$ss_x = s''s_z = Ss'$(点 S 到 V 面的距离)$= y_s$(点 S 的 y 坐标);

$s's_x = s''s_{y_W} = Ss$(点 S 到 H 面的距离)$= z_s$(点 S 的 z 坐标)。

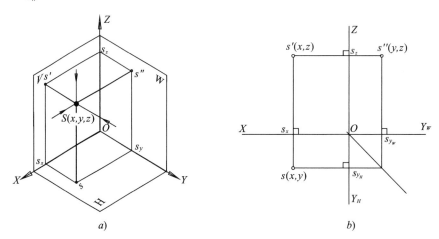

图 2.17 点的投影规律

从上述作图过程和分析还可看出,点在任意两个投影面上的投影,均已包含了点的三个坐标值,这意味着空间点的位置已唯一确定。因此,只要给出空间点的两面投影,就一定能够画出该点的第三面投影。

2. 点与点的相对位置 [Relevant position of point to point]

空间的任意两点之间,均存在着左右、前后及上下的相对位置关系,如图 2.18 所示:点 S

40

在点 A 之右、之上、之前;点 B 与点 A 到 H 面的距离相等,且点 B 在点 A 之右、之前;点 C 在点 A 的正右方。

由于点 C 与点 A 在 W 面上的投影重合,因此,我们称点 C 与点 A 为 W 面的**重影点**[overlapping points]。因点 A 在左、点 C 在右,点 A 在 W 面上的投影将遮住点 C 在 W 面上的投影,于是在 W 面上点 A 的投影 a'' 可见、点 C 的投影 c'' 不可见,用(c'')表示。

[例2.3] 根据下面所给的已知条件作点的三面投影,并连线构成立体。

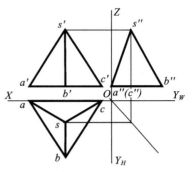

图 2.18 点与点的相对位置

已知点 A 的二面投影见图 2.19a;点 B 的坐标为(26,8,4);点 C 在 H 面上,距 V 面的距离为4,距 W 面的距离为4;点 D 在点 A 之下9、点 B 之右13、点 C 之前17。

解:(1)根据"高平齐"、"宽相等"作点 A 的 W 面投影 a'';(2)取 $Ob_x = 26$,过 b_x 作 X 轴的垂线,取 $b'b_x = 4$、$bb_x = 8$,再根据 b、b' 作 b'';(3)点 C 的坐标为(4,4,0),作法同点 B;(4)在 a' 之下9处画一与 X 轴平行的直线,在 b' 之右13处画一与 Z 轴平行的直线,两线之交点即为 d',在点 C 的水平投影 c 之前17处作一与 X 轴平行的直线,得点 D 的水平投影 d,据 d、d' 作 d'';(5)在三个投影面上分别连线,则得三棱锥 $ABCD$ 的三面投影。

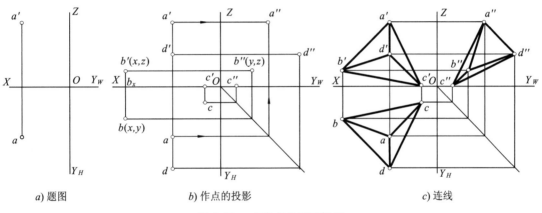

a) 题图   b) 作点的投影   c) 连线

图 2.19 求作点的三面投影

2.4.2 立体表面上直线的投影 [Straight line projection on solid surface]

1. 直线的投影[Straight line projection]

立体上的棱线是直线。从"两点定线"可知,由不重合的两点能够确定并且唯一确定一条直线。因此,**只要能作出直线上任意不重合的两个点的投影,则连接两点的同面投影,就可得到直线的投影。**

[例2.4] 如图 2.20a 所示,求直线 AB 的 W 面投影。

解:从图 2.20a 的立体图可见,直线 AB 是平面 P 与平面 Q 的交线,点 A 与点 B 的正面投影、水平投影均为已知,因此可先作出这两个点的 W 面投影,然后连成直线 AB。其作图步骤如图 2.20b 所示。

(1) 恢复投影轴;(2) 作点 A 的 W 面投影 a'';(3) 作点 B 的 W 面投影 b'';(4)连线。

将上述例题中直线 AB 的投影单独抽出来,其投影如图 2.21a 所示。由图可见,直线的投影

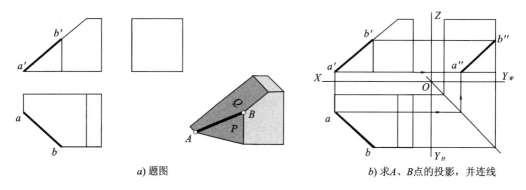

a) 题图   b) 求A、B点的投影，并连线

图 2.20   求直线 AB 的 W 面投影

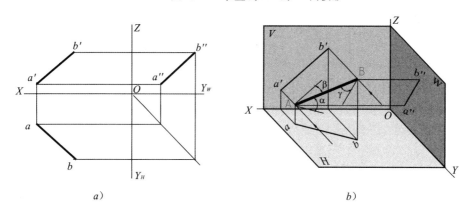

a)   b)

图 2.21   直线的投影

仍必须遵循"长对正、高平齐、宽相等"的投影规律，这里的长、宽、高是指直线两端点的相应坐标差。

2. 直线与投影体系的关系[The relation between lines and projection system]

（1）直线的分类与倾角

直线与投影体系的关系，实质上是直线与各投影面的关系。从立体几何得知：直线与平面的关系有相交与不相交两种情况。直线与平面永不相交称为平行，而相交则根据其夹角是否等于 90°，又可分为斜交和正交（即垂直相交），因此，直线与投影体系的关系可分为：

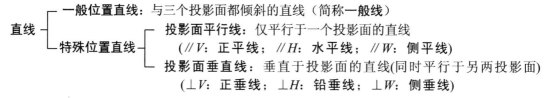

倾角[angle of line to projection plane]：把空间直线与投影面的真实夹角称为直线对该投影面的**倾角**。规定直线对 H 面的倾角用 α 表示；对 V 面的倾角用 β 表示，对 W 面的倾角用 γ 表示。取 0°≤α、β、γ≤90°，如图 2.21b 所示。

（2）投影面平行线的投影 [Projection of parallel line of projection plane]

投影面平行线的投影特性及作图，见表 2.3。

（3）投影面垂直线的投影 [Projection of vertical line of projection plane]

投影面垂直线的投影特性及作图，见表 2.4。

表 2.3 投影面平行线的投影

	立 体 图	立体的投影图	投影面平行线的投影图	投 影 特 性
正平线				1) $ab//OX$, $a''b''//OZ$, 长度缩短; 2) $a'b'$反映实长; 3) α、γ 为实角, $\beta=0°$
水平线				1) $c'b'//OX$, $c''b''//OY_W$, 长度缩短; 2) cb 反映实长; 3) β、γ 为实角, $\alpha=0°$
侧平线				1) $c'a'//OZ$, $ca//OY_H$, 长度缩短; 2) $c''a''$反映实长; 3) α、β 为实角, $\gamma=0°$

表 2.4 投影面垂直线的投影

	立 体 图	立体的投影图	投影面垂直线的投影图	投 影 特 性
正垂线				1) $a'b'$ 积聚成一点; 2) $ab//OY_H$, $a''b''//OY_W$, 并反映实长
铅垂线				1) ac 积聚成一点; 2) $a'c'//OZ$, $a''c''//OZ$, 并反映实长
侧垂线				1) $a''d''$ 积聚成一点; 2) $a'd'//OX$, $ad//OX$, 并反映实长

43

（4）一般位置直线的投影［Projection of general position lines］

一般位置直线与三个投影面都倾斜，因而其投影也与三个投影轴倾斜，三个投影均不反映实长和倾角的真实大小，如图 2.22a 所示。那么能否求出一般位置直线的实长及倾角的真实大小呢？从图 2.24b 可见，空间直线与其投影和投射线正好构成一直角三角形，即

$$ab = AB\cos(\alpha), \ |z_a - z_b| = \Delta z = AB\sin(\alpha), \ AB = \sqrt{ab^2 + \Delta z^2}$$

可见，只要知道水平投影长 ab 及正面投影的坐标差 Δz，则实长 $\overline{AB}$ 及倾角 α 便可求出，如图 2.22c 所示。

同理可得：$a'b' = AB\cos(\beta)$，$a''b'' = AB\cos(\gamma)$。可见，知道 $a'b'$ 及 Δy，则可求得实长 $\overline{AB}$ 及倾角 β；知道 $a''b''$ 及 Δx 则可求得实长 $\overline{AB}$ 及倾角 γ，如图 2.22c 所示。

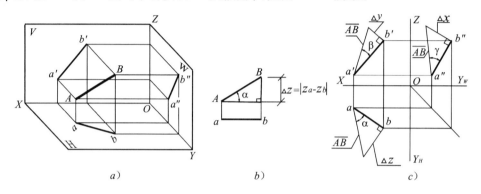

图 2.22　一般位置直线的投影

3. 直线上点的投影［Points projection on line］

空间点与直线的关系，不外乎点在直线上和点在直线外两种情况。

当点在直线上时，由正投影的基本性质可知，点的投影必然同时满足从属性和定比性。即：

（1）**点的投影必在直线的同面投影上**（从属性）；

（2）**点分线段的比投影后保持不变**（定比性）。

如图 2.23 所示，$SK:KA = sk:ka = s'k':k'a' = s''k'':k''a''$。

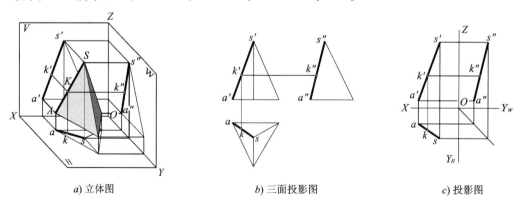

a) 立体图　　　　　　　b) 三面投影图　　　　　　　c) 投影图

图 2.23　直线上的点的投影

［**例 2.5**］　如图 2.24a 所示，分别求作三棱锥的三条棱线 SA、SB、SC 上的点 D、E、F 的另二面投影。

解:因点 D 在直线 SA 上,其投影必在 SA 的三面投影上;即点 D 的水平投影 d 应在 sa 上,点 D 的侧面投影 d'' 应在 $s''a''$ 上。而点的投影还应遵循点的投影的连线垂直于投影轴这一特性,因此过点 D 的正面投影 d' 作"长对正"、"高平齐"分别与 sa、$s''a''$ 的交点即为 d、d''。点 F 的作法同 D 点,如图 2.24b 所示。

点 E 由于在侧平线 SB 上,因而无法直接通过"长对正"获得水平投影,于是可先根据"高平齐"作出侧面投影 e'',再根据"宽相等"求作水平投影 e,如图 2.24b 所示。

当然也可根据"定比性"直接通过 E 点的正面投影作其水平投影:

因 $SE:EB=se:eb=s'e':e'b'=s''e'':e''b''$

所以可过 b 任作一斜线,然后量取 $be_o'=b'e'$、$e_o's_o'=e's'$,连 ss_o' 并过 e_o' 作 $e_o'e//ss_o'$,即得点 E 的水平投影 e,如图 2.24c 所示。

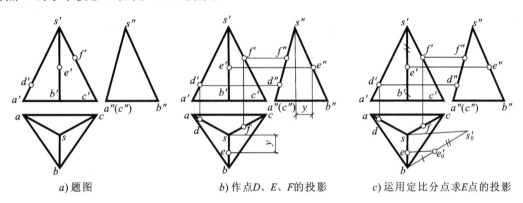

| a) 题图 | b) 作点 D、E、F 的投影 | c) 运用定比分点求 E 点的投影 |

图 2.24 求作直线上的点的投影

4. 直线与直线的相对位置[Relevant position of line to line]

从几何学可知,空间两直线具有如下的相对位置:

$$\text{直线与直线}\begin{cases}\textbf{异面}[\text{crisscross}](又称为\textbf{交叉})\\\textbf{共面}[\text{coplanarity}]\begin{cases}\textbf{相交}[\text{intersect}]\\\textbf{平行}[\text{parallel}]\end{cases}\end{cases}$$

各种相对位置直线的投影特性及判定条件见表 2.5。

表 2.5 直线与直线的相对位置

	空 间 情 况	投 影 图	投 影 特 性
平行两直线			平行两直线的所有同面投影都互相平行,且具有定比性

空间情况	投影图	投影特性
相交两直线		相交两直线的所有同面投影都相交，其交点符合点的投影规律，且具有定比性
异面两直线		1)异面两直线的某个投影可能会出现平行，但不会三个投影都平行； 2)异面两直线所有同面投影可能都相交，但相交处是重影点而不是交点； 3)重影点的可见性要根据它们另外的投影来判断

2.4.3 立体表面上平面的投影 [Planes projection on solid surface]

1. 平面的投影 [Planes projection]

根据"三点定面"这一平面构成的基本性质可知，由任何不在同一条直线上的三点可确定一个平面，并且唯一确定一个平面，因此，只要作出平面上不在同一直线的三个点的投影，则这个平面的位置就被唯一确定，如图 2.25a 所示。将三个点的投影连线加以转化，便可形成表示平面的各种形式，如图 2.25b、c、d、e 所示。此外，通常用于表达平面的图形还有矩形、菱形、梯形、任意正多边形、圆和椭圆等。

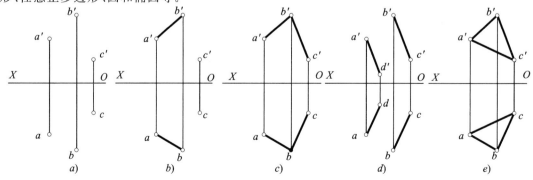

图 2.25 平面的表示法

2. 平面与投影体系的关系[The relation between plane and projection system]

(1)平面的分类与倾角

平面与投影体系的关系,也就是空间平面与各投影面的关系。从立体几何得知,平面与平面的关系可分为平行和相交两类,而相交又可分为正交和斜交,因此平面与投影体系的关系可分为:

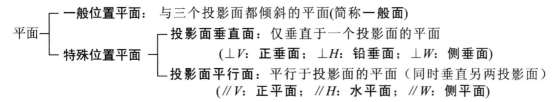

平面的倾角:即平面与投影面的二面角。分别用 α、β、γ 表示平面与 H、V、W 面的倾角,取 $0°\leqslant\alpha、\beta、\gamma\leqslant90°$。

如图 2.26a、b 所示,平面 A 为一般位置平面,平面 B 为正垂面,平面 C 为水平面。图 2.26c 中的 θ 为平面 P 与平面 Q 的二面角。

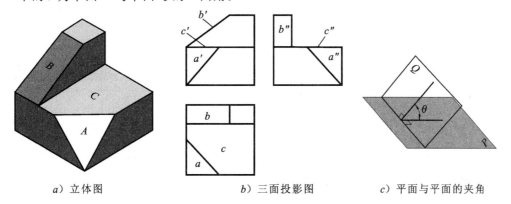

a) 立体图   b) 三面投影图   c) 平面与平面的夹角

图 2.26 平面的分类与倾角

(2)投影面垂直面的投影[Projection of vertical plane of projection plane]

投影面垂直面的投影特性及作图,如表 2.6 所示。

表 2.6 投影面垂直面的投影

	立 体 图	立体的投影图	投影面垂直面的投影图	投影特性
正垂面				1)正面投影积聚成直线; 2)水平投影和侧面投影为平面的类似形; 3)α、γ 为实角,$\beta=90°$
铅垂面				1)水平投影积聚成直线; 2)正面投影和侧面投影为平面的类似形; 3)β、γ 为实角,$\alpha=90°$

47

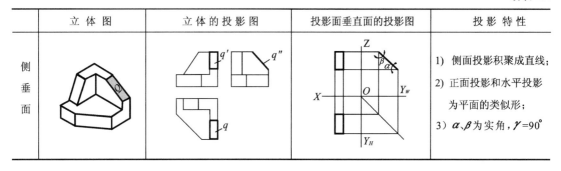

	立 体 图	立体的投影图	投影面垂直面的投影图	投 影 特 性
侧垂面		q' q'' q	Z β α X O Y_W Y_H	1）侧面投影积聚成直线； 2）正面投影和水平投影为平面的类似形； 3）α、β为实角，$\gamma=90°$

（3）投影面平行面的投影［Projection of parallel plane of projection plane］

投影面平行面的投影特性及作图，如表2.7所示。

表 2.7 投影面平行面的投影

	立 体 图	立体的投影图	投影面平行面的投影图	投 影 特 性
正平面		s' s'' s	Z X O Y_W Y_H	1）正面投影反映实形； 2）水平投影积聚成直线，且平行于OX轴； 3）侧面投影积聚成直线，且平行于OZ轴
水平面		p' p'' p	Z X O Y_W Y_H	1）水平投影反映实形； 2）正面投影积聚成直线，且平行于OX轴； 3）侧面投影积聚成直线，且平行于OY_W轴
侧平面		q' q'' q	Z X O Y_W Y_H	1）侧面投影反映实形； 2）正面投影积聚成直线，且平行于OZ轴； 3）水平投影积聚成直线，且平行于OY_H轴

3. 平面上的点和直线的投影［Points and lines projection on the plane］

从几何学可知，点和直线在平面上的几何条件是：

（1）点在平面上，必在平面的一条直线上；

（2）直线在平面上，必经过平面上的两个点，或经过平面上一点且平行于平面上的一条直线。

将上述几何条件经过正投影的"从属性"加以转化，则得到点和直线在平面上的投影特性：

（1）点在平面上，则点的投影一定在平面的一条直线的同面投影上；

（2）直线在平面上，则直线的投影一定经过平面上的两个点的同面投影；或经过平面上的一个点的同面投影且平行于平面上的一条直线的同面投影。

将上述几何条件及投影特性列于表 2.8 中。

表 2.8 平面上的点和直线

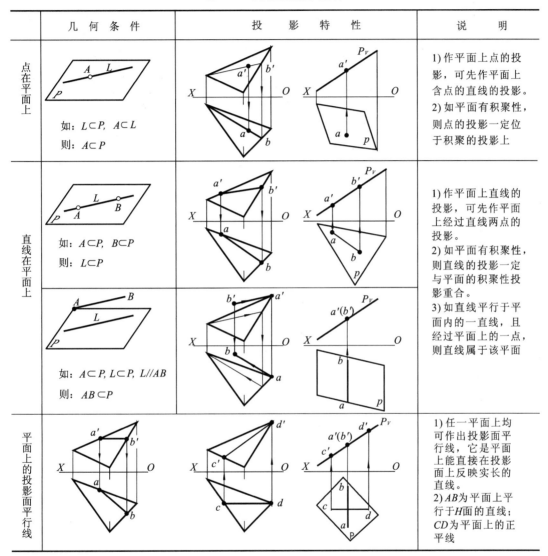

几何条件	投影特性	说明
点在平面上		1) 作平面上点的投影，可先作平面上含点的直线的投影。 2) 如平面有积聚性，则点的投影一定位于积聚的投影上
直线在平面上		1) 作平面上直线的投影，可先作平面上经过直线两点的投影。 2) 如平面有积聚性，则直线的投影一定与平面的积聚性投影重合。 3) 如直线平行于平面内的一直线，且经过平面上的一点，则直线属于该平面
平面上的投影面平行线		1) 任一平面上均可作出投影面平行线，它是平面上能直接在投影面上反映实长的直线。 2) AB 为平面上平行于 H 面的直线；CD 为平面上的正平线

[**例 2.6**] 如图 2.27a 所示，补全三棱锥被截切后形体的另两面投影。

解：从题图可知，三棱锥被两个平面截切，一个为水平面，一个为正垂面。求解的实质仍然是求棱线上的点、平面上的点和直线的问题。作图过程如下：

（1）将三棱锥各顶点及平面与棱线的交点进行编号。

（2）求作水平截面与三棱锥各棱线的交点 D、E、F、I，根据"长对正"得 D、J 点的水平投影 d、j，根据"平行线的投影保持平行"，得 e，再根据 F、I 分别在 EJ、DJ 上，得 f、i，并根据"宽相等"作出 f''，如图 2.27b 所示。

（3）求作正垂截面与三棱锥棱线的交点 G、H，根据"长对正"得 h，根据"高平齐"得 h''、

g'',再根据"宽相等"得 g,如图 2.27c 所示。

　　(4) 判别可见性,顺次连接各点,并作水平截面与正垂截面的交线,将可见的轮廓线画成粗实线,不可见的轮廓线画成细虚线,完成作图,如图 2.27d、e 所示。

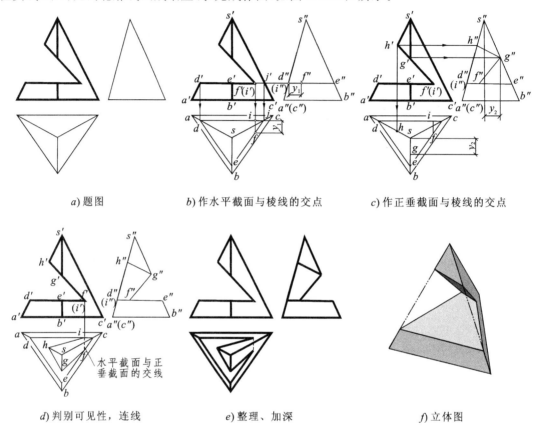

a) 题图　　　　　　　　b) 作水平截面与棱线的交点　　　　c) 作正垂截面与棱线的交点

d) 判别可见性,连线　　　　　　e) 整理、加深　　　　　　f) 立体图

◉ 图 2.27　补全三棱锥的投影

[例 2.7]　如图 2.28a 所示,补画出立体的 W 面投影图。

解:从题图可知该立体为正五棱柱被正垂面 P 截切。作图过程如下:

　　(1) 作正五棱柱的 W 面投影图,如图 2.28b 所示。

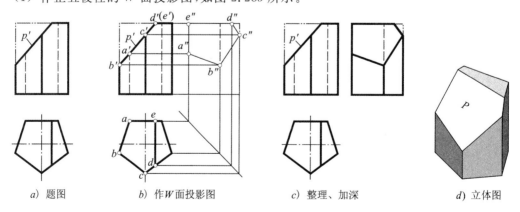

a) 题图　　　　b) 作W面投影图　　　　c) 整理、加深　　　　d) 立体图

◉ 图 2.28　求作正五棱柱的 W 面投影

50

(2)分别求平面 P 与三棱柱各棱线的交点 A、B、C 和与顶面的交线 DE 的投影,如图 2.28b 所示。

(3)整理、加深,如图 2.28c 所示。

2.5 基本曲面立体的投影及其表面上的点与线
[Basic body projection of curved surface and points and lines projection on its surface]

2.5.1 回转体的三面投影图[Three projection of body of revolution]

1. 回转体的形成及投影[Formation and projection laws of body of revolution]

回转体是由平面图形绕与其共面的轴线回转而成,其表面为回转曲面或回转曲面和平面。如图 2.29a 所示,定线 $O-O$ 称为**回转轴线**[rotary axis line],动线 AB 称为**母线**[generatrix],母线绕轴线回转所形成的曲面称为**回转曲面**[rotary curved surface],母线在回转面上的任意位置称为**素线**[element line]。

从回转体的形成过程可知,母线上任意点的回转轨迹都是圆,我们把该圆称为**纬圆**[circle of latitude]。纬圆的半径等于母线上该点到轴线的距离。其中,比相邻纬圆都大的圆,称为**赤道圆**[circle of equator];比相邻纬圆都小的圆,称为**喉圆**[circle of throat]。显然,纬圆所在的平面,一定垂直于回转轴线,因此纬圆可看成是由垂直于回转轴线的平面与回转体表面的交线。

如图 2.29b 所示,该回转体表面由回转曲面和上、下底面构成。因回转轴线 $O-O$ 垂直于 H 面,故在 H 面上的投影积聚为一点,而上、下底面及赤道圆、喉圆所在的平面垂直于回转轴线,必平行于 H 面,故在 H 面上的投影是反映真实形状的同心圆,并用细点画线画出其中心线。这里的喉圆和下底面圆,因被上底面和赤道圆挡住,为不可见,用细虚线圆表示。因赤道圆和喉圆在向 H 面投影时,通过赤道圆和喉圆上所有点的投射线均与回转面相切,从而确定了回转体在 H 面投影的最大、最小轮廓,故称该赤道圆和喉圆为该曲面立体对 H 面的**转向线**[turning line](由可见转向不可见的线),其投影在 H 面上形成的轮廓线,称之为对 H 面的**转向轮廓线**。

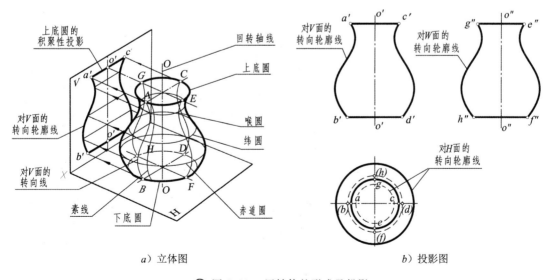

a)立体图
b)投影图

⊙ 图 2.29 回转体的形成及投影

51

将该曲面立体向 V 面投射,则轴线 $O-O$ 的投影为 $o'-o'$(用细点画线绘出);上、下底圆面垂直于 V 面,其投影积聚为直线,如图 2.29b 中的 $a'c'$、$b'd'$。 左右两条轮廓线 $a'b'$、$c'd'$ 是最左、最右两条素线 AB、CD 的投影,显然,AB、CD 是曲面立体对 V 面的转向线,其投影 $a'b'$、$c'd'$ 即为对 V 面的转向轮廓线。同理,EF、GH 是该立体对 W 面的转向线,其投影 $e''f''$、$g''h''$ 即为对 W 面的转向轮廓线。

可见,转向线是曲面立体上起特殊作用的素线,通常位于立体的最前、最后、最上、最下、最左、最右或最大、最小处,是曲面立体表面上可见部分与不可见部分的分界线。转向线在曲面上的位置取决于投射方向,由于它是相对于投影面而言的,因此对于不同的投影面,其转向线各不相同。如图 2.29 中的 AB、CD 是对 V 面的转向线,它位于立体的最左、最右处,成为立体在 V 面上投影的轮廓线(故称之为转向轮廓线);而在 W 面上,转向线则是位于立体最前、最后的 EF、GH,不再是 AB、CD。由此可见,曲面立体的投影是由曲面立体的棱线、轮廓线及转向轮廓线构成的。

2. 基本回转体的三面投影图[Three projection of rotary solid]

根据对曲面立体的形成及投影的分析,列出常见基本回转体的形成方式、三面投影图及其投影特性,如表 2.9 所示。

表 2.9 常见基本回转体的三面投影图及其投影特性

	形成方式	立体图	三面投影图	投影特性
圆柱	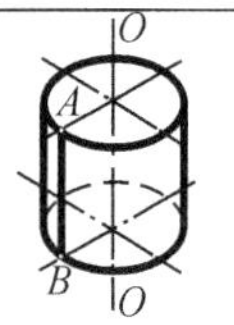 圆柱由矩形绕其一边旋转一周而形成。其上的圆柱面是由直母线 AB 绕与其平行的轴线 OO 旋转而形成。	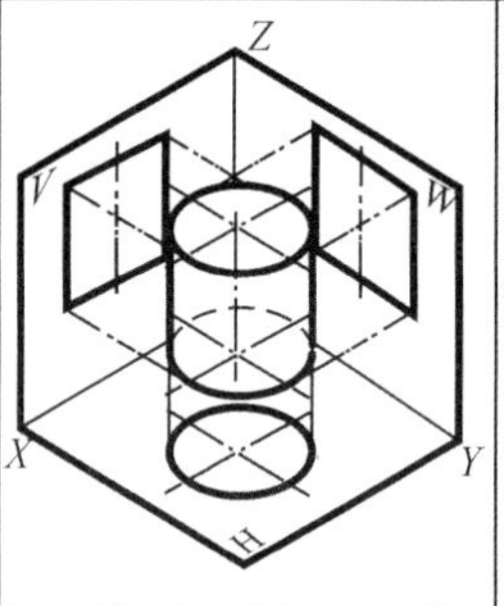	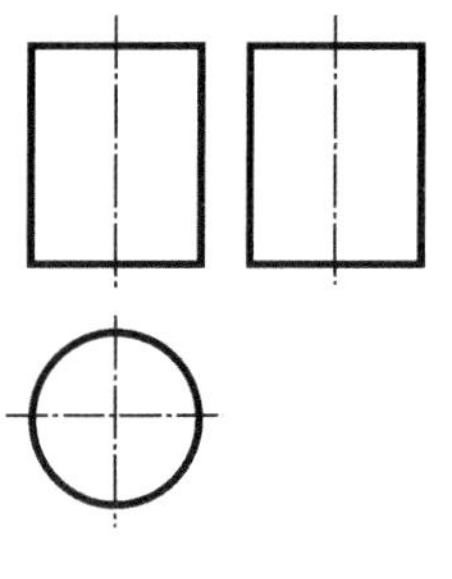	1)由于轴线垂直于水平面,因此圆柱的水平投影是个圆,其圆周是整个圆柱面的积聚性投影,也是上下底圆的投影。 2)正面和侧面投影都是以轴线为对称的、完全相同的矩形。其上下两边也是上下底圆的积聚性投影,其他两边是转向线的投影
圆锥	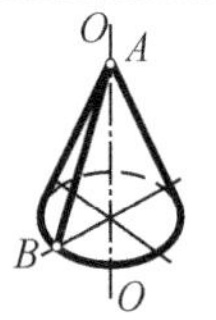 圆锥由直角三角形绕其直角边旋转一周而形成。其上的圆锥面由直母线 AB 绕与其相交的轴线 OO 旋转而成。	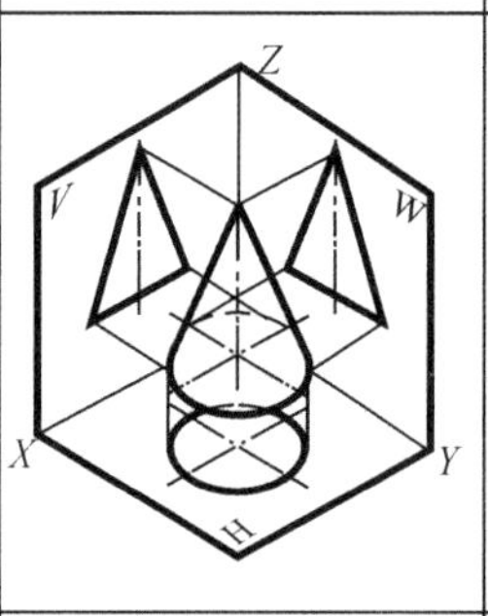	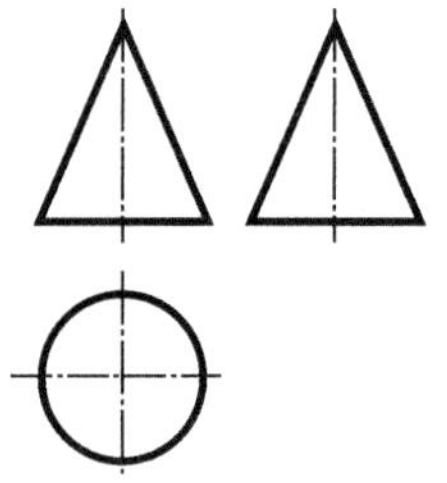	1)轴线垂直于水平面的圆锥,其水平投影为圆,由于锥面上所有素线均倾斜于水平面,故该圆没有积聚性。 2)正面和侧面投影都是以轴对称的、完全相同的等腰三角形。其底边为圆锥底面的积聚性投影,两腰为转向线的投影
圆球	 圆球由半个圆平面绕其直径旋转一周而形成。圆球面由半圆弧母线 AB 绕其直径(轴线 OO)旋转而形成。	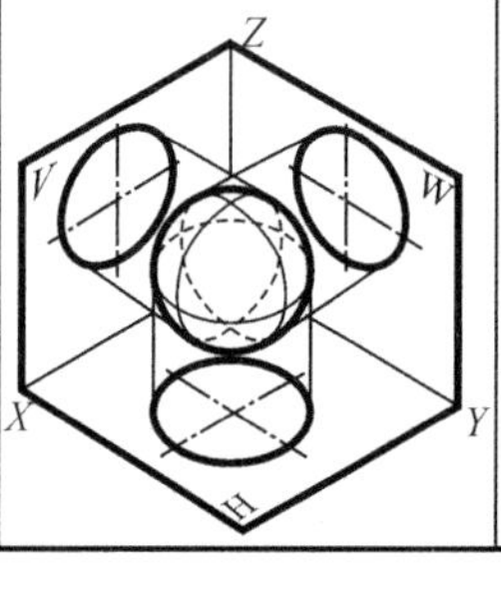	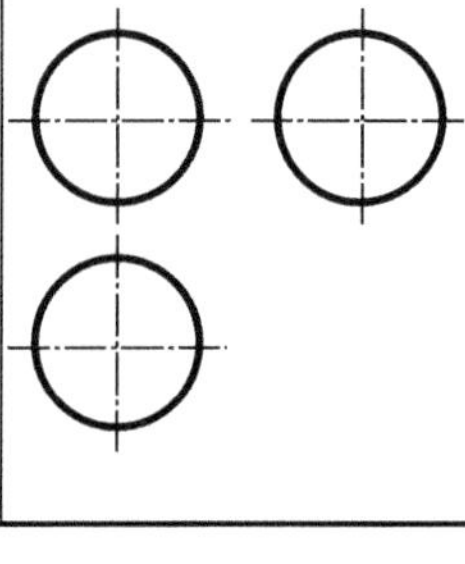	1)圆球的三面投影都是大小相同的圆,且没有积聚性。三个圆分别为圆球相对于三个投影面的转向线的投影。 2)圆的直径等于圆球的直径

[**例 2.8**] 如图 2.30a 所示,根据曲面立体的立体图,作其三面投影图。

解:从立体的立体图可见,该立体由平板 A、半圆柱 B 和半圆柱面 C 组合而成。作图步骤见图 2.30b、c、d、e、f。

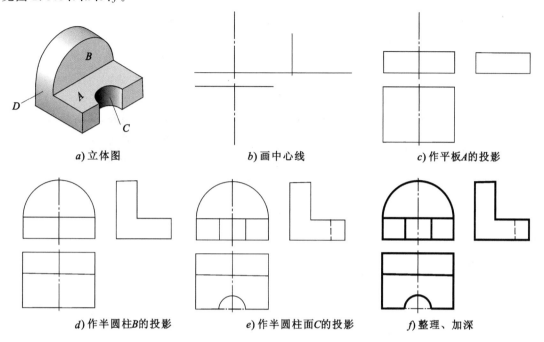

a) 立体图 b) 画中心线 c) 作平板A的投影

d) 作半圆柱B的投影 e) 作半圆柱面C的投影 f) 整理、加深

图 2.30 根据曲面立体的立体图,作其三面投影图

注意:A 的侧面与 B 相切,故在 D 处无轮廓线。

2.5.2 回转体表面上的点与线[Points and lines on rotary solid surface]

回转体的回转曲面上的点,可分为位于转向线上和位于回转曲面其他位置两种情况。

当点位于转向线上时,与点在直线上的投影一样,必然满足"从属性",其投影一定位于转向线的投影上。作图时只要找到转向线的对应投影,就可根据"从属性"作出点在其他投影面上的投影。由转向线的投影特性可知,其一个投影是轮廓线,而另外两个投影则必定与轴线或对称中心线重合。

当点位于回转曲面的其他位置时,可根据该曲面的几何性质,利用**辅助素线法**[auxiliary element line method]**或辅助平面法**[auxiliary plane method]求作回转曲面上的点的投影。

辅助素线法:首先作出经过该点的辅助素线,然后根据点在线上投影的"从属性",作出点在其他投影面上的投影。

辅助平面法:首先作出经过该点的辅助平面,然后求辅助平面与回转曲面的交线,再根据点在交线上投影的"从属性",作出点在其他投影面上的投影。

回转曲面上的线,只有与直素线重合时才为直线,在其他情况下均为曲线。空间曲线的投影为平面曲线,平面曲线的投影符合平面的投影特性,即平行于投影面时反映实形、垂直于投影面时积聚为直线、倾斜于投影面时为该平面图形的类似形。回转曲面上的曲线的作图方法,一般是先求出该曲线上的若干点,并判别其可见性,再顺次光滑连线。

1. 圆柱表面上的点与线

如图 2.31a 所示,点 A、D 在圆柱对 V 面的转向线上,找出该转向线的其余二投影后,可直接根据点在线上投影的"从属性",求出 a、d 及 a″、d″,因点 A 在最左,点 D 在最右,故 d″ 不可见。同理,可求出点 B、C 的三面投影,因点 B、C 分别位于圆柱的最前、最后,故 c′ 不可见。

在图 2.31b 中,点 E 位于圆柱的左前面上,利用圆柱沿轴线方向的投影有积聚性的特点,根据"长对正"先求出 E 的水平投影 e,再根据"高平齐"、"宽相等"求出 e″。直线段 FG 与素线重合,故其水平投影聚积成点 f(g),其侧面投影仍为 f″g″ 直线段。根据正面投影及水平投影可判断直线 FG 位于圆柱的右后面上,故 FG 的侧面投影 f″g″ 不可见,应画成细虚线。

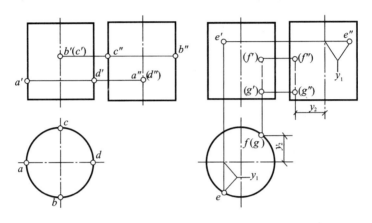

a)圆柱表面上的特殊点　　　　　b)圆柱表面上的一般点

图 2.31　圆柱表面上的点与线

2. 圆锥表面上的点与线

如图 2.32a 所示,点 A、B 位于圆锥对 V 面的转向线上,a、b 和 a″、b″ 可直接求出,点 A 在左,点 B 在右,故点 B 的侧面投影 b″ 不可见。点 C 的正面投影 c′ 在圆锥的轴线上,故点 C 位于圆锥对 W 面的转向线上,根据"高平齐"可直接求得 c″,再根据"宽相等"求得 c。点 D 位于圆锥的底圆上,根据"长对正"可直接求得 d,再根据"宽相等"求得 d″。

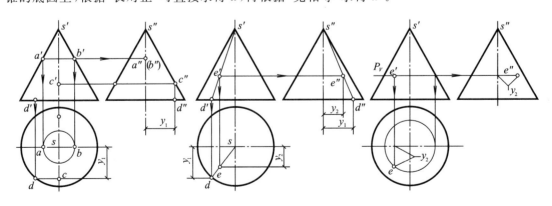

a)圆锥表面上的特殊点　　　　b)运用素线法求一般点　　　　c)运用辅助平面法求一般点

图 2.32　圆锥体表面上的点与线

点 E 在圆锥面左前表面上,为圆锥面上的一般位置点,必须利用辅助素线或辅助平面作图。

方法一:利用辅助素线法作图,首先作出过点 E 的素线 SD 的投影 sd、$s'd'$ 和 $s''d''$(可不作),然后再根据"长对正"作出 e,根据"高平齐"、"宽相等"作出 e'',如图 2.32b 所示。

方法二:利用辅助平面法作图,先过 e' 作辅助水平面 P_V,画出辅助水平面与圆锥的交线(即纬圆);根据"从属性"及"长对正"求得 E 点的水平投影 e,再根据"高平齐"、"宽相等"求得 e'',如图 2.32c 所示。

3. 圆球表面上的点与线

如图 2.33a 所示,点 A、B、C 分别位于球面对水平投影、侧立投影面和正立投影面的转向线上,只要找出这些转向线的另外两个投影,则根据点在平面曲线上的"从属性",并根据"长对正"、"高平齐"、"宽相等"便可作出点 A、B、C 的三面投影。

点 D 为球面上的一般位置点,由于球面上没有直素线,因此采用辅助平面法作图。

如图 2.33b 所示,先过 d' 作辅助水平面 P,得 P_V、P_W,求作平面 P 与球面的交线(即纬圆,水平位置的圆),再根据"从属性"求得点 D 的另外两个投影 d、d''。根据 A、B、D 的正面投影 a'、b'、d' 位于一条直线上可知,ABD 是球面上的平面曲线(圆弧),由于转向线是可见与不可见的分界线,A、B、D 在球面的上半部分,故水平投影均可见;而 AB 在球面的左半部分,故 $\overset{\frown}{a''b''}$ 可见,BD 在球面的右半部分,故 $\overset{\frown}{b''d''}$ 为不可见。在判别可见性的前提下,将各同面投影光滑地连起来,便得球面上曲线的投影。

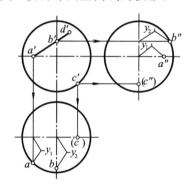

a)圆球表面上的特殊点

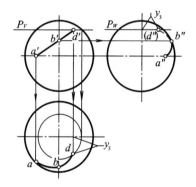

b)圆球表面上的一般点

图 2.33　圆球表面上的点与线

3 组 合 体

Chapter 3　Solids of Geometric Combination

内容提要：组合体是工程形体的模型。本章首先学习组合体的构成方式及分析方法，在此基础上深入学习绘制组合体投影图、阅读组合体投影图及组合体尺寸标注的基本方法，为工程形体的表达及工程图样的阅读奠定基础。学习本章时应特别注意形体分析法在绘图及读图中的运用，并注意对空间思维和空间想象能力的培养。

Abstract：This chapter is concerned with the formation and analytical methods of solids of geometric combination. The study of this prepares students to draw solids of geometric combination projections，to read and to dimension of solids of geometric combination and therefore to set a basis to draw and to read engineering structure. As the chapter proceeds，students are expected to pay special attention to structure analysis in drafting and reading drawings.

3.1　组合体的形成及分析方法

[Formation method and analytical method of solids of geometric combination]

3.1.1　组合体的形成方式[Formation method of solids of geometric combination]

顾名思义，**组合体**，就是由基本立体组合而形成的立体，它是相对于基本立体而言的，因此，可以说除基本立体之外的一切立体都是组合体。

具体地说，由一个或多个基本立体经叠加[pile up]、切割[cut]等方式而形成的立体称为**组合体**。这里的"叠加"、"切割"就是形成组合体的基本组合方式，而在组合的相邻表面之间，还存在着对齐、相切和相交三种基本形式。组合体各形成方式的投影特征及图例如表3.1所示。

对于某些形体，既可看作是由叠加方式形成，也可看作是由切割方式形成，如图3.1所示。因此，叠加和切割只具有相对意义，在进行具体形体的分析时，应以易于作图和理解为原则。

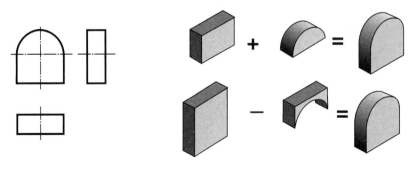

图3.1　叠加与切割的相对性

表 3.1 组合体形成方式的特征及图例

组合方式	投 影 特 征 及 图 例	说　明
叠 加	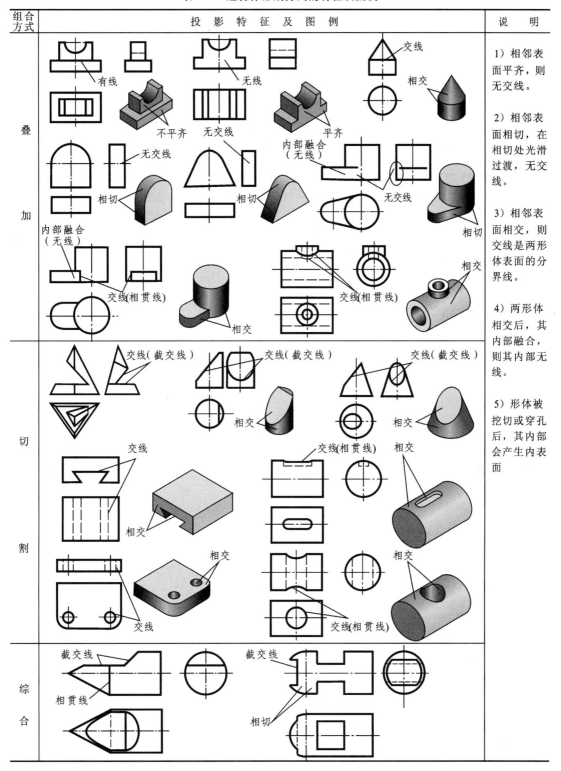	1）相邻表面平齐，则无交线。 2）相邻表面相切，在相切处光滑过渡，无交线。 3）相邻表面相交，则交线是两形体表面的分界线。 4）两形体相交后，其内部融合，则其内部无线。 5）形体被挖切或穿孔后，其内部会产生内表面
切 割		
综 合		

为了便于掌握作图的方法,对上述组合体的形成方式还可进一步归纳为平面与立体和立体与立体的关系:平面与立体相交称为**截交**,立体与立体相交称为**相贯**。显然,截交和相贯是形成组合体的两种重要方式,其内容及作图方法将在后面加以介绍。

3.1.2 形体分析法和线面分析法[Individual part analytical method of a combined solid and line-plane analytical method]

由上述可见,任一复杂的组合体均可看成是由若干基本立体经组合而形成。为了便于准确地理解组合体的形状及结构,可假想将组合体按其组合方式逆向还原成组合前的基本立体的形态,这种分析方法就是贯穿于一切工程图的绘制、阅读及尺寸标注全过程的基本思维方法——**形体分析法**。如图 3.2 所示,该组合体可看成是由被切割的四棱柱底板与直立圆筒叠加后,再与水平圆筒相贯,加上肋板而形成,其构成的基本立体为四棱柱、三棱柱和圆柱。

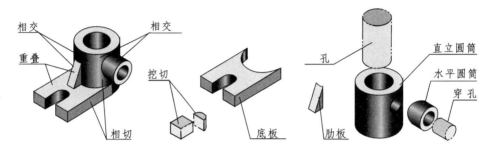

◉ 图 3.2　组合体的形体分析

当采用形体分析法分析清楚组合体的构成及结构后,如果对构成组合体的基本立体之间的相互关系及基本立体被切割后的交线等部分尚不能清晰理解及作图时,可对该部分进行更深入的分析,即对其表面、棱线、交线等几何要素的空间位置、形状、相互关系、投影特征等进行分析,从而实现组合体的作图及读图,这种分析方法就是**线面分析法**。如图 3.3a 所示,该立体的 H 面投影上有 r、s 两线框,找到在 V 面投影上的对应投影为 r′、s′,由此可知 R、S 为水平面;该立体的 V 面投影上有 p′、q′、u′、(t′)线框,找到 H 面投影上的对应投影为 p、q、u、t,由此可知 Q 为正平面,P、U、T 为铅垂面,P、T 平面的交线为 AB;从而可知该立体为一四棱柱被一个水平面和三个铅垂面切割而得,由此看懂立体的形状,如图 3.3b 所示。可见,线面分析法是运用投影图中的线框及线的投影特征,分析立体表面空间形状及位置的方法。

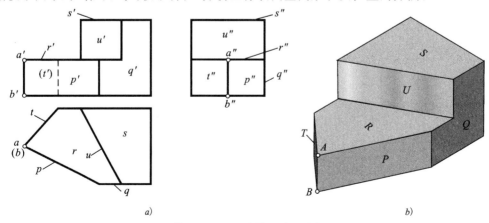

◉ 图 3.3　组合体的线面分析

3.2 平面与立体相交——截交
[Plane intersects with solid——cutting]

截交是平面与立体相交形成组合体的方式。该平面称为**截平面**[cutting plane]，由截平面与立体表面相交产生的交线称为**截交线**[cutting intersect line]，由截交线所围成的平面图形称为**截断面**[cut]，如图 3.4 所示。

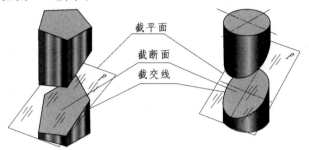

图 3.4　截交的基本概念

由上述定义可见，截交线应具有如下基本性质：

(1)截交线是截平面与立体表面的共有线，截交线上的点是截平面与立体表面的共有点。

(2)截平面与立体产生的截交线一定是封闭的平面图形。

因此可知，求作截交线的实质仍是求平面与立体表面的共有点。

3.2.1　平面与平面立体相交[Planes with plane solid intersects]

由于平面立体的表面是由平面及棱线构成，因此，求平面与平面立体相交的截交线，可转化为求平面与平面的交线或平面与棱线的交点。单个平面与平面立体的截交线，通常为平面多边形。

[**例 3.1**]　如图 3.5a 所示，补画立体的 W 面投影。

解：由题图可知，该立体由一个处于铅垂位置的三棱柱分别被一水平面、一侧平面和一正垂面截切而形成。作图方法及步骤如下：

(1)画出完整三棱柱的 W 面投影，如图 3.5b 所示。

(2)求作正垂面 ABCDE 与三棱柱表面的交线。根据三棱柱水平投影的积聚性可直接得到交点 A、B、C、D、E 的水平投影 a、b、c、d、e，再根据"高平齐、宽相等"便可作出点 A、B、C、D、E 的侧面投影 a″、b″、c″、d″、e″，可见 abcde 与 a″b″c″d″e″ 为类似形，如图 3.5c 所示。

(3)求作水平面 AFGHE、侧平面 CDHG 与三棱柱表面的交线。因水平面的 V 面投影和 W 面投影具有积聚性，其 H 面投影反映实形，故可直接求得，如图 3.5d 中 afghe、a″f″g″h″e″ 所示。其侧平面 CDHG 平行于棱柱的棱线，所得截平面为矩形，如图 3.5d 中 cdhg、c″d″h″g″ 所示。

(4) 判别可见性。在 W 面投影中，因 FAB 在三棱柱的左侧面上，故其 W 面投影可见。因 BC、CG 在三棱柱的右侧面上，故其 W 面投影不可见，由于点 B、F 之间的棱线被截去，故 CG 线段有一小段透过 FAB 而可见。AE、CD、GH 为截平面之间的交线，在三棱柱上为内表

59

面之间的交线,故不可见。当细虚线与粗实线重合时,应画粗实线,故 $g''h''$ 的细虚线在 $g''a''$ 段应被 $a''f''$ 段的粗实线遮住。顺次连接各点,将可见轮廓线画为粗实线,不可见轮廓线画为细虚线,整理完成全图,如图 3.5e 所示。其立体图如图 3.5f 所示。

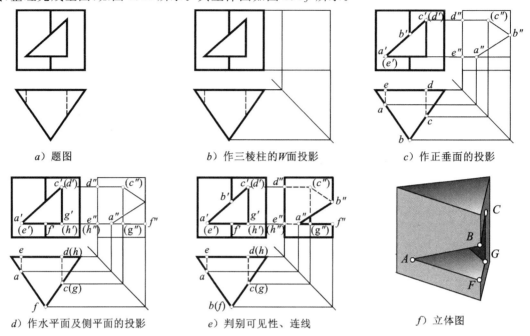

a) 题图   b) 作三棱柱的 W 面投影   c) 作正垂面的投影

d) 作水平面及侧平面的投影   e) 判别可见性、连线   f) 立体图

◉ 图 3.5   平面与平面立体相交举例之一

[例 3.2]如图 3.6a 所示,补全立体被截后的 H 面投影,并作出 W 面投影。

解:从题图可知,该立体为四棱台被一水平面和一正垂面截切而形成。作图方法及步骤如下:

(1)作水平面与立体表面的交线。先作水平面的 W 面投影,根据 W 面投影再作 H 面投影,如图 3.6b 所示。

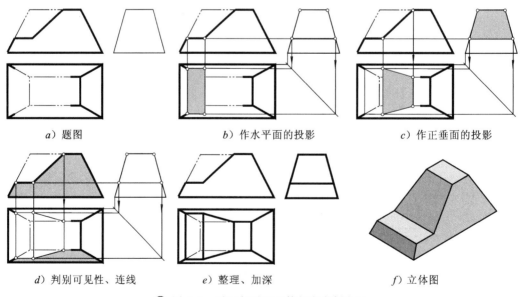

a) 题图   b) 作水平面的投影   c) 作正垂面的投影

d) 判别可见性、连线   e) 整理、加深   f) 立体图

◉ 图 3.6   平面与平面立体相交举例之二

（2）作正垂面与立体表面的交线,如图3.6c所示。

（3）判别可见性,顺次连接各点,如图3.6d所示。从图示可见,四棱台的前后侧面为侧垂面,其V面投影和H面投影为类似形,这有利于判断作图的正确性。

（4）整理、加深棱线,完成作图,如图3.6e所示。其立体图如图3.6f所示。

通过上面的例子,可将平面与平面立体相交求截交线的作图方法及步骤归纳为:

（1）**分析**[analysis]**立体的构成方式、结构、形状及空间位置**（即立体为何种基本立体,处于何种空间位置）;

（2）**分析**[analysis]**截平面的组成及空间位置**（即由几个处于何种位置的截平面截切立体）;

（3）**求棱线与截平面的交点**[solution to points of intersection]（运用点在直线、平面上的求解方法）;

（4）**判别可见性**[distinguish visibility]**,顺次连接各交点**[line connection through the ordered points]**,即得截交线的投影**;

（5）**补充完成立体上未被截切的棱线的投影,整理**[trim]**并完成全图**（如由多个截平面截切,则应特别注意画出截平面与截平面的交线）。

3.2.2 平面与曲面立体相交[Planes with camber solid intersects]

平面与曲面立体相交,可看成是平面与构成曲面立体的转向线、素线、纬圆等几何要素相交,其实质是求作曲面立体表面上的点和线的问题。

常见的曲面立体有圆柱、圆锥、圆球等,因不同曲面立体的形成方式及投影特征有所不同,故下面分别加以讨论。

1. 平面与圆柱相交[Planes with cylinder intersects]

圆柱被平面截切时,由于截平面与圆柱轴线相对位置的不同,其截交线有三种不同的形式,具体图例见表3.2。

表3.2 平面与圆柱相交的三种形式

截平面的位置	垂直于轴线	倾斜于轴线	平行于轴线
截交线	圆	椭圆	矩形
立体图	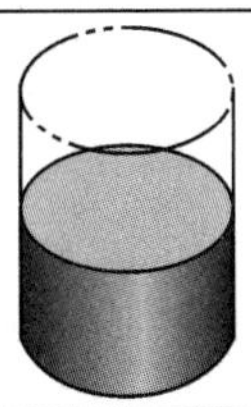	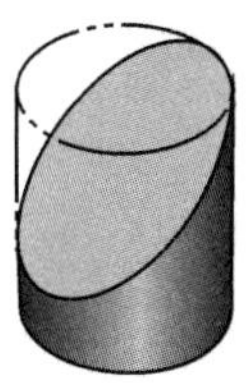	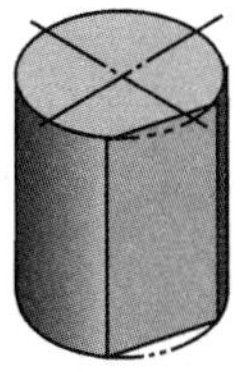
投影图	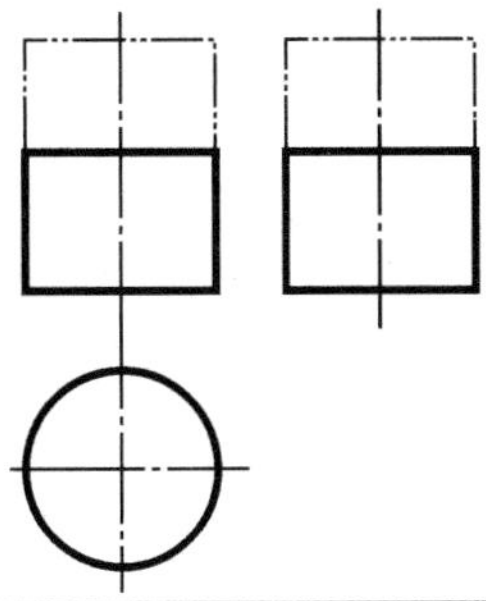	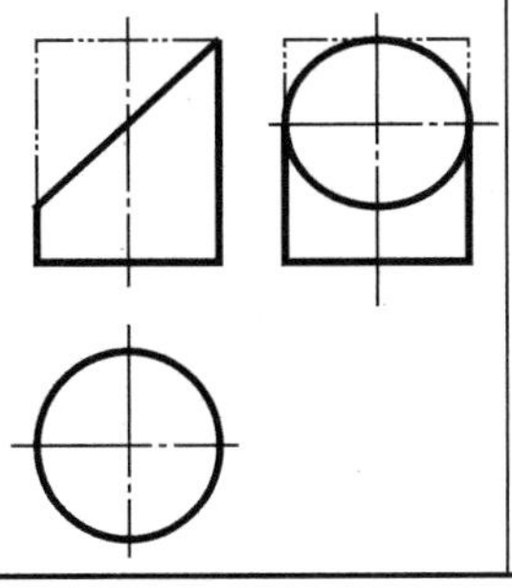	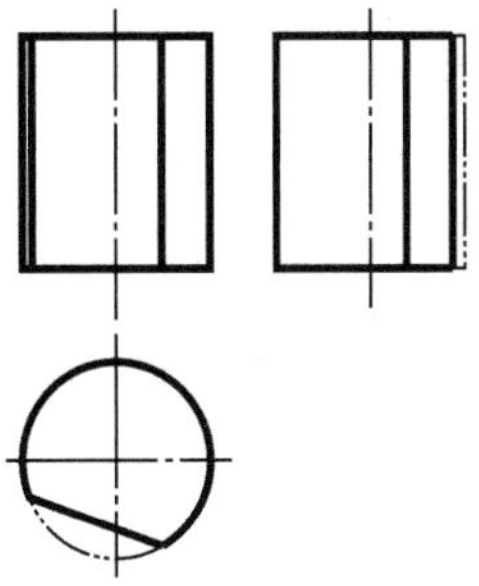

[**例 3.3**] 如图 3.7a 所示,根据 V 面投影和 H 面投影补画出立体的 W 面投影。

解:从图 3.7a 可知,圆柱左上部被切去一块,截平面为一个侧平面和一个水平面;圆柱下部中间被截出一个左右不对称的通槽,截平面也是侧平面和水平面。侧平面平行于圆柱的轴线,其截交线为矩形;水平面垂直于该圆柱的轴线,其截交线为圆弧加直线段。作图方法及步骤如下:

(1) 作圆柱左上部切块的投影。如图 3.7b 所示,水平面 P 与侧平面 Q 的交线为 AB,首先根据圆柱面的积聚性投影得到点 A、B 的水平投影,再根据"高平齐、宽相等"得到点 A、B 的侧面投影。由于被截部分在圆柱的左上方,故在 W 面投影上均可见。

(2) 作下部通槽的投影。如图 3.7c 所示,下部通槽由水平面 R 与侧平面 S、T 截切圆柱而形成。特殊点 C、E 的求法同上。由于圆柱的中间部分被截切,其 V 面投影轴线上的点 D,在 W 面投影应位于转向线上,故点 D 之下的转向线在 W 面投影中被截去(图中画"×"的部分)。其截面之间的交线在圆柱的内表面上,W 面投影为不可见。

(3) 加深轮廓线,擦除被截去的轮廓线,整理完成全图,如图 3.7d 所示。

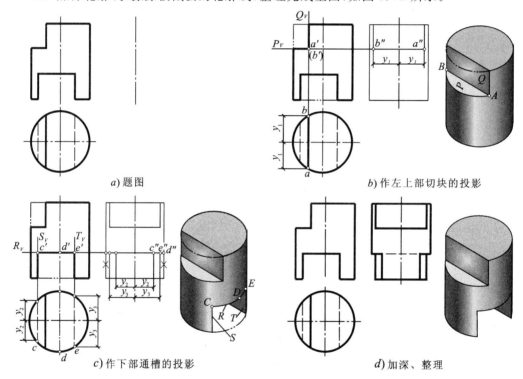

a) 题图   *b*) 作左上部切块的投影

c) 作下部通槽的投影   *d*) 加深、整理

⊙ 图 3.7 平面与圆柱相交举例之一

[**例 3.4**] 如图 3.8a 所示,补全立体的 W 面投影,并作出 H 面投影。

解:从题图可知,该立体由一空心圆柱被一水平截面和一正垂截面截切而形成。水平截面平行于圆柱轴线,其截交线为矩形;正垂面倾斜于圆柱轴线,其截交线为椭圆弧加直线段。作图时可分解为两个圆柱分别与两截平面相交,作图方法及步骤如图 3.8b、c、d、e 所示。

2. 平面与圆锥相交[Planes with cone intersects]

圆锥被平面截切时,由于截平面与圆锥轴线相对位置的不同,截交线有五种形式,见表 3.3。

62

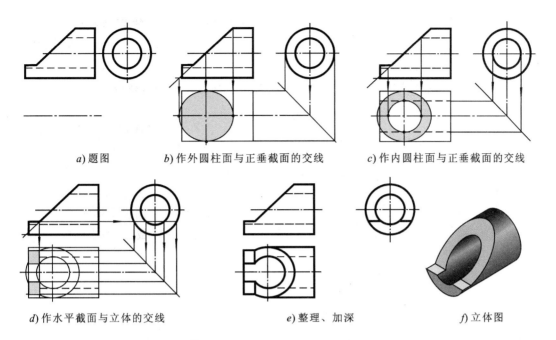

a) 题图	b) 作外圆柱面与正垂截面的交线	c) 作内圆柱面与正垂截面的交线

d) 作水平截面与立体的交线	e) 整理、加深	f) 立体图

图 3.8　平面与圆柱相交举例之二

表 3.3　平面与圆锥相交的五种形式

截平面的位置	过锥顶	垂直于轴线	倾斜于轴线 $\theta > \alpha$	倾斜于轴线 $\theta = \alpha$	倾斜或平行于轴线 $\theta < \alpha$ 或 $\theta = 0$
截交线	三 角 形	圆	椭 圆	抛物线+直线	双曲线+直线
立体图					
投影图					

[例 3.5]　如图 3.9a 所示,补画出立体的 W 面投影。

解:从题图可知,圆锥被一侧平面截切。该侧平面不垂直于圆锥轴线,也不经过圆锥顶点,故截交线不是圆或直线(是双曲线加直线)。其作图方法及步骤如下:

(1)求特殊点:点 Ⅰ 是截平面与圆锥正面转向线的交点,也是截交线上的最高点;点 Ⅱ、Ⅲ 是截平面与圆锥底圆的交点,也是截交线上的最低点。可直接根据它们的正面投影、水平投影

63

运用点在直线上及点在平面上的投影规律作出侧面投影。

（2）作一般点：在最高点与最低点之间作一水平的辅助平面 Q，则平面 Q 与圆锥面的交线为一圆（即纬圆），从而得点Ⅳ、Ⅴ。

（3）顺次光滑连线，整理、完成全图，如图 3.9b 所示。

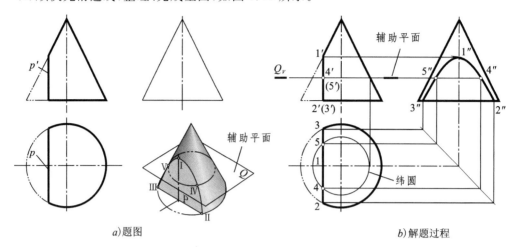

a）题图　　　　　　　　　　　　　　b）解题过程

⊙ 图 3.9　平面与圆锥相交举例

3. 平面与圆球相交［Planes with sphere intersects］

由于经过圆球体球心的任一直线都可认为是圆球体的回转轴线，因此圆球体被平面截切时，其截交线均为圆。当截平面平行于投影面时，截交线在平行的投影面上的投影为反映实形的圆。当截平面不平行于投影面时，截交线虽然是圆，但其投影却是椭圆，如表 3.4 所示。

表 3.4　平面与圆球相交的各种形式

截平面的位置	与 V 面平行	与 H 面平行	与 V 面垂直
立体图			
投影图			

［例 3.6］　如图 3.10a 所示，补全立体的 H 面投影，并画出其 W 面投影。

解：由题图可知，该立体由一半球体被一水平截面及两侧平截面截切而形成。水平面截切球体在水平投影面上的投影为反映实形的圆，侧平面截切球体在侧投影面上的投影为反映实

64

形的圆。作图方法及步骤如下：

（1）作侧平面 P 与球面的交线，因左、右对称，故两侧平截面与球面交线的侧面投影重合，其侧面投影为以 R_1 为半径的圆弧。

（2）作水平面 Q 与球面的交线，其水平投影为以 R_2 为半径的圆弧。

（3）整理、完成全图，如图 3.10b 所示。应特别注意侧面投影中的细虚线（为平面 Q 的投影）。

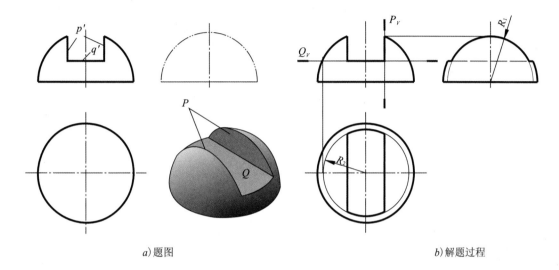

a)题图　　　　　　　　　　　　　　　　　　　b)解题过程

● 图 3.10　平面与球体相交举例

通过上面的例子，可将平面与曲面立体相交求截交线的作图方法及步骤归纳为：

（1）**分析[analysis]立体的构成方式、结构、形状及空间位置**（即立体为何种基本立体，处于何种空间位置）；

（2）**分析[analysis]截平面的组成及空间位置**（即由几个处于何种位置的截平面截切立体）；

（3）**求截交线上的特殊点[solution to special points]**（即棱线、转向线与截平面的交点）；

（4）**求截交线上的一般点[solution to general points]**（运用辅助素线法或辅助平面法）；

（5）**判别可见性[distinguish visibility]，顺次光滑连接各交点[line connection through the ordered points]**，即得截交线的投影；

（6）**整理[trim]并完成全图**（如由多个截平面截切，则应特别注意画出截平面与截平面的交线）。

[**例 3.7**]　如图 3.11a 所示，补出立体的 H 面投影。

解： 由题图可知，该立体由圆柱及圆锥两部分叠加之后，再被一水平截面和一正垂截面截切而形成。水平截面平行于圆锥和圆柱的轴线，与圆锥面的交线是双曲线，与圆柱面的交线是直线；正垂截面只与圆柱面相交，其交线为椭圆的一部分。作图方法及步骤如下：

（1）求作水平截面与圆锥面的交线，如图 3.11b 所示。

（2）求作水平截面与圆柱面的交线，如图 3.11b 所示。

（3）求作正垂截面与圆柱面的交线，如图 3.11c 所示。

（4）画出水平截面与正垂截面的交线，补出圆柱与圆锥的交线（不可见部分应画细虚线），整理、完成全图,如图 3.11*d* 所示。

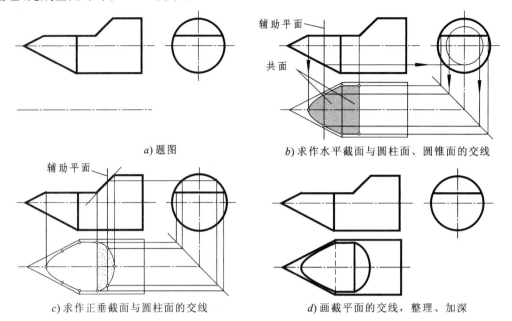

a) 题图

b) 求作水平截面与圆柱面、圆锥面的交线

c) 求作正垂截面与圆柱面的交线

d) 画截平面的交线,整理、加深

⊙ 图 3.11　组合截切举例

从上例可见,若立体是由多个基本立体组合而成,则求作截交线时可先采用形体分析法将组合体分解成单一基本立体,然后分别求其截交线,而求作截交线的过程就是运用线面分析法分析组合体的过程。

3.3　立体与立体相交——相贯
[Solid with solid intersection—— intersection]

立体与立体相交可分为如下三种形式:

(1)平面立体与平面立体相交;

(2)平面立体与曲面立体相交;

(3)曲面立体与曲面立体相交。

由于平面立体的表面均为平面,因而平面立体与平面立体相交,其实质是平面与平面立体相交;平面立体与曲面立体相交,其实质是平面与曲面立体相交。这些内容在"截交"部分已作了详细的讨论,故本节将重点讨论曲面立体与曲面立体相交时,求作相贯线的方法。

由于相贯线是两立体表面的交线,因而相贯线的形状及投影特征将受到两立体的形状、相对大小及相对位置的影响,但所有相贯线也有其共同之处,那就是:

(1)**相贯线是两立体表面的共有线,且为两立体表面的分界线。相贯线上的点是两立体表面的共有点。**

(2)**两曲面立体的相贯线一般为封闭的空间曲线**[space curve]**,在特殊情况下可能为平面曲线**[plane curve]**或直线**[straight line]**,如图 3.12 所示。**

从相贯线的基本性质可以看出,求作两曲面立体的相贯线,可归结为求两曲面立体表面上

| a）相贯线为空间曲线 | b）相贯线为平面曲线 | c）相贯线为直线 |

● 图 3.12 两曲面立体相贯线的性质

共有点的问题,其实质仍是立体表面上的点和线的问题。工程上常见的相贯形式主要有圆柱与圆柱、圆柱与圆锥、圆柱与球体等,下面分别加以介绍。

3.3.1 圆柱与圆柱相贯［Between－cylinders intersection］

1. 两圆柱相贯的三种形式［Three kinds of cylinders intersection］

两圆柱相贯时,存在着虚、实圆柱的情形,即有实、实圆柱相贯(两外表面相交)、实、虚圆柱相贯(外表面与内表面相交)、虚、虚圆柱相贯(内表面与内表面相交)三种形式,如表 3.5 所示。由表可见,圆柱的虚实变化并不影响相贯线的形状,不同的只是相贯线及转向线的可见性。

表 3.5 两圆柱相贯的三种形式

相交形式	两外表面相交	外表面与内表面相交	两内表面相交
立体图			
投影图			

67

[**例 3.8**]　如图 3.13a 所示,补画两圆柱相贯线的投影。

解:从题图可知,大、小两圆柱轴线垂直相交,轴线所在平面与正投影面平行,因而其相贯线应为前后、左右对称的空间曲线。由于圆柱在垂直于轴线的方向的投影具有积聚性,因而相贯线的水平投影与小圆柱的水平投影重合,相贯线的侧面投影与大圆柱的侧面投影重合,故只需求作相贯线的正面投影。作图方法及步骤如下:

(1)求特殊点:相贯线上的特殊点主要指转向线上的共有点和极限位置点。本题因两圆柱轴线正交,转向线上的共有点同时又是极限位置点,因此,可直接根据特殊点Ⅰ、Ⅱ、Ⅲ、Ⅳ的两面投影作出第三投影,如图 3.13a 所示。

(2)求一般点:可采用辅助平面法求得,如图 3.13b 所示。辅助平面 P 与小圆柱的交线是矩形,与大圆柱的交线也是矩形,两矩形的交点便是相贯线上的点Ⅴ、Ⅵ。

(3)判别可见性,因圆柱前表面上的点均为可见,故点 $1'$、$5'$、$2'$、$6'$、$3'$可见;又因前后对称,故后半部分的相贯线与前半部分重合。顺次光滑连接各点,整理、完成全图,如图 3.13b 所示。

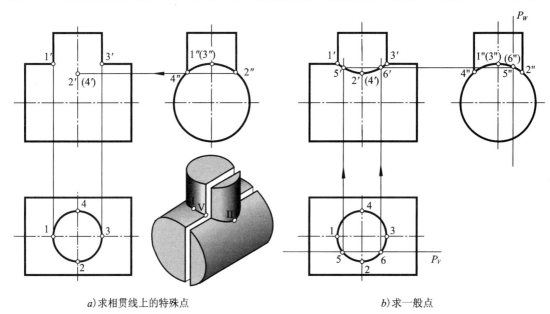

a)求相贯线上的特殊点　　　　　　　　　　　　b)求一般点

⊙ 图 3.13　圆柱与圆柱相贯举例之一

2. 两圆柱直径相对大小的变化对相贯线的影响[Influence of cylinders size change on intersected lines]

当两圆柱垂直相交时,若相对位置不变,仅改变两圆柱直径的相对大小,则相贯线也会随之而改变,如表 3.6 所示。

3. 两圆柱相对位置的变化对相贯线的影响[influence of cylinders position change on intersected lines]

当两圆柱相交时,若改变两圆柱的相对位置,则相贯线也会随之而改变,如表 3.7 所示。

[**例 3.9**]　如图 3.14a 所示,补画两圆柱偏贯时的相贯线。

解:从题图可知,大、小两圆柱轴线异面垂直,相贯线为左右对称、前后不对称的空间曲线。作图方法及步骤如下:

表 3.6 两圆柱直径相对大小的变化对相贯线的影响

两圆柱直径的关系	水平圆柱直径较大	两圆柱直径相等	水平圆柱直径较小
相贯线特点	上、下各一条空间曲线	两个相互垂直的椭圆	左、右各一条空间曲线
立体图			
投影图			

表 3.7 两圆柱相对位置的变化对相贯线的影响

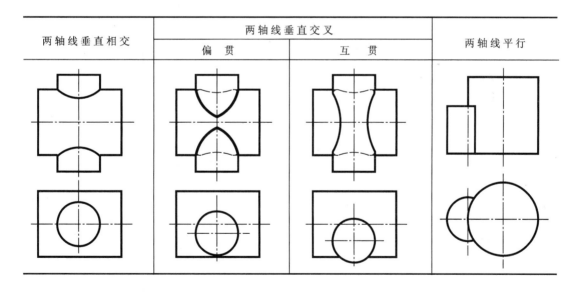

(1)求特殊点:如图 3.14b 所示,点Ⅰ、Ⅱ、Ⅲ、Ⅳ、Ⅴ、Ⅵ均为特殊点。

(2)求一般点:可用辅助平面法求得,如图 3.14c 中的点Ⅶ、Ⅷ所示。

(3)判别可见性(只有在两个立体均可见的表面上的点才为可见),顺次光滑连线。

(4)补充未参与相贯的转向线的投影,完成全图。

这里应特别注意未参与相贯的转向线的可见性,如图 3.14c 中的局部放大图所示。

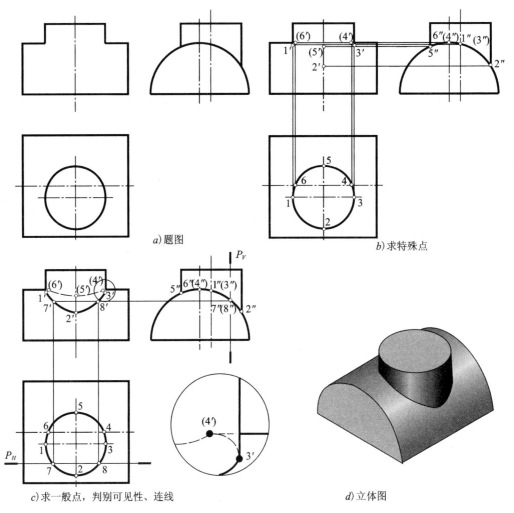

a)题图

b)求特殊点

c)求一般点,判别可见性、连线

d)立体图

● 图 3.14　圆柱与圆柱相贯举例之二

3.3.2　圆柱与圆锥相贯[Cylinder with cone intersection]

[例 3.10]　如图 3.15a 所示,求作圆柱与圆锥的相贯线。

解:从题图可见,圆柱与圆锥轴线正交,形体前后对称,而圆柱轴线垂直于侧投影面,因而相贯线在侧投影面的投影与圆柱在侧面的投影重合,故只需求出相贯线的正面及水平投影即可。其作图方法及步骤如下:

(1)求特殊点:过锥顶 S 作辅助正平面 Q,与圆锥面的交线正是圆锥的转向线 SA、SB,与圆柱面的交线也是圆柱在正面的转向线,由此得到的交点 I、II 即为相贯线上的最高、最低点。过圆柱轴线作辅助水平面 P,与圆柱面交于水平转向线,与圆锥面交于一水平位置的圆,由此得到的交点 III、IV,即为相贯线上最前、最后的点。

(2)求一般点:作辅助水平面 P_1、P_2,方法同上,得交点 V、VI、VII、VIII。根据需要可求出若干个一般点。

(3)判别可见性,顺次光滑连线。

(4)补充未参与相贯的转向线的投影,整理并完成全图,如图 3.15b 所示。

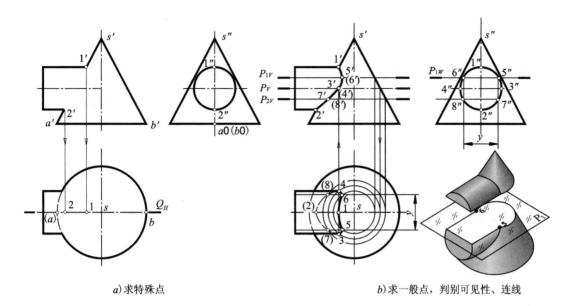

a) 求特殊点

b) 求一般点,判别可见性、连线

图 3.15　圆柱与圆锥相贯举例

3.3.3　圆柱与圆球相贯[Cylinder with sphere intersection]

[例 3.11]　如图 3.16a 所示,求作圆柱与半圆球的相贯线。

解:从题图可知,该半球体与一竖放的圆柱相贯,圆柱轴线经过球体的前后对称面,但不过球心,因而相贯线为一前后对称的空间曲线,且水平投影与圆柱的水平投影重合。作图方法及步骤如下:

(1) 作特殊点:从水平投影可知,点Ⅰ、Ⅲ正好处于转向线上,可直接得到。点Ⅱ、Ⅳ处于圆柱转向线上,过圆柱轴线作辅助侧平面 P,截球体得半径为 R 的半圆弧,半圆弧与圆柱的转向线相交,得点Ⅱ、Ⅳ的投影,如图 3.16a、b 所示。

(2) 求一般点:作辅助水平面 Q,与圆球相交得水平位置的圆,水平位置的圆与圆柱的水平投影相交,得点Ⅴ、Ⅵ,再根据“宽相等”得点Ⅴ、Ⅵ的侧面投影 $5''$、$6''$,根据“长对正”得正面投影 $5'$、$6'$,如图 3.16c、d 所示。同理可作出若干个一般点。

(3) 判别可见性。由于前后对称,故相贯线的正面投影前后重合。其侧面投影以圆柱的转向线为界,曲线 $4''8''1''7''2''$ 可见,曲线 $2''5''3''6''4''$ 不可见。顺次光滑连线,如图 3.16c 所示。

(4) 补充完成侧面投影中圆球被圆柱挡住的转向线的投影(细虚线),整理,完成全图,如图 3.16c 所示。图 3.16e 为立体图。

通过上面的例子,可总结出求作相贯线的一般方法及步骤:

(1)**分析立体的构成方式、基本形状、空间位置**(即立体为何种基本立体,处于何种空间位置);

(2)**分析两立体的相对位置及相对大小**(即两立体是贯入还是互贯,其轴线是否相交、垂直,从而判断相贯线的性质及形状);

(3)**求相贯线上的特殊点**(即棱线、转向线上的共有点及极限位置点);

(4)**求相贯线上的一般点**(主要采用辅助平面法,求适量的一般点,使相贯线的作图准确完整);

71

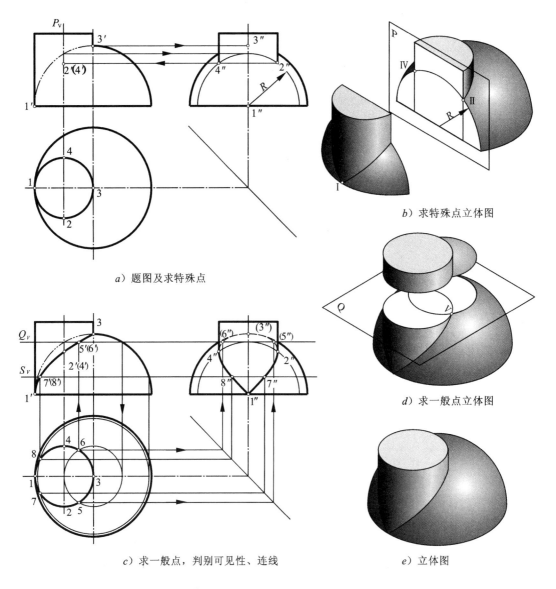

a）题图及求特殊点

b）求特殊点立体图

c）求一般点，判别可见性、连线

d）求一般点立体图

e）立体图

● 图 3.16　圆柱与球体相贯举例

（5）判别可见性，顺次光滑连接各交点，即得相贯线的投影；

（6）补充完成立体上未参与相贯的棱线、转向线的投影，整理并完成全图。

由此可见相贯线的求解作图过程与截交线的求解作图过程大致相同，都是从形体分析开始，然后用线面分析法求作立体表面上的点和线，最后再回到形体分析法补充完成全图。

3.3.4　相贯线的特殊情况[special situation intersected lines]

1. 具有公共回转轴的两回转体相贯

当具有公共回转轴的两回转体相贯时，相贯线为垂直于公共回转轴线的圆，如图 3.17 所示。

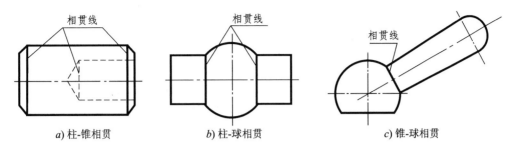

a) 柱-锥相贯　　　　　　*b)* 柱-球相贯　　　　　　*c)* 锥-球相贯

◉ 图 3.17　具有公共回转轴的两回转体相贯

2. 轴线相互平行的两圆柱相贯及共锥顶的两圆锥相贯

当轴线相互平行的两圆柱相贯或共锥顶的两圆锥相贯时,回转面上的交线为直线,如图 3.18 所示。

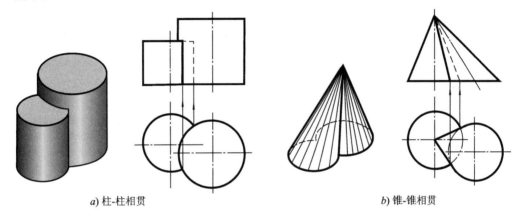

a) 柱-柱相贯　　　　　　　　　　*b)* 锥-锥相贯

◉ 图 3.18　轴线相互平行的两圆柱相贯及共锥顶的两圆锥相贯

3. 具有公共内切球的两曲面立体相贯

当具有公共内切球的两曲面立体相贯时,相贯线为椭圆,如图 3.19 所示。

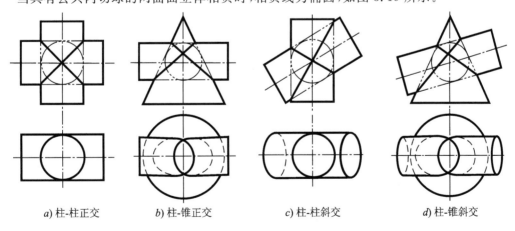

a) 柱-柱正交　　　*b)* 柱-锥正交　　　*c)* 柱-柱斜交　　　*d)* 柱-锥斜交

◉ 图 3.19　具有公共内切球的两曲面立体相贯

3.3.5　相贯线的简化画法[Simplified drawing of intersected lines]

两圆柱的相贯线,在不致引起误解时,允许采用简化画法。

采用简化画法的条件：

a.两圆柱轴线正交

b.两圆柱直径不相等

简化作图方法如图 3.20 所示：(1)以相贯线上的特殊点 a'(或 c')为圆心,以相贯两圆柱中较大圆柱的半径 R 为半径画弧,其圆弧与小圆柱轴线的交点即为圆心 o'(o' 应位于大圆柱之外);(2)以 o' 为圆心,以 R 为半径,画圆弧 $\overset{\frown}{a'b'c'}$,即为两圆柱的采用简化画法画出的相贯线。该相贯线与小圆柱轴线的交点 b'(d')应与相贯线上的另外两个特殊点 B、D 的投影相对应。

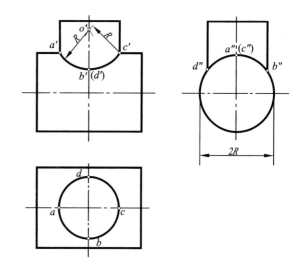

图 3.20　两正交异径圆柱相贯线的简化画法

3.4　组合体投影图的画法
[Drawing method of solids of geometric combination]

3.4.1　概述[Introduction]

画组合体投影图的过程,其实质就是在理解组合体的形成方式、各部分形状、结构的基础上,选定最佳的观察方位,正确、完整、清晰地表达组合体的过程。前面已经对组合体的形成方式以及各形成方式的作图方法进行了讨论,因而画组合体投影图就是对前面所学内容的综合应用,其具体的作图过程就是运用形体分析法及线面分析法将空间形体进行平面图形化表达的过程,也是使复杂问题简单化的思维方法的具体体现。表达组合体的要求是：

正确[accuracy]　指投影和图线正确。

完整[completeness]　指物体的投影表达完整。

清晰[clarity]　指正面投影的投射方向选择适当,绘图比例选择适当,布图合理,线型分明,图面整洁。

3.4.2　组合体投影图的画法举例[Example of drawing solids of geometric combination]

下面结合具体实例来说明画组合体投影图的方法及步骤。

[例 3.12]　画出如图 3.21a 所示组合体的三面投影图。

解：图 3.21a 所示组合体的分析及画图步骤如下：

(1)运用形体分析法分析组合体的形成方式、各部分的形状和结构

从所给立体图可以看出,该组合体主要以叠加("＋")的方式形成,因而可采用分解("－")的方式进行形体分析。

首先,抓住构成形体的主要部分。通常每一工程形体都是为了满足某些功能性而设计出

来的,在进行形体分析时可设想形体结构的功能,从而迅速抓住形体的主要部分及特征。该形体最突出的部分是底板和大圆筒,底板上有两个孔,可以设想为安装孔,大圆筒被支承板及肋板连接在底板上,具有支承轴的功能,而通过其上的小圆筒,可为转动的轴添加润滑油。

其次,根据理解形体及画图的需要,将形体按基本几何体假想分解成若干部分,以看清各组成部分的形状、结构及相互关系。如图 3.21b 所示,可假想该形体由五个部分构成:①底板为长方体,被截成两个圆角并钻有两个圆柱孔。②大圆筒为一圆柱体(中间有一圆柱孔),位于底板上方的中间部位,其左右位置以底板为准向右突出。③小圆筒可看作是大圆筒的附加部分,与大圆筒正交相贯。由于小圆筒的孔通向大圆筒内孔,因而只能是内孔与内孔相贯,外圆柱面与外圆柱面相贯。④支承板为平板,与底板右侧靠齐,前后与大圆筒的外圆柱面相切、与底板的前后端面斜交,上部与大圆筒的外表面相交。⑤肋板实质上也起支承作用,与支承板构成丁字形支承,位于底板之上、大圆筒的正下方,与大圆筒的外圆柱面相交。

通过分析得知该形体的结构特征是:主要以叠加方式由四棱柱和圆柱两种基本形体、五个部分构成,为上、中、下结构,前后对称。

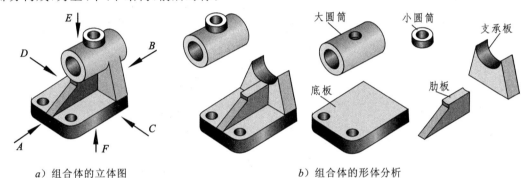

a) 组合体的立体图   b) 组合体的形体分析

● 图 3.21　组合体(轴承座)的立体图及形体分析

(2)选择 V 面投影的投射方向

画投影图的目的是为了正确、完整、清晰地表达物体,以便让他人通过看图来理解物体。因为 V 面投影应反映形体的主要形状、结构,所以 V 面投影的投射方向的选择将直接影响物体表达的清晰与否,影响物体表达方案的好与差。

选择 V 面投影投射方向的原则是:

a. 与物体的习惯放置方位一致。

b. 能清晰地表达物体的结构特征及各组成部分的关系。

c. 使各投影图的细虚线较少。

上述原则在具体运用时应综合考虑,当各原则之间相互冲突时,一般应首先满足前者。因物体一般可有六个不同的观察方向,为此,在具体运用时可采用比较排除法。将如图 3.21a 所示组合体从六个方向进行投射,所得投影图如图 3.22 所示。

首先可排除投射方向 E 和 F,因为上述三条原则均不能满足;其次比较投射方向 A 与 B,因按方向 B 投射所得的投影图细虚线太多,故可排除;比较方向 C 与 D,如果方向 D 作为 V面投影的投射方向,则方向 B 就成为 W 面投影的投射方向了,故应排除;最后比较投射方向 A与 C,投射方向 A 是从正面进行投射,所得投影图能反映物体的形状特征且虚线较少,而方向C 则是从侧面进行投射,所得投影图更能体现组合体的结构特征及各部分的相互关系。因此,

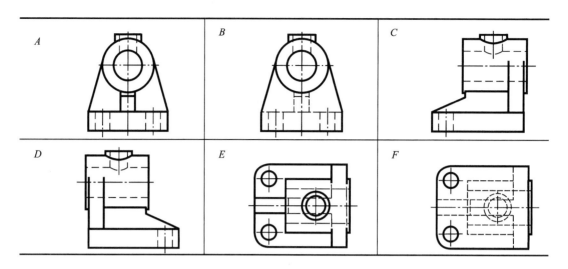

图 3.22 轴承座六个不同方向投影图的比较

选择方向 C 为 V 面投影的投射方向。

当 V 面投影的投射方向选定之后,其他投影图的投射方向也就随之而定了。

(3)画组合体的三面投影图

a. 选比例,定图幅（如图幅既定,则可根据所绘对象的大小,选择合适的比例）

画图时应尽可能采用原值比例（即 $1:1$）,如物体太大或太小,则应采用缩小或放大的比例。首先根据物体的总长、总宽、总高,计算出各投影图所需的图纸面积,再考虑各投影图之间的间隔及标注尺寸所需的位置,从而确定绘图所需的面积,以选取大小适宜的标准图幅。如图幅既定(采用规定的现成图纸),则可根据绘图所需的面积和图纸的有效绘图面积进行比较,从而选取适宜的标准比例值。

b. 画底图

首先确定作图基准,布图。根据形体分析,在物体长、宽、高三个方向各选定一个最重要的几何要素(点、直线、平面)作为画图的基准。通常以圆心、形体的对称中心线(面)、回转轴线、重要端面等作为基准。如轴承座在宽的方向有对称平面,则该对称平面投影所得的对称线就是宽向基准,在高的方向有底板的底面和大圆筒的轴线,为方便作图,以底板的底面为高向基准。在长的方向有底板的右端面和大圆筒的右端面,为方便作图,以底板的右端面为长向作图基准。当基准确定后,即可布图,也就是在适宜的位置画出基准的投影。

然后按照形体分析的过程,从主到次逐一画出各部分投影图的底图。同一部分的几个投影图应联系起来画,且从已知尺寸及反映形状特征的投影图开始,如画圆柱、圆锥,则应从投影为圆的投影图开始画。这样既能保证各部分的投影对应关系正确,又能减少量取尺寸的次数,从而提高绘图的速度。画轴承座底图的绘图步骤如图 3.23 所示。

c. 整理,加深,检查,完成全图,如图 3.24 所示。

[例 3.13] 画出如图 3.25a 所示组合体的三面投影图。

解:图 3.25a 所示组合体的分析及画图步骤如下:

(1)分析形体的形成方式、各部分的形状及结构

从所给立体图可以看出,该组合体主要以切割("－")方式形成,因而可采用复原("＋")的方式进行形体分析。

76

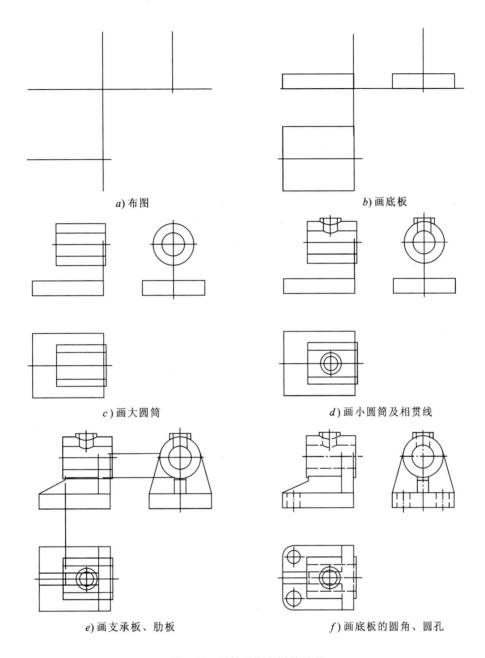

a) 布图   b) 画底板

c) 画大圆筒   d) 画小圆筒及相贯线

e) 画支承板、肋板   f) 画底板的圆角、圆孔

图 3.23 画轴承座底图的过程

    该组合体的主要表面是平面,且有一组相互平行的棱线,因而可看作是由一四棱柱经截切、挖切和穿孔而形成。该组合体主体为四棱柱,其右端被内圆柱面截切成部分圆柱面(也可分析成四棱柱与部分圆柱的叠加),前后各被水平和正平截面截去一四棱柱,左端被三个大小各异且位置不同的半圆柱面各挖切去一块,中间被贯穿一圆柱形小孔。由此得知该组合体的形状及结构特征是:四棱柱被平面和圆柱面截切、挖切及穿孔而形成的前后对称的组合体,如图 3.25b 所示。

    (2)选择 V 面投影的投射方向

77

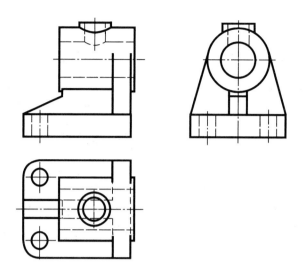

图 3.24 轴承座的三面投影图

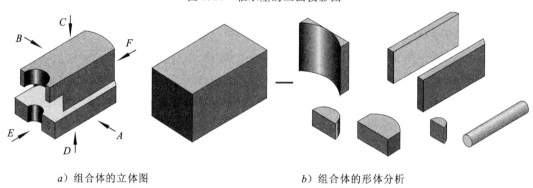

a）组合体的立体图　　　　　　　b）组合体的形体分析

◉ 图 3.25　组合体的立体图及形体分析

对该组合体从六个不同的方向进行投射（参见图 3.25a），所得的投影图如图 3.26 所示。根据图 3.25a 所示的放置位置，首先可排除朝下（方向 C）和朝上（方向 D）两个投射方向，

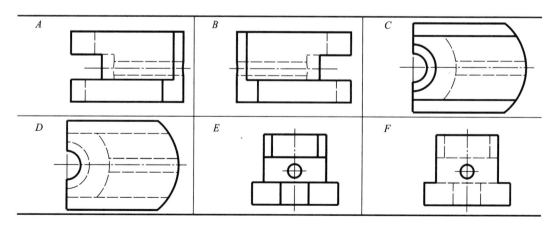

图 3.26　组合体六个不同方向投影图的比较

其次根据细虚线的多少可排除投射方向 F;将投射方向 B 与 A 进行比较,可排除方向 B;再将投射方向 A 与 E 进行比较,很明显,方向 E 投射所得的投影图只能部分地反映结构特征,而方向 A 投射所得的投影图则较好地反映了形体的结构特征。通过以上比较,可选定方向 A 为 V 面投影的投射方向。

(3)画组合体的三面投影图

根据上述分析,选取形体底平面为高向基准、左端面为长向基准、前后对称平面为宽向基准,具体作图的方法及步骤如图 3.27 所示。

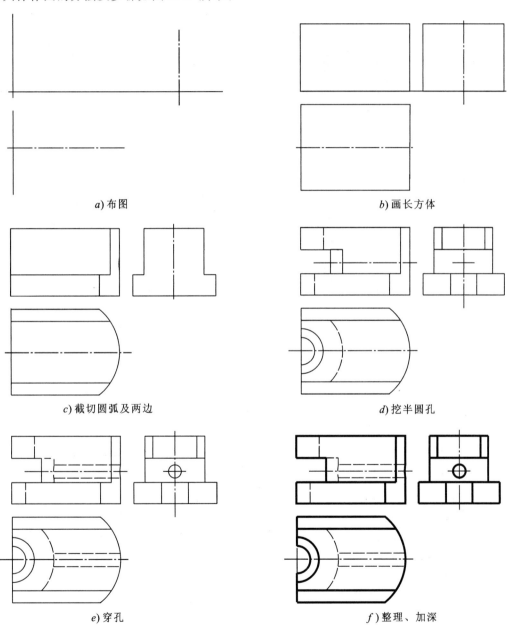

a) 布图 b) 画长方体

c) 截切圆弧及两边 d) 挖半圆孔

e) 穿孔 f) 整理、加深

图 3.27 画组合体三面投影图的方法及步骤

3.4.3　画组合体投影图的讨论[Discussion on drawing solids of geometric combination]

1. 物体表达方案的多样性与表达物体的唯一性的关系

物体表达方案的多样性[diversity]　即任何物体都可采用不同的表达方案进行表达。

表达物体的唯一性[definite]　即必须将所表达的物体"正确、完整"地表达出来,且使读图者容易读懂,而不致产生不同的结论。

2. 如何检查所绘投影图表达的正确、完整性

首先,在完成投影图表达后,一定要对照所给的立体图或实物,按每一个投射方向进行仔细的对照检查,且需特别注意不可见部分的投影。其次,利用投影的"三等"关系(即"长对正"、"高平齐"、"宽相等")进行检查也是十分有效的,因为一个投影图上的任一几何要素,都可在其他投影图上找到对应的相应要素,如发现没有相应要素的对应,则一定存在着错误。此外,还应逐步培养对图的感受能力,当你觉得所画投影图中的某处很别扭、与原图或实物不协调时,则很可能在该处会有错误。

对于具有对称结构和回转结构的物体,还应特别注意不应漏画中心线、轴线(细点画线)。

3.5　组合体的尺寸标注
[**Dimension of solids of geometric combination**]

3.5.1　组合体尺寸标注的基本要求[Basic requirement to dimension of solids]

任何物体的图形表达,都应包含物体的形状、结构和大小。投影图可清晰地表达物体的形状和结构,而物体的大小则需由所标注的尺寸数据来确定。因此,尺寸标注与投影图表达一样,都是构成工程图样的重要内容。

为了正确地确定物体的大小,避免因尺寸标注不当而造成所表达物体信息传递的错误,在进行物体的尺寸标注时,应遵循如下基本要求:

(1)**标注正确**　即尺寸标注时应严格遵守相关国家标准的规定,可参阅本教材"1.1.6尺寸标注"中的介绍。同时尺寸的数值及单位也必须正确。

(2)**尺寸完整**　即要求标注出能完全确定形体各部分形状大小及相对位置的尺寸,不得遗漏,也不得重复。

(3)**布置清晰**　即尺寸应标注在最能反映物体特征的位置上,且排布整齐,便于读图和理解。

本节重点学习组合体尺寸标注的完整性和清晰性。在学习中应随时注意对教材和习题集中已标注尺寸图例的分析、理解,并可在标注尺寸时作为借鉴。

3.5.2　基本立体的尺寸标注[Basic solid dimension]

基本立体的尺寸标注是组合体各部分定形尺寸标注的基础,其示例如表3.8所示。

表 3.8 基本立体的尺寸标注示例

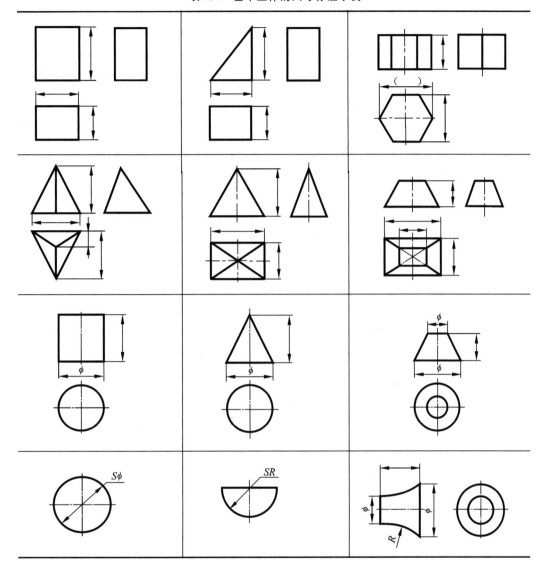

3.5.3 截切、相贯组合体及常见板状形体的尺寸标注[Dimension of cut and intersection and common board]

1. 截切组合体的尺寸标注

截切组合体由基本立体被平面截切而形成,因而应标注基本立体的形状尺寸和截切面与基本立体的相对位置尺寸。由于截交线是由基本立体与截平面的相对位置确定的,故截交线不标注尺寸。常见截切组合体的尺寸标注示例如表 3.9 及其所示。

2. 相贯组合体的尺寸标注

相贯组合体由两个以上的基本立体相交而形成,因而需分别标注各基本立体的形状尺寸和相互之间的相对位置尺寸。相对位置尺寸通常标注两基本立体轴线的相对位置。由于相贯线是由基本立体的形状、大小及其相对位置确定的,故相贯线不标注尺寸。常见相贯组合体的尺寸标注示例如表 3.10 所示。

表 3.9　截切组合体的尺寸标注示例

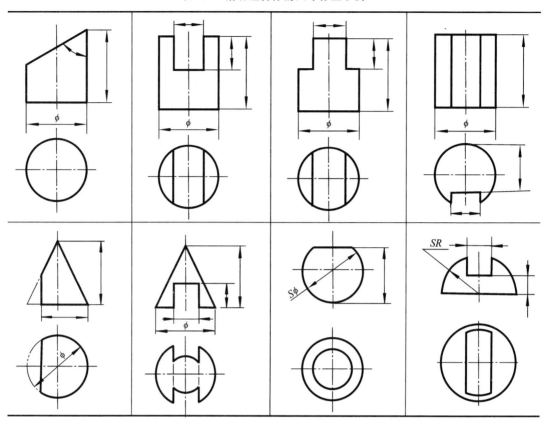

表 3.10　相贯组合体的尺寸标注示例

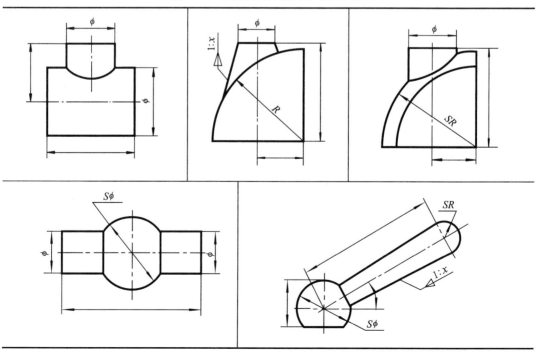

3. 常见板状形体的尺寸标注

常见板状形体的尺寸标注示例如表 3.11 所示。其中有些尺寸的标注方法属规定标注方法或习惯标注方法,如表 3.11 中的第一块底板,四个直径相同的圆孔采用 $4\times\phi$ 表示,而四个半径相同的圆角则不采用 $4\times R$,仅标出一个 R,其余省略。还有,从尺寸数据计算的角度看,R 为重复尺寸,但为什么这里允许标注重复尺寸呢?这得从这块底板的制作工艺来理解:在加工时 R 仅表明底板圆角的大小,而不能通过 R 来确定圆孔的轴线位置;反之,圆孔的轴线定位尺寸 L_2、B_2 也只能确定圆孔轴线的位置,而与圆角 R 的大小无关。

表 3.11　常见板状形体的尺寸标注示例

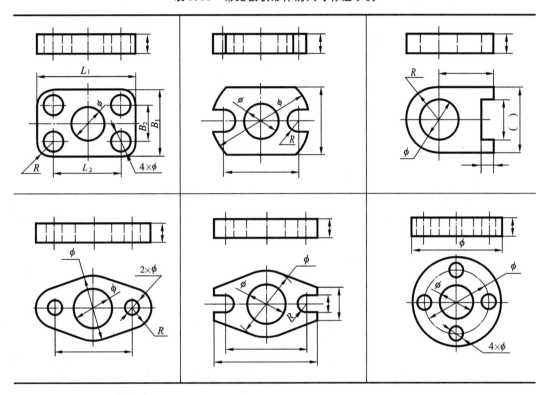

3.5.4　组合体尺寸标注的方法及步骤[Methods and procedures of dimensioning of solid]

通过前面的尺寸标注示例,可以清楚地了解到,标注组合体尺寸的过程,就是在对组合体进行形体分析的基础上,确定组合体各组成部分的形状、大小及其相对位置的过程。为此,组合体的尺寸根据其功能的不同可分为定形尺寸和定位尺寸两大类。

定形尺寸[size fixing]　确定组合体各组成部分的形状大小的尺寸。

定位尺寸[size alignment]　确定组合体各组成部分的相对位置的尺寸。

在具体的形体上,定形和定位并不是绝对的,有时定位尺寸同时具有定形功能,而有时定形尺寸同时又是定位尺寸。因此,在进行尺寸标注时,应以"正确、完整"为首要准则,而"清晰、合理"则需要在不断的学习和练习实践中逐步提高和掌握。

尺寸本身是具有相对位置的量,确定尺寸位置的几何元素称为**尺寸基准**[dimensioning

datum],如圆心是圆的直径尺寸的基准、对称中心线是对称几何要素的尺寸基准等。为此,在进行物体的尺寸标注时,首先应分别在物体的长、宽、高三个方向各选择一个尺寸标注的**主要基准**。通常应选择组合体的对称平面、经过轴线或球心的平面、重要的端面等为尺寸标注的主要基准。同一方向只应有一个主要基准,但还可以有一个或几个**辅助基准**。显然,主要尺寸基准的选择与画图时基准的选择基本上是一致的。

尺寸标注的方法有按形体标注法和按特征标注法两种。

按形体标注法是用形体分析法将组合体分析成若干简单部分,然后逐个标注其定位、定形尺寸的方法。它与用形体分析法画三面投影图的方法及步骤相一致,比较容易理解,也便于画完图后立即进行尺寸标注。

按特征标注法是直接根据组合体的投影图特征,将组合体的尺寸分成长(X)、宽(Y)、高(Z)三个方向的直线尺寸、倾斜直线尺寸以及圆弧(ϕ、R)、角度尺寸等特征的尺寸进行标注的方法。

下面用实例来具体说明组合体尺寸标注的方法及步骤。

[**例 3.14**] 标注图 3.24 所示轴承座的尺寸。

解:

(1)形体分析 见[**例 3.12**]。

(2)选定尺寸标注的主要基准

如图 3.28a 所示,长向以大圆筒的右端面为主要基准,以底板的右端面为长向辅助基准,以方便尺寸的测量;宽向以对称平面为主要基准;高向以底板的底平面为主要基准。

(3)采用按形体标注法标注尺寸

用形体分析法将形体分析成底板,大、小圆筒,支承板及肋板,然后逐一标出各部分的定位和定形尺寸。如图 3.28b、c、d、e 所示。

为了对比按形体标注法与按特征标注法的差异,下面采用按特征标注法对同一形体进行尺寸标注。如图 3.29a 所示,首先标注长度方向的定位尺寸,接着标注长向的定

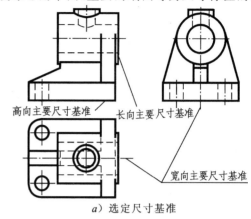

a)选定尺寸基准

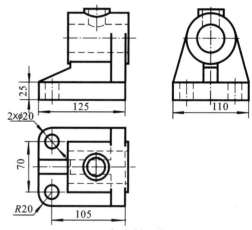

b)标底板尺寸

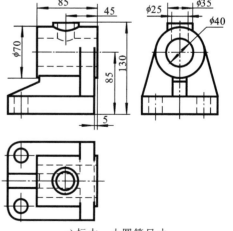

c)标大、小圆筒尺寸

图 3.28　轴承座的尺寸标注方法之一

84

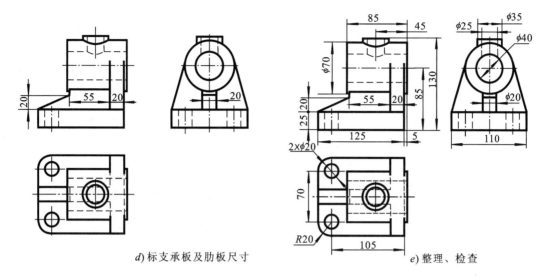

d) 标支承板及肋板尺寸

e) 整理、检查

图 3.28　轴承座的尺寸标注方法之一（续）

形尺寸。再分别标注宽、高向的尺寸及圆弧尺寸，如图 3.29b、c、d、e 所示。

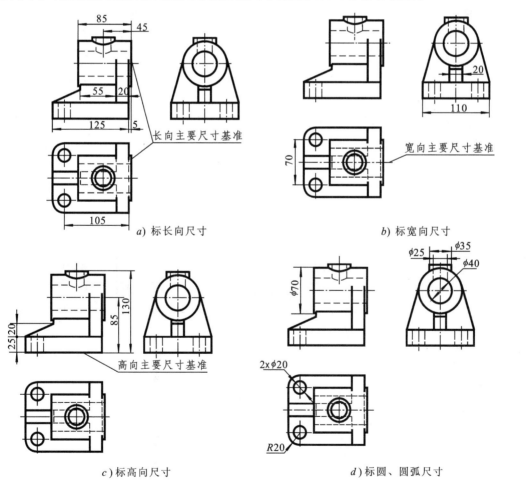

a) 标长向尺寸

b) 标宽向尺寸

c) 标高向尺寸

d) 标圆、圆弧尺寸

图 3.29　轴承座的尺寸标注方法之二

[例 3.15] 标注图 3.27 所示组合体的尺寸。

解:采用按特征标注法标注尺寸。

(1)形体分析 见[例 3.13]。

(2)选定尺寸标注的主要基准

如图 3.30 所示,长的方向以长方体左端面为基准;宽的方向以对称平面为基准;高的方向以长方体底平面为基准。

(3)尺寸标注的步骤

根据高向主要基准标注组合体的全部高向线性尺寸,如图 3.30a 所示;根据长、宽向主要基准标注全部长、宽向线性尺寸,如图 3.30b 所示;标注全部圆及圆弧尺寸,如图 3.30c 所示。整理、检查完成全部尺寸标注,如图 3.30d 所示。

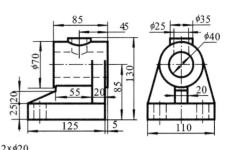

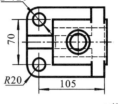

e)整理、检查

图 3.29 轴承座的尺寸标注方法之二(续)

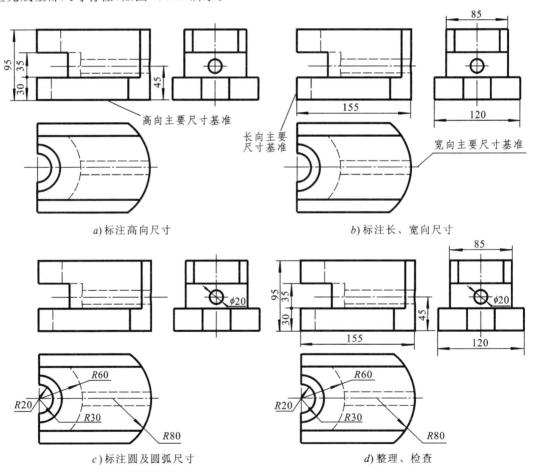

a)标注高向尺寸

b)标注长、宽向尺寸

c)标注圆及圆弧尺寸

d)整理、检查

图 3.30 组合体尺寸标注的步骤

86

3.5.5 尺寸标注的常见错误[Common dimensioning mistakes]

尺寸标注的常见错误如图 3.31 所示。

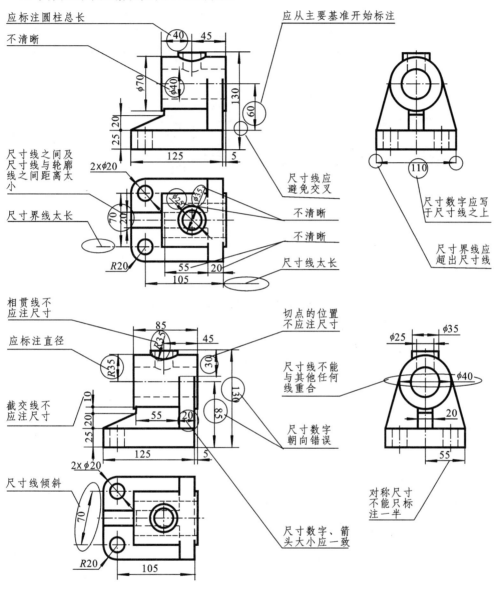

图 3.31 尺寸标注的常见错误

3.5.6 组合体尺寸标注的讨论[Dimensioning discussion of solids]

组合体的尺寸标注也存在着多样性与唯一性。

尺寸标注的多样性 指同一尺寸可有不同的标注方法,且可标注在不同的投影图、不同的位置上。

尺寸标注的唯一性 指尺寸标注必须"正确、完整"。"正确"的判断标准是不违背国家标准的规定;"完整"的判断标准是尺寸不多不少。

87

检查尺寸是否完整的方法,就是看能否通过所标注的尺寸及作图方法完整地画出全图,且每个尺寸都用上。当然,也可采用单向逐一检查法,即看物体在长、宽、高三个方向上各几何要素是否都已定位、定形。

3.6 组合体模型测绘
[Measuring and drawing of solid models]

组合体模型测绘是画组合体投影图与组合体尺寸标注的综合应用,同时也是徒手绘图能力、测量工具的使用能力及观察分析能力综合训练的重要途径。通常需以实物模型在规定的时间里进行测绘。

下面以实例说明组合体模型测绘的具体方法及步骤。

[**例 3.16**] 所给模型如图 3.32 所示,试徒手绘制该组合体的三面投影图,并标注尺寸。

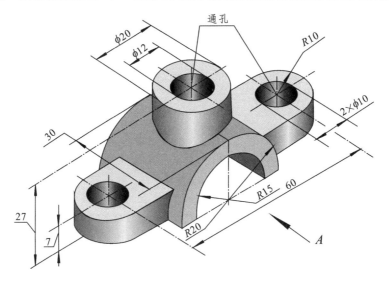

◉ 图 3.32 组合体模型(立体图)

解:该模型的具体测绘方法及步骤如下:

(1)观察、分析模型的构成方式、内外形状及结构

从立体图可见,该组合体是以叠加方式为主形成的,主体部分为一半圆筒,左、右各叠合一耳板(由半圆柱与长方体结合后再穿孔而形成),上部又与一圆筒相交,形成外圆柱面与外圆柱面、内圆柱面与内圆柱面相贯的结构,故该形体是由三个部分叠加而形成的前后、左右对称的组合体。

(2)确定 V 面投影的投射方向

从立体图及形体分析可知,方向 A 最能反映形体的结构特征及各部分的关系,且与习惯放置位置相一致,故选择方向 A 为 V 面投影的投射方向(其他各投射方向由读者自行分析、比较)。

(3)选定作图比例及图幅

画草图的比例不要求十分准确,只要求根据测绘对象的大小大致定一个比例即可,并尽可能采用 1∶1 的比例,以方便作图。画草图的图纸通常采用印有小方格的"坐标纸",以方便画图,且图幅可以不严格按标准图幅及格式进行规范化,但仍需使图面整洁、清晰。

（4）画底图

草图的画底图方法及步骤与仪器图的画底图相似,只是不要求十分精确,且细点画线、细虚线、细实线等可直接一次完成,如图 3.33a、b、c 所示。

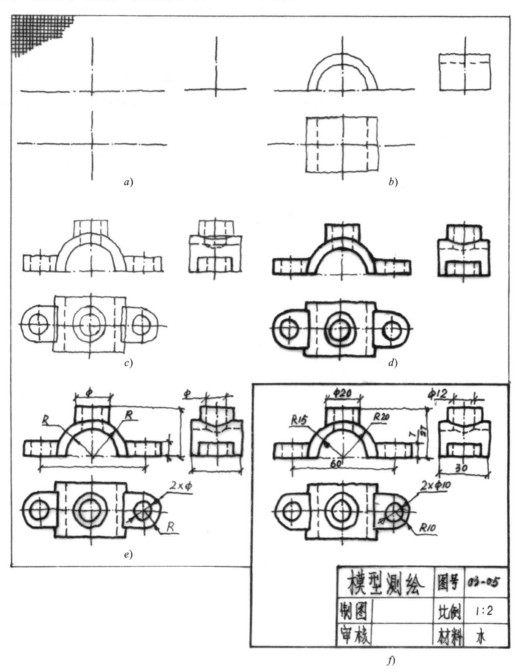

图 3.33　组合体模型测绘的方法及步骤

a)布图;b)画底图一;c)画底图二;d)检查、整理、加深;

e)画尺寸界线、尺寸线;f)标注尺寸数据、填写标题栏

（5）加深

擦去底图中多余的线条,并将粗实线加粗,如图 3.33d 所示。

（6）画尺寸界线和尺寸线

为保证尺寸标注的正确、完整,必须根据表达组合体的需要,完整地画出尺寸界线及尺寸线,如图 3.33e 所示。

（7）集中测量,标注尺寸数据

当尺寸线画完后,根据所画尺寸线的位置,使用测量工具,集中测量尺寸数据,边测量边标注,并尽量使测量准确无误,一次完成。有些尺寸还需要适当加以转换,如左右两圆孔的中心距,通常是先测出两孔之间最近点的距离,再加上一个孔径而得。尺寸标注完成后,如图 3.33f 所示。

（8）检查、整理,填写标题栏,完成全图

作图完成后,一定要对照模型进行一次全面检查,发现错误要及时修改。草图画完后,还必须注写相应的标题栏内容,虽可不采用标准的标题栏格式,但应填写如图名、图号、模型代号、比例、材料、制图者姓名、日期等内容,如图 3.33f 所示。

3.7 读组合体投影图
[**Reading projections of combined solid**]

读组合体投影图,就是完整、正确地理解组合体投影图所表达组合体的形成方式、形状、结构及大小的全过程。

显然,读图是画图的逆过程。画图是将"空间形体"进行"平面图形化表现"的过程,是将复杂问题抽象化、简单化的思维方法的体现。而读图,则是通过对各投影图(平面图形)的联系和空间想象,使所表达的物体能准确、完整地再现出来的过程。显然,它是平面图形空间化、立体化的过程,是抽象图形具像化、形象化的过程。这个过程正是空间思维与空间想象能力、分析能力与综合能力培养及训练的有效途径。

3.7.1 读图的基本方法[Methods of reading projections]

1. 看整体,抓特征

首先将所给的几个投影图联系起来看,从而把握形体的整体结构、形状特征。如构成形体的基本部分是平面立体还是曲面立体、是以切割方式为主构成还是以叠加方式为主构成、有无对称平面等。

通常,只看单个不带尺寸的投影图,是无法确定立体的形状的。如图 3.34 所示,对于同一个 V 面投影,当其 H 面投影不同时,所表达的形体是完全不同的。

有时给出两个甚至三个投影图,立体的空间形状都还有无法唯一确定的可能,如图 3.35、图 3.36 所示,这就给读图带来了一定的困难。

如果仅从投影图所能表达的立体的意义来讲,只要完全满足所给投影图的立体,都是投影图所表达的正确立体。只是这里应注意到立体构成的可行性及合理性,如果无法实现立体的构成或构成的立体是可分离的,则该立体被认为是不可行的或是不合理的。

为此,在读图时,必须将全部所给的投影图联系起来看,只有能完全满足全部所给投影图

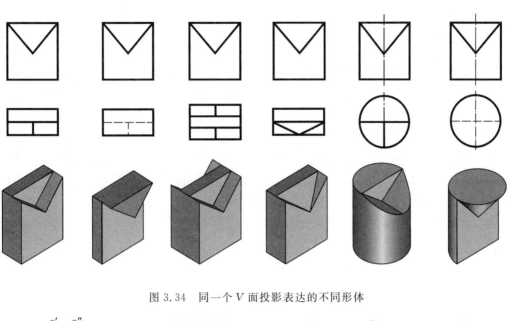

图 3.34　同一个 V 面投影表达的不同形体

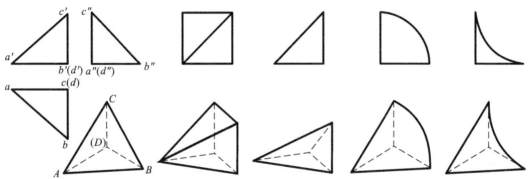

图 3.35　同一组 V 面投影、H 面投影表达的不同形体

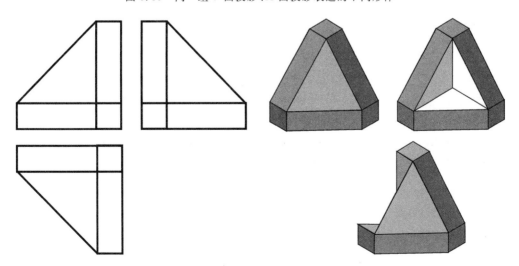

图 3.36　同一组三面投影表达的不同形体

的立体,才是投影图所表达的立体。

2. 分部分,定形状

在对形体的整体特征有所认识的基础上,运用形体分析法,将形体划分为几个主要部分,抓"大"放"小",根据投影对应关系看清各主要部分的基本形状、构成方式。如果还不能清楚理解形体的形状及结构,则可将各部分再细分下去,直到能完全理解该组合体的全部形状及结构为止。这种方法就是运用形体分析法读图,是最常用的读图方法,很适合于复杂组合体和以叠加为主构成的组合体。

3. 分线框,找对应

在对形体的整体特征有所认识的基础上,如果构成形体的各部分不易区分,或运用形体分析法进行分析后,局部的形状及结构仍不能清楚理解时,则可运用线面分析法,将投影图以封闭线框为单位划分成若干部分,然后找到各线框在其他投影图上的对应投影,从而想象出每个线框在空间的对应形状及相互关系。

投影图中的一个封闭线框,通常表示立体上的一个表面(相切情况除外)或一个孔的投影,表面可以是平面,也可以是曲面;而同一投影图中两个相邻的封闭线框,则一定是立体上两个不同的表面。

投影图中的一条粗实线或细虚线,可表示立体棱线或转向线的投影、面与面的交线的投影、具有积聚性的平面或柱面的投影等。

还应特别注意平面图形"类似形"概念的运用,因为任何平面图形的投影,要么垂直于投影面而使投影积聚为直线,要么为该平面图形的实形或类似形。

4. 分虚实,定位置

读图时,除了要看清组合体各组成部分的形状外,还可通过分析投影图中的虚、实线,来判断各部分之间的相对位置,如图3.37所示。

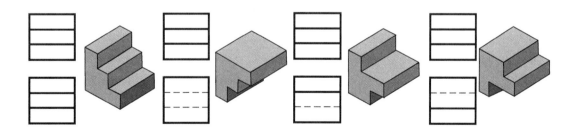

图3.37　根据投影图中的虚实线判断各部分的相对位置

3.7.2　读组合体投影图举例[Examples of reading projections]

[例3.17]　如图3.38a所示,根据所给的 V 面投影和 H 面投影,读懂该组合体,并补画其 W 面投影。

解:读图及补画 W 面投影的方法及步骤如下:

(1)看整体,抓特征

将所给 V 面投影及 H 面投影对应起来看整体,得知该组合体是以叠加为主的方式形成的,而且前后对称。

（2）分部分，定形状

从所给 V 面投影可以明显地看出，该组合体由上、下两大部分构成。下部为圆柱与平面立体结合的柱状底板 1，底板左端被挖切出半圆柱与长方体结合形状的缺口。在分析的同时，可补画出该底板的 W 面投影，如图 3.38b 所示。

上部又可再分为 2、3 两部分，其中 2 为主体部分。部分 2 的 H 面投影是两个同心圆，可知该部分为一圆筒。补画出该圆筒的 W 面投影。部分 3 的 V 面投影为三角形，H 面投影为长方形，表明该部分为一三棱柱形支承块。补画出该三棱柱的 W 面投影。由于三棱柱与圆筒相交，故其交线为截交线，如图 3.38c、d 所示。

（3）综合起来想整体

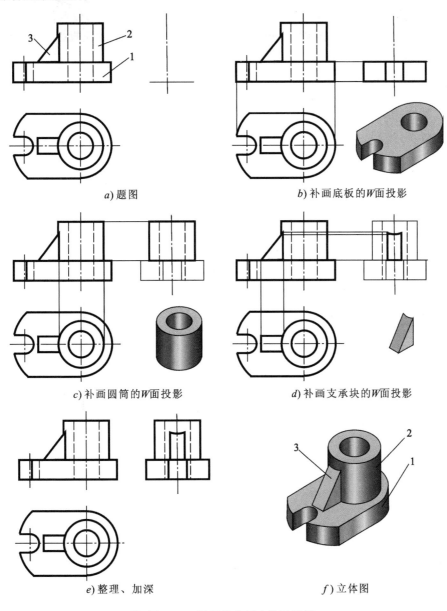

a) 题图　　　　　　　　　　　b) 补画底板的W面投影

c) 补画圆筒的W面投影　　　　　　d) 补画支承块的W面投影

e) 整理、加深　　　　　　　　　f) 立体图

⊙ 图 3.38　用形体分析法读图举例

综合各部分的形状及相互关系,从而看懂整个组合体的形状及结构,完成 W 面投影,并检查 W 面投影中各部分的联系是否表达正确。如圆筒的内孔是从顶贯穿到底的,细虚线也应画到底,如图 3.38e 所示。

[例 3.18] 如图 3.39a 所示,根据所给的 V 面投影和 H 面投影,读懂该组合体,并补画其 W 面投影。

解:读图并补画 W 面投影的方法及步骤如下:

(1)看整体,抓特征

将所给 V 面投影及 H 面投影对应起来看整体,得知该组合体是以切割方式形成的,其基本形体为一长方体,如图 3.39b 所示。

(2)分线框,找对应

由于该组合体是以切割方式构成的,很难看清各组成部分的形状,因而采用线面分析的方法进行深入分析。

从 V 面投影可见,该投影图的左上角有一斜线,对应 H 面投影中为一封闭线框,表明该

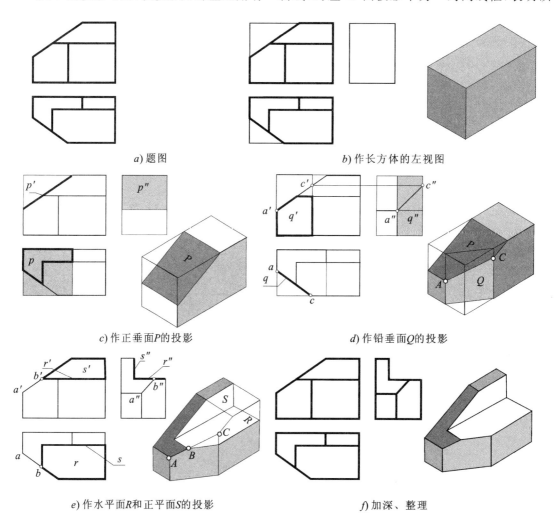

a) 题图   b) 作长方体的左视图

c) 作正垂面P的投影   d) 作铅垂面Q的投影

e) 作水平面R和正平面S的投影   f) 加深、整理

图 3.39 用线面分析法读图举例

94

斜线为一正垂面的投影,如图 3.39c 中 p'、p 所示。在分析的同时画出该正垂面 P 的 W 面投影 p''。

从 H 面投影可见,该投影图的左前角有一斜线,对应的 V 面投影为一五边形,可知该斜线为一铅垂面的投影,如图 3.39d 中 q'、q 所示。在分析的同时画出平面 Q 的 W 面投影 q'',并得到平面 P 与平面 Q 的交线 AC。

此外,V 面投影中的 s' 封闭线框与 H 面投影中的 s 对应,H 面投影中的 r 封闭线框与 V 面投影中的 r' 对应,由此得知平面 S 为一正平面、平面 R 为一水平面,水平面 R 与直线 AC 相交,得交点 B,作出平面 S、R 的 W 面投影 s''、r'',如图 3.39e 所示。

(3)联系起来想整体

将各平面的形状及空间位置联系起来,并与所给的 V 面投影、H 面投影相对照,从而得出整个组合体的形状及结构,如图 3.39f 所示。

[例 3.19] 如图 3.40a 所示,根据所给的 V 面投影和 W 面投影,读懂该组合体,并补画其 H 面投影。

解:读图并补画 H 面投影的方法及步骤如下:

(1)将所给 V 面投影与 W 面投影联系起来看,可知该组合体是半个圆柱(下部)与长方体

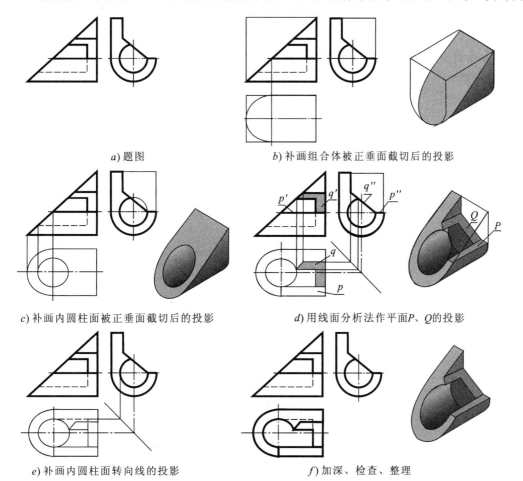

a) 题图　　　　　　　　b) 补画组合体被正垂面截切后的投影

c) 补画内圆柱面被正垂面截切后的投影　　　d) 用线面分析法作平面 P、Q 的投影

e) 补画内圆柱面转向线的投影　　　　f) 加深、检查、整理

◉ 图 3.40　读组合体投影图综合举例

95

(上部)结合后,再被切割而形成。为此可先补画出半圆柱与长方体结合的 H 面投影,再画被正垂面截切后的 H 面投影,如图 3.40b 所示。

(2)从 W 面投影中可看见有一不完整的内圆轮廓线,将其与 V 面投影对应,并运用形体分析法分析,得知该轮廓线所表达的是一圆柱形孔。作出其对应的 H 面投影,如图 3.40c 所示。

(3)再将 V 面投影与 W 面投影中的线与线框加以对应分析,得知 V 面投影中处于轴线位置的粗实线,与 W 面投影中的粗实线相对应,表达的是水平面 P。W 面投影中的斜线,与 V 面投影中的封闭线框相对应,表达的是侧垂面 Q,其水平投影应为正面投影的类似形。为此,作相应的 H 面投影,如图 3.40d 所示。

(4)对照检查全图,补出内圆孔转向线的 H 面的投影(细虚线),整理并完成全图,如图 3.40e、f 所示。

3.7.3 读组合体投影图的讨论[Discussion of reading projections]

1. 投影图表达物体的确定性与不确定性

我们知道,一个完整的圆球体的投影图一定是圆,但投影图为圆的物体却不一定是圆球。投影图表达物体的确定性,是表达物体的需要,即一个完整的表达方案所表达的对象应是唯一的,否则,表达物体的目的就没有达到。

在一般情况下,通过二至三个面的投影就可以唯一确定立体的形状及结构,但也存在用两个投影图甚至三个投影图仍不能唯一确定立体形状及结构的情况,这是由于物体的多样性及投影图所包含信息的局限性,从而体现出投影图表达物体的不确定性,因此,需要对用三面投影图表达物体的方法进行扩展和改造,如采用剖视图、断面图、轴测图等表达方法,这些内容将在后面的章节中介绍。

从读图训练的角度来看,只要是完全满足所给投影图的立体,都是所给投影图表达的立体。投影图表达立体不确定性的存在,正好为我们的空间想象和创新提供了空间,为我们空间想象能力和创新能力的提高提供了极好的训练方法。

2. 是否一定要先想象出立体的形状及结构,才能补画出正确的第三面投影图呢?

已知两个投影图补画第三面投影是读图训练的重要方法,这种方法能检查读图者是否真正看懂了立体的形状及结构。如果在读图时,能很快读懂立体的形状及结构,当然对补画第三面投影图会十分有利。但是,要读懂较复杂立体的形状及结构往往需要花较长的时间,因此,通常的做法是"边想边画、边画边想"。哪个部分想出来了,就先把哪个部分画出来,直到全部画完为止。画完后再联系起来想一想,看看是否能完全理解,如已完全理解立体的形状及结构,则读图就完成了。如还不能清楚地理解,那么即使画完了,也还应将不理解的部分弄清楚,否则就很难保证所补画投影图的正确性。

3. 读图的思维过程是否有规律可循呢?

读图的过程,就是"看图想物"的过程,也就是将"平面图形"通过空间思维转化为"立体"的过程。当我们看到一个投影图(或投影图中的一部分)时,若能在头脑中很快想到能满足该投影图的多个立体,并将所想的立体与所给的其他投影图进行比较,从而找出能同时满足所给多个投影图的立体,那么读图就完成了。显然,这个过程正是从一个投影图假设出满足该投影图的可能立体,再判断该立体是否满足所给的其他投影图,若满足则表明前面的假设正确,若不满足则返回去再假设,……直到完全满足为止。

  如图 3.41 所示,从所给的 V 面投影很容易想到圆锥,但如果是圆锥,则 H 面投影的中心应该为一点,而该 H 面投影的中心为一粗实线,故圆锥不满足该 H 面投影;重新假设立体为三棱柱,则 H 面投影应为矩形,仍不满足;再假设立体为圆柱被切割,则 V 面投影及 H 面投影都满足了,因此,该立体应是圆柱被切割而形成的楔形体。

图 3.41 读图的思维过程举例

4 轴 测 图
Chapter 4　Axonometric Projection

内容提要:本章介绍轴测图的形成、画法及应用,并着重介绍正等轴测图和斜二轴测图的画法。掌握轴测图的绘制方法,可以帮助初学者提高理解形体及空间想象的能力,并为读懂正投影图提供形体分析及空间想象的思路及方法。

Abstract:This chapter is concerned with the formation, drawing method, and the application of axonometric projection. Emphasis goes to the drawing method of isometric projection and cabinet axonometric projection. Reading through this chapter, students will be able to improve their comprehensive ability in understanding structure and to do abstract imagination. It can also provide access and approaches to read orthogonal projection.

4.1　轴测图的形成及分类
[Formation and classification of axonometric projection]

从前面的学习中已经知道,多面正投影图具有作图简单、度量性和实形性好的优点,但立体感差。为了使初学者读懂正投影图,常常需要借助实物模型或立体图。本教材插图中的立体图都是采用轴测投影方式绘制的**轴测投影图**,简称**轴测图**[axonometric projection],它是将物体连同其直角坐标体系,沿不平行于任一坐标平面的方向,用平行投影法将其投射在单一投影面上所得到的图形,如图 4.1 所示。轴测图具有较强的立体感,容易看懂,正好可弥补多面正投影图之不足,可为初学者读懂正投影图提供形体分析及空间想象的思路及方法。此外,轴测图还可用于产品的初步方案设计、工作原理表达、外观表达、空间管线布置等。轴测图的缺点是绘制较繁琐,且一般不能反映各面的真实形状,因此,轴测图通常仅用作辅助工程图样。

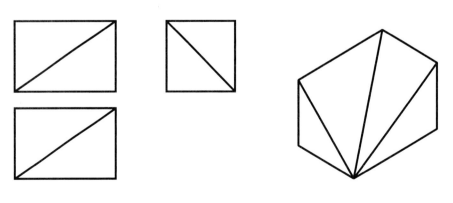

a)正投影图　　　　　　　　　　　　　*b*)轴测投影图

图 4.1　正投影图与轴测投影图

4.1.1 轴测图的形成及投影规律[Formation and projection law of axonometric projection]

1. 轴测图的形成[Formation of axonometric projection]

如图 4.2 所示,将带孔的长方体向 V、H 面作正投影,就得到其 V、H 面上的正投影图;若将长方体连同确定其长、宽、高的空间直角坐标系 $O_1X_1Y_1Z_1$,沿不平行于任一坐标平面的方向 S,用平行投影法将其投射到一个选定的平面 P 上,所得到的图形就是轴测图。平面 P 称为**轴测投影面**。方向 S 称为**轴测投射方向**。坐标轴 O_1X_1、O_1Y_1、O_1Z_1 在轴测投影面 P 上的投影 OX、OY、OZ 称为**轴测轴**。轴测轴之间的夹角 $\angle XOY$、$\angle YOZ$、$\angle XOZ$ 称为**轴间角**[axes angle]。轴测轴 OX、OY、OZ 上的线段与空间坐标轴 O_1X_1、O_1Y_1、O_1Z_1 上对应线段的长度比,分别用 p_1、q_1、r_1 表示,称为沿 OX、OY、OZ 轴的**轴向伸缩系数**[coefficient of axial deformation]。

2. 轴测图的投影规律[Projection law of axonometric projection]

由于轴测图是采用平行投影法形成的,因此它具有平行投影的投影规律,即:

(1)物体上互相平行的线段,在轴测图上仍然互相平行。

(2)物体上两平行线段或同一直线上的两线段长度之比值,在轴测图上保持不变。

(3)物体上平行于轴测轴的线段,在轴测图上的长度等于沿该轴的轴向伸缩系数与该线段长度的乘积。

由此可见,物体表面上平行于各坐标轴的线段,在轴测图上也平行于相应的轴测轴,且只能沿轴测轴的方向、并按相应的轴向伸缩系数来度量。这也正是"轴测"二字的含义。

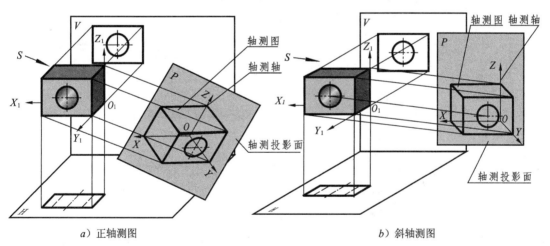

a)正轴测图   b)斜轴测图

图 4.2 轴测投影的形成

4.1.2 轴测图的分类[Classification of axonometric projection]

根据轴测投射方向与轴测投影面是否垂直,可将轴测图分为两类:

(1)正轴测图[Orthogonal axonometric projection] 轴测投射方向垂直于轴测投影面(见图 4.2a,投射方向 S 垂直于平面 P)。

(2)斜轴测图[Oblique axonometric projection] 轴测投射方向倾斜于轴测投影面(见图 4.2b,投射方向 S 倾斜于平面 P)。

因物体相对于轴测投影面位置的不同，轴向伸缩系数也不同，故上述两类轴测图又分别有下列三种不同的形式：

正轴测图
- 正等轴测图 　　（$p_1 = q_1 = r_1$）
- 正二轴测图 　　（$p_1 = r_1 \neq q_1$　　$p_1 = q_1 \neq r_1$　　$p_1 \neq q_1 = r_1$）
- 正三轴测图 　　（$p_1 \neq q_1 \neq r_1$）

斜轴测图
- 斜等轴测图 　　（$p_1 = q_1 = r_1$）
- 斜二轴测图 　　（$p_1 = r_1 \neq q_1$　　$p_1 = q_1 \neq r_1$　　$p_1 \neq q_1 = r_1$）
- 斜三轴测图 　　（$p_1 \neq q_1 \neq r_1$）

根据立体感较强、且易于作图的原则，工程形体的轴测图，常采用正等轴测图和斜二轴测图两种形式绘制，下面分别加以介绍。

4.2　正等轴测图的画法
［Drawing method of isometric projection］

4.2.1　正等轴测图的特点［Characteristics of isometric projection］

正等轴测图，可简称为**正等测**，是当空间直角坐标轴 O_1X_1、O_1Y_1、O_1Z_1 与轴测投影面倾斜的角度相等时，用正投影法得到的单面投影图，如图 4.2a 所示。也可看作是物体沿 O_1Z_1 轴旋转 45°、再沿 O_1X_1 轴旋转 35°16′后，所得到的正面投影，如图 4.3 所示。

轴间角　　　　　$\angle XOY = \angle YOZ = \angle XOZ = 120°$

轴向伸缩系数　　$p_1 = q_1 = r_1 = \sqrt{2/3} = \cos 35°16′ \approx 0.82$[①]。

为了方便作图，将轴向伸缩系数取为 1（称为**简化系数**），即 $p = q = r = 1$，这样，所绘制的正等测，比采用 $p_1 = q_1 = r_1 \approx 0.82$ 轴向伸缩系数绘出的轴测图放大了 $1/0.82 \approx 1.22$ 倍。采用简化系数时，正等轴测图沿轴向的尺寸就可以从物体或正投影图相应轴的方向上直接量取了。由此可见，正等测具有度量方便、容易绘制的特点，如图 4.4 所示。因此，正等测是适用于各种工程形体、且最常采用的轴测图。

4.2.2　平面立体正等轴测图的画法［Plane solid isometric projection method］

绘制平面立体正等测的方法主要有坐标法和方箱法两种。

1.坐标法［Coordinate method］

根据立体表面上各顶点的坐标，分别画出它们的轴测投影，然后依次连接立体表面的轮廓线。该方法是绘制轴测图的基本方法，它不但适用于平面立体，也适用于曲面立体；不但适用于正等测，还适用于其他轴测图的绘制。

2.方箱法［Box method］

方箱法适用于以切割方式构成的平面立体，它以坐标法为基础，先用坐标法画出未被切割的平面立体的轴测图，然后用截切的方法逐一画出各个切割部分。

---

① 　正等测轴向伸缩系数的详细推导，参见《机械制图》(1979 年修订版)大连工学院工程画教研室编

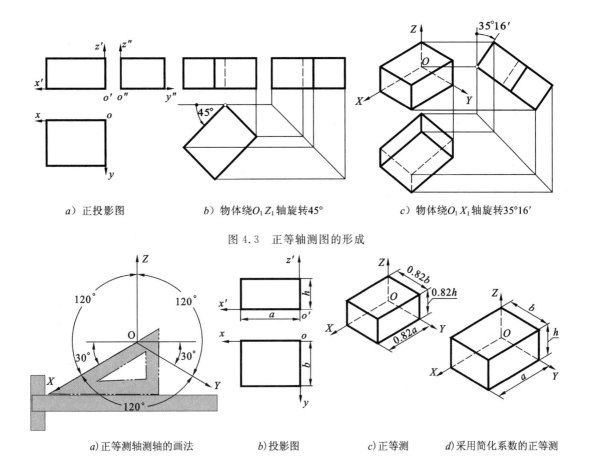

a）正投影图　　　　b）物体绕O_1Z_1轴旋转45°　　　　c）物体绕O_1X_1轴旋转35°16′

图 4.3　正等轴测图的形成

a）正等测轴测轴的画法　　　b）投影图　　　c）正等测　　　d）采用简化系数的正等测

图 4.4　正等轴测图的特点

[**例 4.1**]　如图 4.5a 所示,根据投影图求作立体的正等轴测图。

解: 从投影图可知,该立体为前后、左右对称的正四棱台。采用坐标法作图,其方法及步骤如下:

(1)分析形体,选定坐标原点。因形体前后、左右对称,故选择底面的中心为坐标原点,如图 4.5a 所示。

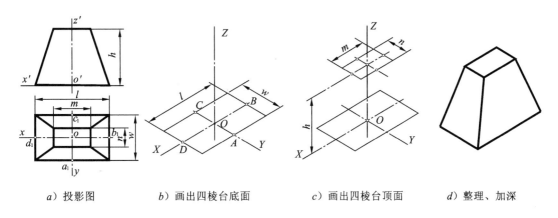

a）投影图　　　b）画出四棱台底面　　　c）画出四棱台顶面　　　d）整理、加深

图 4.5　运用坐标法画正等轴测图举例

101

（2）画出轴测轴,作底面的轴测投影。如图 4.5b 所示,先根据各底边的中点 A_1、B_1、C_1、D_1 的坐标,找出它们的轴测投影 A、B、C、D,再通过这四点分别作相应轴测轴的平行线,从而得到底面的轴测投影。

（3）根据尺寸 h 确定顶面的中心,作顶面的轴测投影,如图 4.5c 所示。

（4）连接底面、顶面的对应顶点,擦去作图过程线及不可见轮廓线,加粗可见轮廓线（通常轴测图中的不可见轮廓线不需要画出）,完成四棱台的正等轴测图,如图 4.5d 所示。

[例 4.2]　如图 4.6a 所示,根据三面投影图画立体的正等轴测图。

解:从题图可知,该立体为以切割方式形成的平面组合体。采用方箱法作图,其方法及步骤如下:

（1）分析形体,选定坐标原点 O,如图 4.6a 所示。

（2）画轴测轴,按立体的长、宽、高尺寸画出其外形（长方体,即方箱）的轴测图,如图 4.6b 所示。

（3）从三面投影图可知,立体的左、前、上方被切割出长方体形空腔,根据相应的尺寸画出该空腔的轴测图,如图 4.6c 所示。

（4）根据 V 面投影中的斜线与 H 面投影对应,得知立体后立板被正垂面切角;再根据 W 面投影中的斜线与 V 面投影对应,得知立体右立板被侧垂面切角。画出两切角的轴测图,如图 4.6d 所示。

（5）整理全图,擦去作图过程线,加粗可见轮廓线,完成全图,如图 4.6e 所示。

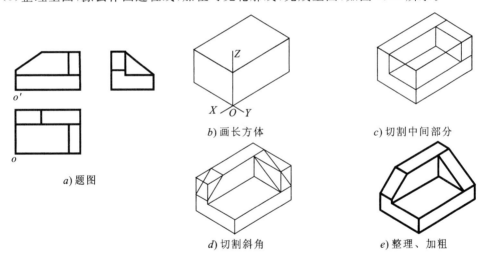

a) 题图　　b) 画长方体　　c) 切割中间部分

d) 切割斜角　　e) 整理、加粗

图 4.6　运用方箱法画正等轴测图举例

4.2.3　曲面立体正等轴测图的画法[Curved solid isometric projection method]

1. 平行于坐标平面的圆的正等轴测图的画法[Drawing method of the isometric projection of circle for parallel coordinate plane]

平行于坐标平面的圆,其正等轴测图为椭圆。为了简化作图,该椭圆常采用四段圆弧连接近似画出,称之为**菱形四心法**[rhombus four center method]。图 4.7a 所示为一水平位置的圆（位于平行于 H 面的平面内）,其直径为 $2R$,该圆的正等测近似画法的作图步骤如下:

（1）以圆心 o 为坐标原点,两条中心线为坐标轴 ox、oy,如图 4.7a 所示。

(2)画轴测轴 OX、OY,以圆的直径 $2R$ 为边长,作菱形 $EFGH$,其邻边分别平行于两轴测轴,如图 4.7b 所示。

(3)分别作菱形两钝角的顶点 E、G 与其两对边中点的连线 ED、EC 和 GA、GB(亦为菱形各边的中垂线),其连线相交于 1、2 两点;由此得到的 E、G、1、2 四点,即分别为四段圆弧的圆心,如图 4.7c 所示。

(4)分别以 E、G 为圆心,以 ED 之长为半径,画大圆弧 $\overset{\frown}{DC}$ 和 $\overset{\frown}{AB}$。分别以 1、2 为圆心,以 1D 之长为半径,画小圆弧 $\overset{\frown}{DA}$ 和 $\overset{\frown}{BC}$,即完成作图,如图 4.7d 所示。

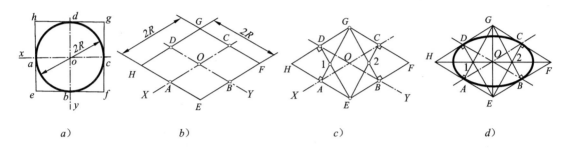

图 4.7　圆的正等轴测图的画法(之一)

从图 4.7d 还可看出,椭圆的长、短轴正好与菱形的长、短对角线重合,且 $\triangle OAE$ 为正三角形,即 $OE=OA=R$,因此,椭圆的作图可进一步简化为图 4.8a、b、c 所示的方法。

(1)作轴测轴 OX、OY、OZ,在各轴上取圆的真实半径,得 A、B、C、D、E、G 六点,如图 4.8a 所示。

(2)若圆平行于 H 面,则 OZ 为椭圆短轴,即 E、G 为两大圆弧的圆心。将 E、G 分别与 C、D 和 A、B 相连,所得到的 1、2 点即为两小圆弧的圆心,如图 4.8b 所示。

(3)分别以 E、G、1、2 为圆心,画对应段的圆弧,即完成作图,如图 4.8c 所示。

同理,平行于 V 面的圆的正等轴测图如图 4.8d 所示,平行于 W 面的圆的正等轴测图如图 4.8e 所示。由此可见,平行于三个投影面的圆的正等轴测图(椭圆)的形状和大小是一样的,只是长、短轴的方向各不相同,即各椭圆的短轴方向与垂直于该椭圆所在平面的轴测轴方向重合。

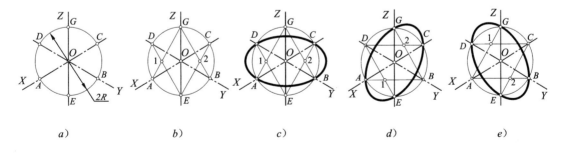

图 4.8　圆的正等轴测图的画法(之二)

2. 回转体的正等轴测图的画法［Rotary solid isometric projection method］

掌握了圆的正等测的画法后,回转体的正等测也就很容易画出了。图 4.9a、b 分别是圆柱和圆台的正等轴测图的画法。作图时,先分别作出其顶面和底面的椭圆,再作其公切线,整理、加粗后即成。

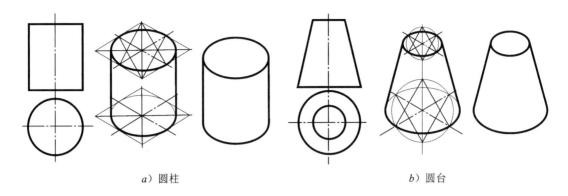

a）圆柱　　　　　　　　　　　　　　b）圆台

图 4.9　圆柱和圆台的正等轴测图

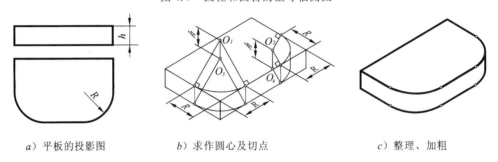

a）平板的投影图　　　　b）求作圆心及切点　　　　c）整理、加粗

图 4.10　圆角的正等轴测图

3. 圆角的正等轴测图的画法［Fillet isometric projection method］

从图 4.7 所示椭圆的近似画法中可以看出：菱形的钝角与椭圆的大圆弧相对应，菱形的锐角与椭圆的小圆弧相对应，菱形相邻两边的中垂线的交点就是圆心，由此可以直接画出平板上圆角的正等轴测图，如图 4.10b、c 所示。

4.2.4　组合体正等轴测图的画法举例

［Example of the isometric projection of combined solid］

［例 4.3］　根据图 4.11 所示的投影图，画出该立体的正等轴测图。

解：对题图进行形体分析可知，该立体由带圆角及安装孔的底板、上圆下方中孔的支承板及左右对称的两块三角形肋板组成，为左右对称的叠加式组合体。其底板上表面为各部分的结合面，故选定底板的上表面之后方中点为坐标原点，如图 4.11 所示。作图方法及步骤如下：

（1）画轴测轴，并按完整的长方体画出底板的轴测图，如图 4.12a 所示。

（2）按整体的长方体画出支承板的轴测图，如图

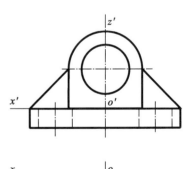

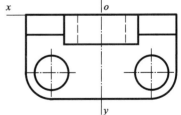

图 4.11　组合体的投影图

104

4.12b 所示。

(3)画支承板上部的半圆柱面,先按菱形四心法画出前表面的半个椭圆,再向 Y 轴方向平移圆心,画出后表面的半个椭圆,并作出两椭圆右侧的公切线,如图 4.12c 所示。

(4)画三角形肋板及底板圆角的轴测图,如图 4.12d 所示。

(5)画三个圆孔的轴测图,因椭圆短轴的长度大于厚度,故应画出底面(后面)椭圆的可见部分,如图 4.12e 所示。

(6)整理全图,擦去多余线条,加粗可见轮廓线,即得立体的正等轴测图,如图 4.12f 所示。

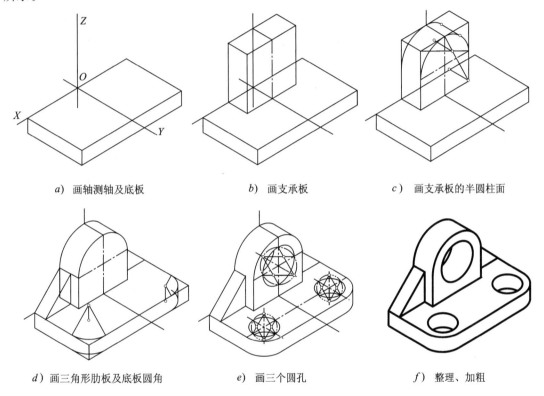

a) 画轴测轴及底板   b) 画支承板   c) 画支承板的半圆柱面

d) 画三角形肋板及底板圆角   e) 画三个圆孔   f) 整理、加粗

图 4.12 组合体的正等轴测图的画法

4.3 斜二等轴测图的画法
[Drawing method of cabinet axonometric projection]

4.3.1 斜二等轴测图的形成及特点[Formation and characteristics of cabinet axonometric projection]

斜二等轴测图(可简称**斜二测**)是由斜投影方式获得的,如图 4.2b 所示。当轴测投影面 P 平行于 V 面时,立体上与 V 面平行的面,其轴测投影反映实形,对于仅单向有圆形结构的立体,利用这一特点可使其轴测投影的作图更为简便。

斜二等轴测图的形成过程可直接通过投影图作斜投影[oblique projection]而得到,如图

4.13*a*、*b* 所示,斜投影投射方向 *S* 的 *V* 面投影 *s'* 与 *OX* 轴成 45°夹角,*H* 面投影 *s* 与 *OX* 轴成约 70°32′夹角,在 *V* 面上得到的斜投影就是斜二测。

斜二等轴测图的轴间角 $\angle XOZ=90°$,$\angle XOY=\angle YOZ=135°$,轴向伸缩系数 $p_1=r_1=1$,$q_1=1/(\tan70°32'\cdot\cos45°)=1/2=0.5$,如图 4.13*c* 所示。

显然,在斜二测中,立体上平行于 *V* 面的平面仍反映实形,圆的轴测投影仍为圆,因此,当物体仅在平行于 *V* 面的平面上形状较复杂(具有较多的圆或圆弧等)时,采用斜二测作图就更为方便,如图 4.13*d*、*e* 所示。

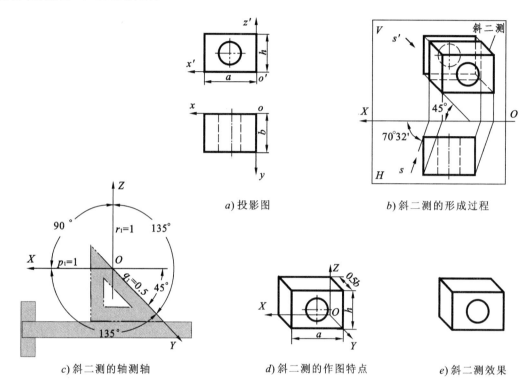

a) 投影图　　　　　　　　　b) 斜二测的形成过程

c) 斜二测的轴测轴　　　d) 斜二测的作图特点　　　e) 斜二测效果

图 4.13　斜二等轴测图的形成及特点

4.3.2　斜二等轴测图的画法举例[Example of drawing of cabinet axonometric projection]

[**例 4.4**]　求作如图 4.14*a* 所示立体的轴测图。

解:从所给投影图可见,该立体上部为带孔的半圆柱面,下部为带槽的平面立体,仅前后有圆,故采用斜二测作图,其方法及步骤如下:

(1)分析投影图,选定坐标原点,如图 4.14*a* 所示。

(2)作斜二测的轴测轴,如图 4.14*b* 所示。

(3)以 *O* 为圆心、*OZ* 轴为对称轴,画出立体前表面的轴测图(即图 4.14*a* 的 *V* 面投影),如图 4.14*c* 所示。

(4)在 *OY* 轴上距 *O* 点 *L*/2 处取一点作为圆心,重复上一步的做法,画出立体后表面的轴测图,并画出立体上部两半圆右侧的公切线及 *OY* 方向的轮廓线,如图 4.14*d* 所示。

(5)整理全图,擦去多余线段并加粗可见轮廓线,完成立体的斜二测,如图 4.14*e* 所示。

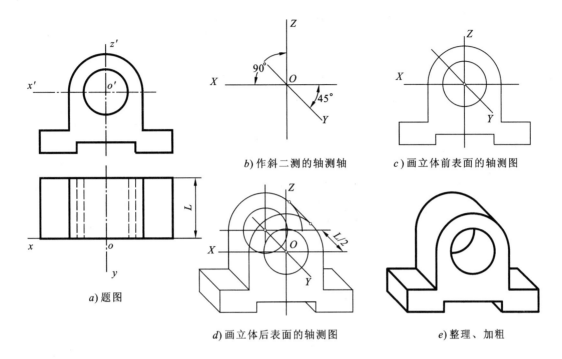

a) 题图

b) 作斜二测的轴测轴

c) 画立体前表面的轴测图

d) 画立体后表面的轴测图

e) 整理、加粗

图 4.14　组合体的斜二等轴测图的画法

5 工程形体常用表达法

Chapter 5   General Principles of Presentation of Engineering Solid

内容提要:本章内容是在学习组合体投影图的基础上,依据国家《技术制图》标准 GB/T 17451—1998、GB/T 17452—1998、GB/T 17453—2005,《机械制图》标准 GB/T 4458.1—2002、GB/T 4458.6—2002 等的规定,介绍视图、剖视、断面等工程形体的常用表达方法及其应用,从而使工程形体的表达更为方便、清晰、简洁、实用,并为工程图样的绘制及阅读提供基础。

Abstract: This chapter discusses the general principles of presentation and applications of engineering solid concerning different views, sections and cuts. The discussion brings out a more convenient, clear and brief picture of engineering solid, and it provides a solid basis for drafting drawings and reading the drawings.

在实际工程中,由于工程形体的多样性,如按图 5.1 所示的方案进行表达,则会出现表达重复、细虚线过多、层次不清、投影失真等问题。因此,在绘制技术图样时,应首先考虑看图方便,并根据物体的结构特点,选用适当的表达方法。在完整、清晰地表达物体形状的前提下,力求使制图简便。

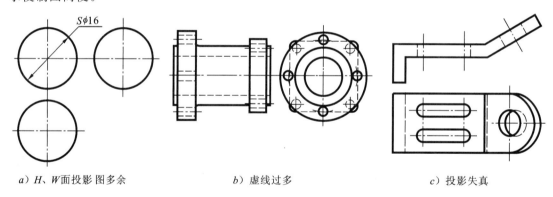

a) H、W面投影图多余   b) 虚线过多   c) 投影失真

图 5.1   工程形体的多样性

5.1   视   图

[Views]

视图就是根据有关标准和规定,用正投影法所绘制出物体的图形,它主要用来表达物体的外形,必要时才用细虚线表达其不可见部分。视图通常可分为基本视图、向视图、局部视图和斜视图。

5.1.1   基本视图和向视图[Principal views and reference arrow layout views]

任何物体都有长、宽、高三个方向和前后、左右、上下六个侧面,与物体六个侧面平行的投影面称为**基本投影面**[principal projection plane],物体向基本投影面投射所得到的视图称为**基本视图**[principal views]。

如图 5.2a 所示,将物体置于一正六面体之中,则该六面体的六个面即为基本投影,将物体向六个基本投影面投射,就可得到六个基本视图,即:

主视图[front view]——由前向后投射所得到的视图;

俯视图[top view]——由上向下投射所得到的视图;

左视图[left view]——由左向右投射所得到的视图;

右视图[right view]——由右向左投射所得到的视图;

仰视图[bottom view]——由下向上投射所得到的视图;

后视图[rear view]——由后向前投射所得到的视图。

将各投影面按图 5.2a 展开到同一个平面后,基本视图的配置关系如图 5.2b 所示。显然,这六个基本视图的作图过程及方法与前面所学的三面投影图是完全一致的,它仍必须满足"长对正、高平齐、宽相等"这一投影规律。

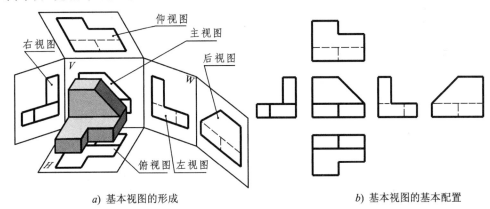

a) 基本视图的形成   b) 基本视图的基本配置

◉ 图 5.2　六个基本视图

当基本视图按图 5.2b 所示的位置配置时,可不标注视图名称。画图时应尽量按该位置配置视图,否则,则应在视图的上方标出视图的名称"×"("×"为大写拉丁字母),在相应视图的附近用箭头指明投射方向,并标注同样的字母"×",如图 5.3 所示,这种可自由配置的视图称为**向视图**[reference arrow layout views]。

选用恰当的基本视图,可以较清晰地表达物体的形状。如图 5.4 采用了主、左、右三个视图来表达物体的主体和左、右凸缘的形状,如果只采用主、左视图表达(如图 5.1b),则由于左、右两凸缘的形状不同,左视图将会出现许多细虚线,给读图和标注尺寸带来困难,现再增加一个右视图,就能省略左视图中的细虚线,更清楚地表达该物体。

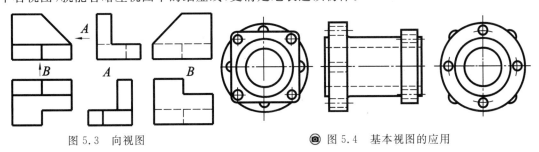

图 5.3　向视图   ◉ 图 5.4　基本视图的应用

画物体的某个视图时,如果其上的某个结构在其他视图中已表达清楚,则在该视图中的细虚线可省略不画;反之,若该结构在其他图形中不能确定或表达不清楚时,则细虚线不能省略。如图 5.4 所示,为了表示物体内腔及凸缘上各个孔的结构,在主视图中仍需画出相应的细虚线。

5.1.2 局部视图[Partial views]

将物体的某一部分向基本投影面投射而得到的视图,称为**局部视图**。

当物体在某个方向上仅有局部的外形需要表达时,便可采用局部视图。如图 5.5 所示,物体的主要结构已在主、俯视图上表达清楚,唯有两侧的凸台和左侧肋板的厚度尚未表示清楚,这时采用两个局部视图就可完全表达清楚了。

有时,为了节省绘图时间和图幅,将对称结构物体的视图只画一半或四分之一,并在对称中心线的两端画出两条与其垂直的平行细实线(对称符号),如图 5.6 所示。

采用局部视图时要注意:

(1)局部视图可按基本视图的配置形式配置,如图 5.7b 中的俯视图所示;也可按向视图的配置形式配置并标注,如图 5.5b、图 5.6 所示;还可按第三角画法配置在视图上所需表示物体局部结构的附近,并用细点画线将两者相连(参见图 5.29h)。

(2)局部视图的断裂边界线用波浪线或双折线绘制,如图 5.5 中的局部视图 A;当所表示的局部视图的外轮廓线成封闭时,则可不画出其断裂边界线,如图 5.5 中的局部视图 B 所示。当只画一半或四分之一视图时,断裂边界线应为细点画线,且应画上对称符号,如图 5.6 所示。

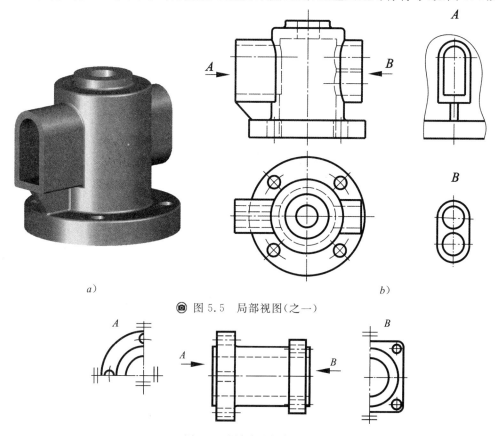

a)   b)

◉ 图 5.5 局部视图(之一)

图 5.6 局部视图(之二)

可见,利用局部视图,不但可减少基本视图,而且可使表达简练、节省绘图工作量及图幅。

5.1.3 斜视图[Normal views]

将物体向不平行于基本投影面的平面投射所得的视图,称为**斜视图。**

当物体上有倾斜结构需要表达时,可采用斜视图来表达该倾斜结构的实形。图5.7a中所示物体的倾斜结构,在俯、左视图上均不能反映倾斜部分的真实形状,如果增设一个与倾斜部分平行的辅助投影面,将倾斜部分向该面投射,则可得到反映其实形的斜视图,如图5.7中的斜视图 A 所示。

画斜视图时应注意:

(1)斜视图主要用来表达物体上倾斜部分的实形,所以其余部分不必全部画出,而采用波浪线或双折线断开。当所表示物体的倾斜结构是完整的、且外形轮廓线封闭时,波浪线可省略不画。

(2)斜视图必须进行标注,其标注方法是:在斜视图上方标出视图的名称"×",并在相应的视图附近用箭头和字母"×"指明投射方向。斜视图上方的名称(字母)应正写,如图5.7b所示。

(3)斜视图一般按投影关系配置,必要时可平移。为了画图方便,在不致引起误解时,也允许将图形旋转,但应注明"⌒×"(表示该视图名称的大写字母应靠近旋转符号的箭头端,带箭头的圆弧是半径等于字高的半圆弧),如图5.7c所示。

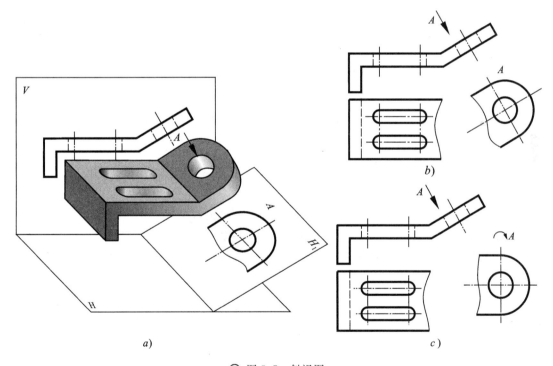

◉ 图5.7 斜视图

*5.1.4 第三角画法简介[Brief introduction of the third angle method]

互相垂直的三个投影面将空间分为八个分角[quadrant],如图5.8所示,将物体置于第一分角内,并使其处于观察者与投影面之间而得到的多面正投影,称为第一角画法[first angle method],而将物体置于第三分角内,并使投影面处于观察者与物体之间而得到的多面正投影，则称为第三角画法[third angle method]。我国标准规定优先采用第一角画法，但在国际技术交流中，常会遇到第三角画法的图样，现将其简介如下：

第三角画法与第一角画法的根本区别在于人（观察者）、物体、投影面的位置关系不同。第一角画法是人和物体位于投影面的同一侧；第三角画法是人和物体分别位于投影面的两侧，并假想投影面是透明的，如图 5.9a 所示。

第三角画法的特点是：

（1）物体在 V、H、W 三个投影面上的投影，仍然分别称为主视图[front view]、俯视图[top view]及右视图[right view]，与之相对的另外三个视图，分别称为后视图[rear view]、仰视图[bottom view]和左视图[left view]。

（2）将投影面展开时，令 V 面不动，H、W 面按图 5.9a 展开，展开后三视图的配置如图 5.9b 所示，六个基本视图的配置见图 5.10。

（3）第三角画法的视图之间仍然符合"长对正，高平齐、宽相等"的投影规律。俯视图和右视图靠近主视图的一边是物体的前面，远离主视图的一边是物体的后面。

可见第三角画法所得视图名称及内容与第一角画法完全相同，所不同的仅是各视图的相对配置位置。如将俯视、仰视对调，左视、右视对调，则变为第一角的视图配置。

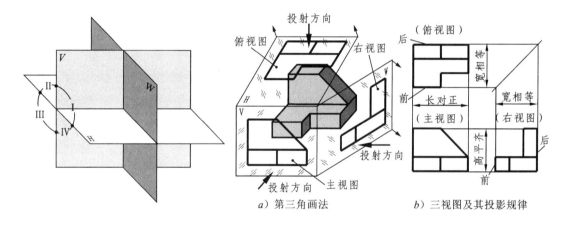

图 5.8　八个分角　　　　图 5.9　第三角画法中三视图的形成

a）第三角画法　　　　b）三视图及其投影规律

当采用第三角画法时，必须在图样中画出第三角画法的识别符号，如图 5.11a 所示；而采用第一角画法，一般不必画出识别符号，必要时也可在图样中画出其识别符号，如图 5.11b 所示。

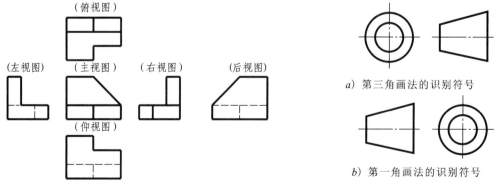

图 5.10　第三角画法中六个基本视图的配置　　　　图 5.11　两种画法的识别符号

a）第三角画法的识别符号

b）第一角画法的识别符号

5.2 剖视图

[Sections]

当物体有内部结构时,在视图中只能用细虚线来表达,若视图中的细虚线过多,则会影响物体表达的清晰程度,给读图和标注尺寸带来不便。为此,国家标准《技术制图》GB/T 17452－1998 及《机械制图》GB/T 44565－2002 中给出了物体内部结构及形状表达的方法:剖视图和断面图。

5.2.1 剖视图的基本概念[Basic concept of sections]

1. 剖视图的形成[Formation of sections]

假想用剖切面剖开物体,将处在观察者与剖切面之间的部分移去,而将其余部分向投影面投射所得到的图形,称为**剖视图,**简称**剖视。**

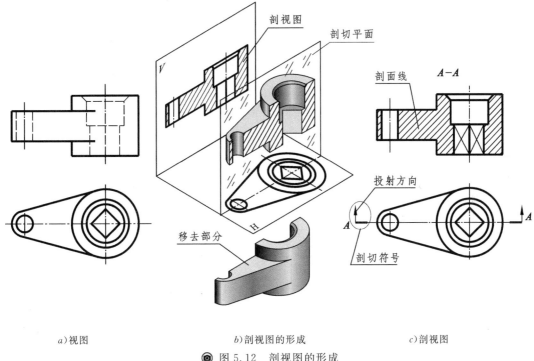

a)视图　　　　　　　　　　*b*)剖视图的形成　　　　　　　*c*)剖视图

◉ 图 5.12　剖视图的形成

如图 5.12*a* 所示,主视图用细虚线表示物体的内部结构。按图 5.12*b* 所示的方法,假想用一剖切平面,沿物体的前后对称面剖开物体,移去前半部分(即观察者与剖切面之间的部分),使物体的内部结构显示出来,从而得到处于主视图位置上的剖视图,如图 5.12*c* 所示。这样,原来不可见的内部结构就转化为可见,视图中的细虚线就成了实线,从而使物体的内部结构表达得更为清楚。

用于剖切被表达物体的假想平面或曲面称为**剖切面**[cutting plane];剖切面与物体的接触部分称为**剖面区域**[section area](图中画剖面线的部分);指示剖切面位置的线称为**剖切线**[cutting line](为细点画线,一般可省略不画,图 5.12*c* 中与前后对称中心线重合);指示剖切

113

面起、止和转折位置(用粗短画表示)及投射方向(用箭头表示)的符号称为**剖切符号**[cutting symbol],如图 5.12 所示。

2. 影响剖视图绘制的三要素[Three major elements affecting sections]

从剖视图的形成过程可见,任何一个剖视图都将受到剖切面的种类、剖切面的位置及剖切范围三个要素的影响。

剖切面的种类:可分为单一剖切面、几个平行的剖切平面、几个相交的剖切面(交线垂直于某一投影面)。

剖切面的位置:可分为平行于基本投影面,不平行于基本投影面;如相对于物体自身,则还有经过物体对称面和不经过物体对称面之分。

剖切范围:可分为完全剖开或部分剖开,而部分剖开又可再分为以对称中心线为界的剖开一半和剖开局部(非一半)。

显然,上述三要素的不同组合,将形成若干不同的剖视图表达法,从而为物体内形的表达提供了方便、灵活的表达形式。

图 5.12 所示的剖视图就是采用单一剖切面、平行于基本投影面、完全剖开的剖视图。

3. 剖面符号[Section area symbol]

《技术制图》GB/T 17453—2005 规定,不需要在剖面区域中表示材料的类别时,可采用通用剖面线[section line]表示。通用剖面线应以适当角度的细实线绘制,最好与主要轮廓或剖面区域的对称线成 45°角,如图 5.13a 所示。对大面积的剖面区域允许按图 5.13b 绘制。还允许采用点阵或涂色代替通用剖面线,如图 5.13c 所示。

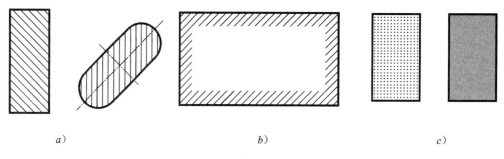

a)   b)   c)

图 5.13　通用剖面符号

若需在剖面区域中表示材料的类别时,应采用特定的剖面符号表示。特定剖面符号的分类结构示例如图 5.14 所示。如果有一个特殊材料需要表示,这个表示的含义应清楚地在这个图上注明。

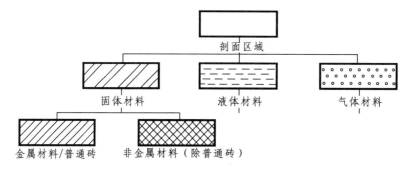

图 5.14　特定剖面符号的分类结构示例

5.2.2 剖视图的画法[Drawing methods of sections]

1.剖视图的画图方法及步骤[Drawing methods and procedures of sections]

(1)形体分析　分析物体的内、外形状及结构,弄清有哪些内部形状需要用剖视图进行表达,有哪些外部形状需要保留。

(2)确定剖切面的种类、位置及剖切范围　在形体分析的基础上,确定从何处剖切才能反映物体内部的真实形状,并确定选用何种剖切范围,从而确定表达方案。剖切面一般应选平行于相应投影面的平面,并应通过物体的对称面或孔、槽等结构的对称中心线。

(3)画剖视图　先画剖切平面与物体实体接触部分的投影,即剖面区域的轮廓线,然后再画出剖面区域之后的物体可见部分的投影。

(4)画剖面符号　在剖面区域上应画出剖面符号,以便能清楚地区分物体的实体和空心部分。同一物体在同一张图纸上的所有剖视图的剖面线应相同,同一张图纸上(如装配图中)的相邻不同物体的剖面线应尽可能区分开来,以方便读图。

(5)剖视图的标注　一般应标注剖视图的名称"×—×"(×为大写拉丁字母或阿拉伯数字),在相应的视图上用剖切符号表示剖切位置,并在它的起、止处用箭头画出投射方向,并注上同样的字母×,如图 5.12c 所示。

在下列情况下,剖视图可省略标注:

a. 当剖视图按投影关系配置、中间没有其他图形隔开时,可以省略箭头,如图 5.17 所示。

b. 当单一剖切平面、平行于基本投影面、通过物体的对称平面或基本对称平面、且剖视图按投影关系配置、中间又无其他图形隔开时不必标注,见图 5.15、图 5.16。

2. 画剖视图的注意事项[Special remarks about drawing cut sections]

(1)由于剖切是假想的,所以当物体的一个视图画成剖视后,其他视图的完整性不受影响,仍应完整地画出。

(2)画剖视图的目的在于清楚地表达内部结构的实形,因此,剖切平面应尽量通过较多的内部结构的轴线或对称平面,并平行于某一投影面。

(3)位于剖切平面之后的可见部分应全部画出,避免漏线、错线,如图 5.15 所示。

(4)对于剖切平面之后的不可见部分,若在其他视图上已表达清楚,则细虚线可省略,即在一般情况下剖视图中不画细虚线。当省略细虚线后,物体不能定形,或画出少量细虚线后能节省一个视图时,则应画出对应的细虚线,如图 5.16 所示。

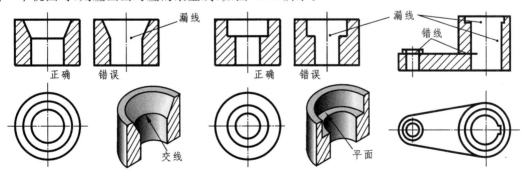

图 5.15　剖视图中漏线、错线的示例

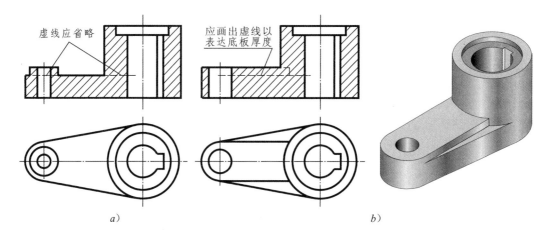

图 5.16 剖视图中细虚线的处理

5.2.3 常用剖视图的应用举例[The application case example of general section views]

1. 剖视图的种类[Classification of sections]

根据国家标准的规定,剖视图按剖切范围可分为:全剖视图、半剖视图和局部剖视图。

(1)全剖视图[Full sections]

用剖切面完全地剖开物体所得的剖视图称为**全剖视图**。如图 5.17 所示的物体,因外形简单而内形需要表达,故假想用剖切平面沿图示剖切位置将它完全剖开,便得到全剖的主视图。

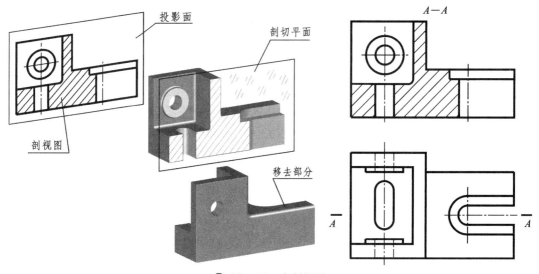

◉ 图 5.17 全剖视图

全剖视图主要用于内形需要表达,而外形简单或外形在其他视图中已表达清楚的物体。对于某些内外形都比较复杂而又不对称的物体,则可用全剖视表达它的内部结构,再用视图表达它的外形。

在图 5.17 中,由于剖切平面不是对称平面,所以应标注剖切位置及名称;因按基本视图配置,故可省略投射方向。

(2)半剖视图[Half sections]

当物体具有对称平面时,向垂直于对称平面的投影面上投射所得的图形,可以以对称中心线为界,一半画成剖视图,另一半画成视图,这种组合图形称为**半剖视图**。

从图 5.18 可知,支架的内外结构都较复杂,如果主视图采用全剖视,则支架前方的凸台将被剖掉,在主视图中就不能完整地表达支架的外形。由于该物体左右、前后都对称,因此可用图示的剖切方法,将主视图和俯视图都画成半剖视图,这样既反映了内形,又保留了支架的外部形状。

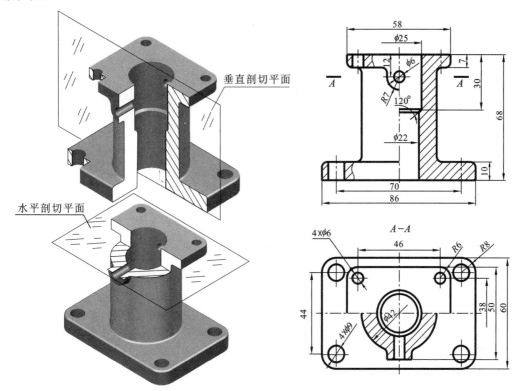

● 图 5.18　半剖视图及尺寸标注

半剖视图的标注与全剖视图相同。图 5.18 中主视图所采用的剖切平面通过支架的前后对称面,故可省略标注;而俯视图所用的剖切平面不是支架的对称平面,故应标出剖切位置和名称,但箭头可以省略。

半剖视图能在同一视图上兼顾表达物体的内、外结构,适用于内外结构都需要表达且具有对称平面的物体。当物体接近于对称、而且不对称部分已在其他视图中表达清楚时,也可采用半剖视,如图 5.19 所示。

画半剖视图时应注意:

a. 半个视图和半个剖视图的分界线是对称中心线(细点画线),不能画成粗实线。

b. 轮廓线与对称中心线重合的物体不宜采用半剖视。

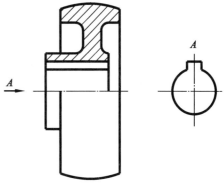

● 图 5.19　物体形状接近对称的半剖视图

117

c. 由于图形对称,物体的内形在半个剖视图中已表示清楚,因此在表达外形的半个视图中不必再画出相应的细虚线。

d. 标注半剖视图的尺寸时,尺寸线一端画出箭头并指到尺寸界线,而另一端只要略超出对称中心线即可,不画箭头,如图5.18所示。

(3)局部剖视图[Broken sections]

用剖切面局部地(非一半的局部)剖开物体所得的剖视图称为**局部剖视图**。

如图5.20所示的箱体,其顶部有一矩形孔,底部是有四个安装孔的底板,左下方有一轴承孔,箱体前后、左右、上下都不对称。为了兼顾内外结构的表达,将主视图画成两个不同剖切位置剖切的局部剖视图;在俯视图上,为了保留顶部的外形,采用"A—A"剖切位置的局部剖视图。

局部剖视图的标注与全剖视图相同,对于剖切位置明确的单一剖切面剖切,局部剖视图不必标注,如图5.18、图5.20主视图中的两个局部剖视图所示。

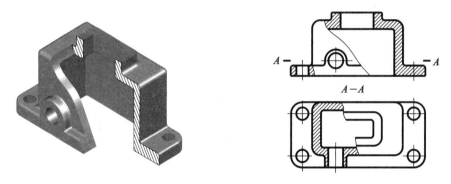

📷 图5.20 局部剖视图

局部剖视图适用于物体仅有局部的内形需要表达,不宜采用全剖,也不能采用半剖的情况。

画局部剖视图时应注意:

a. 局部剖视图用波浪线或双折线与视图分界,可看成是剖切物体裂痕的投影。波浪线不能超出视图的轮廓线,也不能与视图上其他图线重合或画在轮廓线的延长线上,遇孔、槽等空心结构时不能穿空而过(见图5.21)。

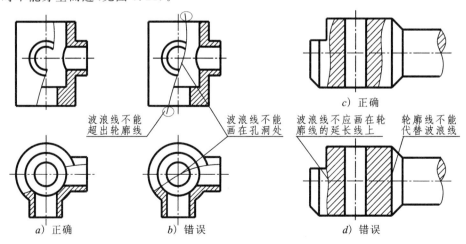

图5.21 局部剖视图波浪线的正、误画法

118

b. 局部剖视图是一种比较灵活的表达方法,其剖切位置和范围可根据需要而定,若运用得当,可使图形简明清晰,但在一个视图中局部剖视的数量不宜过多,以免使图形显得支离破碎。

2. 剖切面的种类[Cutting plane classifications]

画剖视图时,根据物体内部结构及形状的不同,可采用单一剖切面,也可采用几个平行的剖切平面、或几个相交的剖切面。

(1)单一剖切面剖切

a. 平行于基本投影面的单一剖切面

前面介绍的全剖视图、半剖视图和局部剖视图的例子都是采用平行于基本投影面、单一剖切面剖切得到的,可见这种剖切方法最为常用。

b. 不平行于基本投影面的单一剖切面

如图 5.22 所示的物体,因有倾斜部分的内部结构需要表达,如采用平行于投影面的剖切面剖切,就不能反映倾斜部分内部结构的实形,故常用图 5.22 中"A−A"所示的全剖视图,以表达弯管及顶部的凸缘、凸台和通孔的实形。

这种剖视图的标注方法如图 5.22 所示。虽然剖切平面是倾斜的,但字母必须水平书写。这种剖视图一般配置在箭头所指的方向,并与基本视图保持相应的投影关系,必要时允许平移,见图 5.22c,在不致引起误解时,也可将图形转正,这时要加注"⌒"符号,见图 5.22d。

这种剖视图主要用于表达物体倾斜部分的内部结构。如需要,也可画成半剖或局部剖。

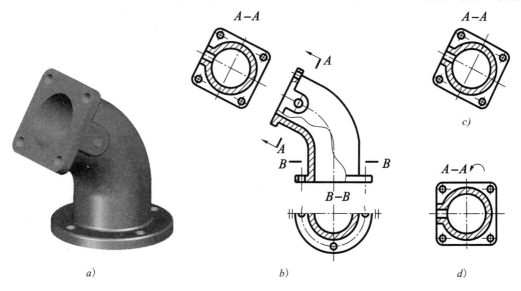

◉ 图 5.22　不平行于基本投影面的单一剖切面剖切的全剖视

(2)多个平行的剖切平面剖切

如图 5.23 所示,该物体几个孔的轴线不在同一平面内,若仅用一个剖切平面剖切,就不能将内部形状全部表达出来。为此,可采用两个相互平行的剖切平面沿孔、槽结构的轴线剖切,这样就在一个剖视图上把几个孔、槽的内形都表达清楚了。

该种剖视必须进行标注,其标注方法如图 5.23b 所示。如剖切符号的转折处位置有限时,可省略字母。

119

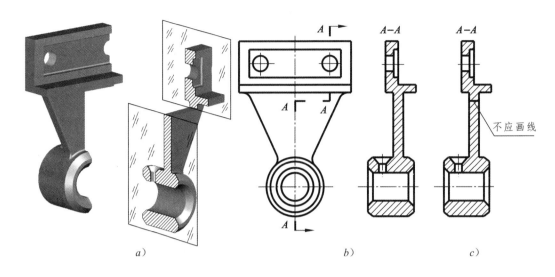

◉ 图 5.23 一组平行剖切平面剖切的全剖视

当物体的内形层次较多,且孔、槽等内部结构互相平行时,宜采用这种剖视。需要时,也可画成半剖或局部剖。画这种剖视图时应注意:

(a)因为剖切是假想的,所以在剖视图上不应画出剖切平面转折处的界线,如图 5.23c 所示。

(b)剖切平面的转折处不应与图中的轮廓线重合。

(c)在剖视图上,不应出现不完整的结构。相同的内部结构只需剖切一处即可。

(3)多个相交的剖切平面剖切

用几个相交的剖切平面剖切时,先假设按剖切位置剖开物体,然后将被倾斜剖切平面剖开的结构及有关部分旋转到与选定的投影面平行后,再进行投射,便得到图 5.24 中的“A—A”剖视图。

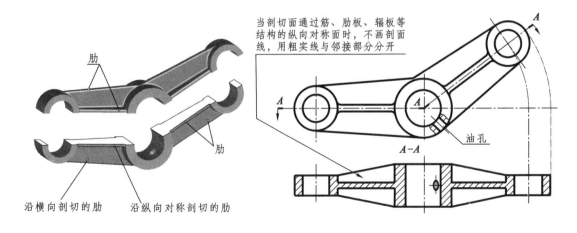

◉ 图 5.24 一组相交剖切平面剖切的全剖视

这种剖视图的标注如图 5.24 所示,箭头所指方向为投射方向,而不一定是倾斜部分旋转的方向。若转折处位置有限时,可省略字母。

120

当物体的内形用一个剖切平面剖切不能表达完全,且这个物体在整体上又具有回转轴时,可采用这种剖视。需要时,这种剖视也可画成半剖或局部剖。画这种剖视图时应注意:

　　a. 两剖切平面的交线要与物体的回转轴线重合。

　　b. 位于剖切平面后的其他结构仍按原来的位置进行投影,如图 5.24 中的油孔。

5.3　断 面 图
[Cuts]

5.3.1　基本概念[Concept]

假想用剖切平面将物体的某处切断,仅画出该剖切面与物体接触部分的图形,称为**断面图**,简称**断面**。剖切平面应与被剖部分的轴线或主要轮廓线垂直,以反映断面的实形。如图 5.25*b* 所示轴的表达方案,采用断面图配合主视图,表达轴上键槽的深度。将断面图与剖视图进行比较可知,对仅需要表达断面形状的结构,采用断面图比剖视图表达更为简洁、方便。

断面图常用于表达轴、杆类零件、变形截面零件局部的断面形状,以及零件上肋板、轮辐的断面形状。

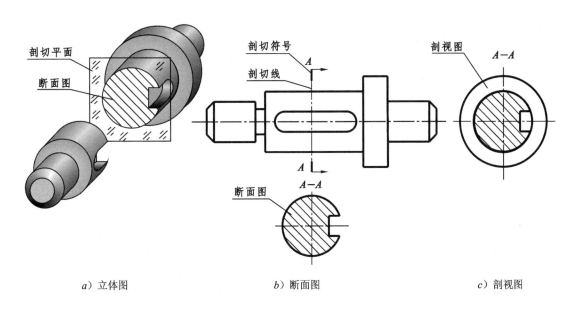

a）立体图　　　　　　　　*b*）断面图　　　　　　　*c*）剖视图

⦿ 图 5.25　断面图的形成及与剖视图的区别

5.3.2　**断面图的种类及画法**[Cuts classifications and drawing]

断面图分为移出断面图和重合断面图两种。

1. 移 出 断 面 图[Removed cuts]

如图 5.25、图 5.26 所示,画在视图之外的断面图,称为**移出断面图**。移出断面图应尽量画在剖切线的延长线上,其轮廓线用粗实线绘制。画移出断面图时应注意:

（1）当断面图图形对称时,可画在视图的中断处,如图 5.26*c* 所示。

（2）当剖切平面通过回转面形成的孔或凹坑的轴线时,这些结构应按剖视绘制,如图5.26d所示。

（3）当剖切平面通过非圆孔,会导致出现分离的两个断面时,这些结构应按剖视绘制,如图5.26e所示。

（4）由两个或多个相交的剖切平面剖切得到的移出断面图,中间一般应断开,如图5.26f所示。

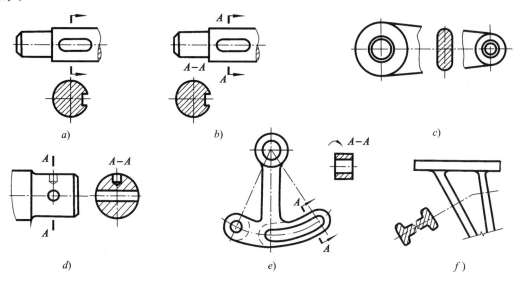

图5.26　移出断面图

2.重合断面图[Revolved cuts]

画在视图内的断面图称为**重合断面图**,如图5.27所示。

重合断面图的轮廓线用细实线绘制。当视图中的轮廓线与重合断面图的图形重叠时,视图中的轮廓线仍应连续画出,不可间断。

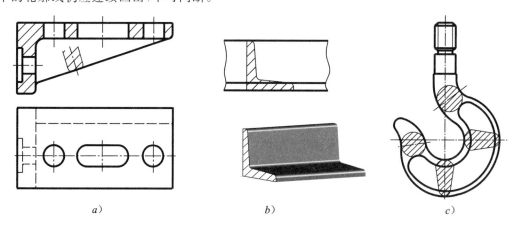

图5.27　重合断面图

3.断面图的标注[Indicated of cuts]

（1）移出断面图的标注

移出断面图一般要用剖切符号或剖切线表示剖切位置,用箭头指明投射方向,并注上大写

拉丁字母"×",在断面图上方标注相应的名称"×—×"。但根据断面图是否对称及其配置位置的不同,可作以下相应的省略:

a.当移出断面图配置在剖切线的延长线上时,若断面图对称,则可不标注,只需画出剖切线(细点画线)表明剖切位置即可;若断面图不对称,则不必标注字母,如图5.26a所示。

b.当移出断面图配置在其他位置时,若断面图对称,则可省略箭头;若断面图不对称,则剖切符号、箭头、字母都应标注,如图5.26b所示。

c.配置在视图中断处的移出断面图不必标注,如图5.26c所示。

d.移出断面图画在符合投影关系的位置上,无论断面图是否对称,都可省略箭头,如图5.26d所示。

(2)重合断面图的标注

由于重合断面图直接画在视图内的剖切位置处,故当断面图不对称时,可省略标注,如图5.27b所示;断面图对称时,则不必标注,如图5.27a、c所示。

以上介绍的移出断面图和重合断面图的画法基本相同,区别仅是轮廓线的线型不同,画在图上的位置不同。移出断面图的主要优点是不影响视图的清晰,因此应用较多;而重合断面图由于与视图重合,故能使图形布局紧凑,一般只在断面图形比较简单、不影响图形清晰时才采用。

5.4 局部放大图及常用简化画法
[Drawing of partial enlargement and the general simplified representation]

5.4.1 局部放大图[Drawing of partial enlargement]

将物体的部分结构,用大于原图形的比例画出的图形称为**局部放大图**,如图5.28所示。采用局部放大图可使物体的某些较小结构表达得更清楚,以方便看图和标注尺寸。画局部放大图时应注意:

(1)局部放大图可画成视图、剖视、断面,与被放大部分的表达方式无关。局部放大图应尽量配置在被放大部位的附近。

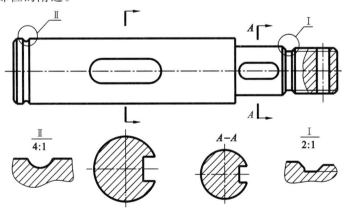

图5.28 局部放大图应用举例

(2)画局部放大图时,应用细实线圈出被放大部位。当同一物体上有几处被放大时,必须用罗马数字依次标明,并在局部放大图上方标出相同的罗马数字和放大比例,若放大部位仅有一处,则只需标明放大比例。

(3)同一物体上不同部位的局部放大图,当图形相同或与之对称时,只需画出一处。

5.4.2 常用简化画法[General simplified representation]

1. 肋、轮辐等结构的画法

(1)对于物体上的肋、轮辐等薄壁结构,若从纵向对称平面剖切,则这些结构在剖视图中不画剖面符号,并且要用粗实线与邻接部分分开,如图 5.29a、b 所示。

(2)当回转体上均匀分布的肋、轮辐、孔等结构不处于剖切平面位置时,可将这些结构旋转到剖切平面位置画出,如图 5.29a、b 所示。

2. 相同结构的简化画法

(1)当物体具有若干相同结构(齿、槽、孔等),并按一定规律分布时,只需画出一个或几个完整的结构即可,其余的可用细点画线表示出这些结构的中心位置(如孔)或用细实线将这些结构连接起来,但在图中需注明结构的总数,如图 5.29c、d 所示。

(2)物体上的滚花、槽沟网状结构等,应用粗实线完全或部分地表示出来,如图 5.29 e 所示。

(3)圆柱形法兰和类似物体上均匀分布的孔,可按图 5.29f 的形式绘制。

3. 物体上某些交线和投影的简化画法

(1)图形中的过渡线、相贯线、截交线等,在不致引起误解时,允许简化,例如用圆弧或直线代替非圆曲线,如图 5.29 g、h 所示。

(2)物体上的局部视图,如键槽、方孔,可按图 5.29 h 所示(第三角画法)的方法表示。

(3)与投影面的倾角小于或等于 30°的圆或圆弧,其投影可用圆或圆弧代替,如图 5.29i 所示。

(4)当图形不能充分表达平面时,可用平面符号(相交的两条细实线)表示,见图 5.29j。

(5)当物体用移出断面图表达时,在不会引起误解的情况下,允许省略剖面线,但剖切位置和断面图的标注必须遵照画断面图的相应规定,如图 5.29k 所示。

4. 较小结构的简化画法

(1)对物体上的小圆角,锐边的小倒角或 45°小倒角,在不致引起误解时允许不画,但必须注明尺寸或在技术要求中加以说明,如图 5.29l 所示。

(2)对物体上较小的结构,如果在一个图形中已表达清楚,则其他图形可简化或省略,如图 5.29m、n 所示。

5. 较长物体的简化画法

较长的物体(轴、杆、型材、连杆等)沿长度方向的形状一致或按一定规律变化时,可以断开后缩短绘制,但要标注实际尺寸,如图 5.29o 所示。

6. 结构的虚拟表示法

需表示剖切之前的结构时,可用双细点画线绘制假想轮廓线的投影,如图 5.29p 所示。

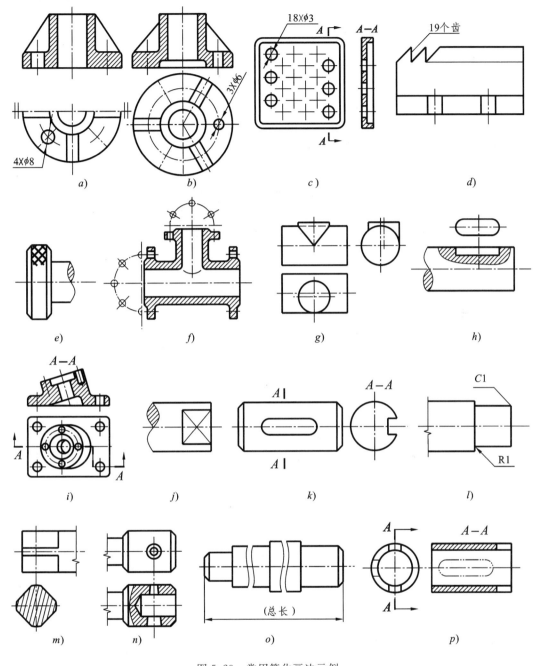

图 5.29　常用简化画法示例

5.5　表达方法的综合应用
[**Principles of presentation synthesized application**]

　　本章介绍了视图、剖视、断面等表达方法,对于每个具体的物体,应根据其结构特点适当选用,以达到用最简练的图形完整、清晰地表达物体形状及结构的目的。下面通过实例来介绍表

125

达方法的综合应用。

5.5.1　综合应用举例[Synthesized application examples]

[例 5.1]　根据图 5.30 所示阀体模型的立体图,选择适当的表达方案表达该阀体。

解:

(1)形体分析,选定主视图的投射方向

从立体图可知,该阀体由中间的圆柱形主体和顶部凸缘、底板及侧接管四部分组成,其主体结构是一个阶梯形的空腔圆柱体。按图示方向看,阀体前后对称,外形相对较简单,而内形较复杂,上、下及左端面均需表达。

阀体按方向 E 投射时,能较好地反映其结构特征和各组成部分及其相对位置,且与习惯安装位置相一致,所以选方向 E 为主视图的投射方向。

(2)确定表达方案,绘制图样

方案一:如图 5.31a 所示,主视图采用沿前后对称平面剖切的全剖视,着重表达主体内腔及与左侧接管的贯通情况。

主视图采用全剖后,尚有顶部凸缘、底板和接管凸缘的形状需要表达。由于阀体前后对称,因而在俯视图中采用半

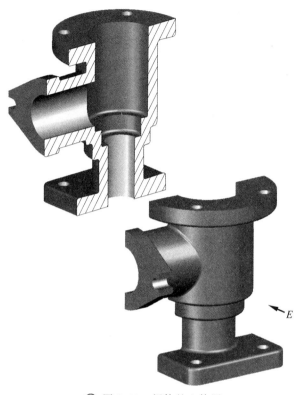

● 图 5.30　阀体的立体图

剖视,既保留了顶部凸缘,又清晰地表达出被该凸缘遮住的筒体和底板的形状。同理,以前后对称中心线为界、左视图也采用半剖视图,用以反映阀体外形、左端腰圆形凸缘和主体的内部结构。

顶部凸缘上的孔按简化画法将其旋转到剖切平面在主视图中表示。而底板上的安装孔尚未表示清楚,因此在左视图的外形部分增加一个局部剖视,这样就将阀体的内外结构全部表达清楚了。

方案二:如图 5.31b 所示,从表达方案一中不难发现,主视图和左视图的内形表达有重复之处,若将主视图改画成局部剖视,兼顾表达内外形,则左视图就可省略,只需用一个局部视图来表示左端腰圆凸缘的形状即可。显然,方案二比方案一表达更为简明。

方案三:如图 5.31c 所示,改变主视的投射方向,使主视图中同时反映到侧管凸缘,这样,仅用两个半剖的视图,就表达了该物体的内、外形状。该方案视图数最少,但在表达清晰程度上不及其他方案。

方案四:如图 5.31d 所示,在方案二的基础上,将俯视画成全剖,则需增加一个局部视图 D。该方案视图数最多,表达较为分散。

126

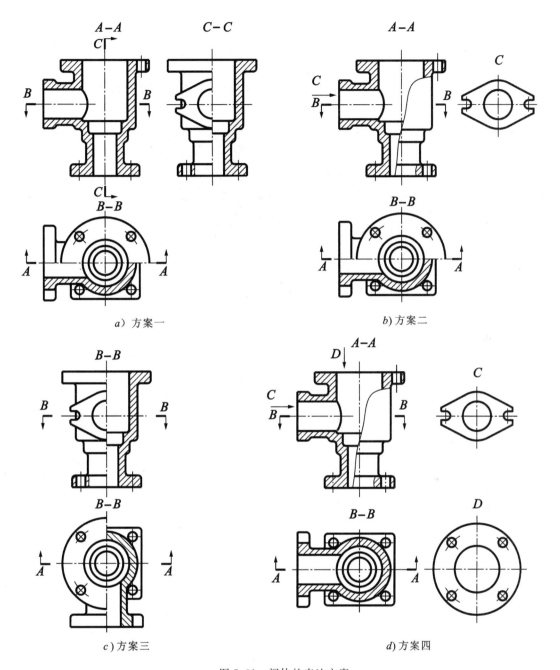

a) 方案一 b) 方案二

c) 方案三 d) 方案四

图 5.31 阀体的表达方案

5.5.2 物体表达法的讨论[Discussion upon principles of presentation]

物体的图形表达同语言、文字表达一样,都是人类进行交流的方式。要表达一个物体,首先必须完整、准确地理解这个物体,在理解的基础上运用表达方法将物体的全部信息完整、准确地表达出来。因此,表达物体时,应首先考虑读图方便,在完整、清晰地表达物体形状的前提下,力求使制图简便。这就要求在考虑物体的表达方案时,尽可能针对物体的特点,恰当地选用各种表达方法。下面对确定表达方案的几个问题进行讨论:

1. 视图(包括剖视、断面)选择的原则

主视图选择的原则:a. 表示物体的信息量最多;b. 尽量与物体的工作位置、加工位置或安装位置相一致。

其他视图选择的原则:a. 在明确表示物体的前提下,使视图的数量为最少;b. 尽量避免使用细虚线表达物体的轮廓及棱线;c. 避免不必要的细节重复。

2. 物体内、外形的表达问题

为了表达物体的内、外结构形状,当物体有对称面时,可采用半剖视;当物体无对称面、且内外结构一个简单、一个复杂时,在表达中就要突出重点,外形复杂以视图为主,内形复杂以剖视为主;对于无对称平面而内外形都比较复杂的物体,当投影不重叠时,可采用局部剖视,当投影重叠时,可分别表达。

3. 集中与分散表达的问题

所谓集中与分散,是指将物体的各部分形状集中于少数几个视图来表达,还是分散在若干单独的图形上表达。当分散表达的图形(如局部视图、斜视图、局部剖视图等)处于同一个方向时,可以将其适当地集中或结合起来,并优先选用基本视图。若在一个方向只有一部分结构未表达清楚,则采用分散图形可使表达更为简便。

4. 细虚线的使用问题

为了便于读图和标注尺寸,一般不用细虚线表达。当在一个视图上画少量的细虚线不会造成看图困难和影响视图清晰、而且可以省略另一个视图时,才用细虚线表达。

5. 视图(包括剖视、断面)标注的省略问题

标注的目的是使读图和投影关系的分析更为清楚。视图的标注是以基本视图及基本视图的配置为参照的,凡与此不相符者,则均需进行标注;凡与其相符者,则可省略。

需要说明的是,尺寸也是物体表达的一部分,它与图形一起共同实现对物体的形和量的描述。

6　机　械　图

Chapter 6　Mechanical Drawing

　　内容提要：本章主要介绍机械图的基本知识,包括零件图和装配图的内容、表达方法、尺寸标注以及极限与配合、几何公差、表面结构要求等的基本知识。此外,还将介绍机器中主要标准件和齿轮的结构、种类和规定画法。通过本章的学习和训练,使读者了解工程图知识在机械工程中的应用,并能阅读一般的机械工程图样,绘制简单的零件图和装配图。

　　Abstract：This chapter emphasis on essential knowledge of mechanical drawings, including drawing method, dimensioning, limits and fits, geometrical tolerance, surface texture, etc. of the detail and assembly drawings. In addition, here the author lists the structure, categories, and specified drawing methods of some major standard parts and gears. This chapter enables the readers to better understand the application of engineering graphics knowledge in mechanical engineering, and to be able to read general mechanical drawings and draft simple detail and assembly drawings.

　　机械工程［mechanical engineering］是应用十分广泛的一种工程门类,具有较强的代表性。在人类的生产活动和日常生活中,都将会遇到各种各样的机械产品,而任何机械产品的设计、制造、安装、调试、使用、维护,以及技术革新、发明创造等都离不开机械图方面的知识。因此,机械图的识读与绘制,不仅是机械工程师必须掌握的基本知识和基本技能,而且对于非机械类的工程技术人员来说,也是必须掌握的基本知识和基本技能之一。

6.1　机械产品的设计、制造与机械图
［Designing and manufacturing of mechanical products and mechanical drawings］

6.1.1　机械产品的设计、制造过程［Designing and manufacturing course of mechanical products］

　　一种机械产品,从规划、设计到投放市场,通常需要经过若干环节,由很多人进行创造性的劳动,并需要精心组织,协同工作,才能完成,其基本过程如表 6.1 所示。

　　从表 6.1 可以看出,机械产品的产生(从规划到销售)一般需经过产品规划、方案设计、结构技术设计、产品制造、销售五大环节,而机械图将直接参与从产品规划到产品制造的全过程。可见,机械图(包括零件图和装配图)是机械产品设计的最终成果的体现,也是机械产品制造、检验的主要技术依据。

6.1.2　机械与机械图概述［Mechanization and mechanical drawing overview ］

　　机械［mechanical］是机器和机构的总称。**机构**［mechanism］是机械的运动部分,它由构件

组成,具有一定的相对运动。**机器**[machine]是执行机械运动的装置,用以变换或传递能量、物料和信息等。

表 6.1 机械产品产生的一般流程

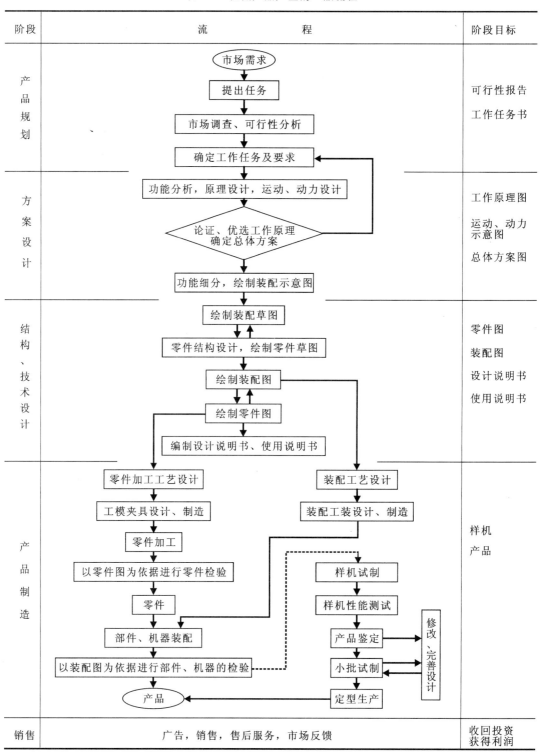

阶段	流程	阶段目标
产品规划	市场需求 → 提出任务 → 市场调查、可行性分析 → 确定工作任务及要求	可行性报告 工作任务书
方案设计	功能分析,原理设计,运动、动力设计 → 论证、优选工作原理 确定总体方案 → 功能细分,绘制装配示意图	工作原理图 运动、动力示意图 总体方案图
结构、技术设计	绘制装配草图 → 零件结构设计,绘制零件草图 → 绘制装配图 → 绘制零件图 → 编制设计说明书、使用说明书	零件图 装配图 设计说明书 使用说明书
产品制造	零件加工工艺设计 → 工模夹具设计、制造 → 零件加工 → 以零件图为依据进行零件检验 → 零件 → 部件、机器装配 → 以装配图为依据进行部件、机器的检验 → 产品；装配工艺设计 → 装配工装设计、制造 → 样机试制 → 样机性能测试 → 产品鉴定 → 小批试制 → 定型生产；修改、完善设计	样机 产品
销售	广告,销售,售后服务,市场反馈	收回投资 获得利润

130

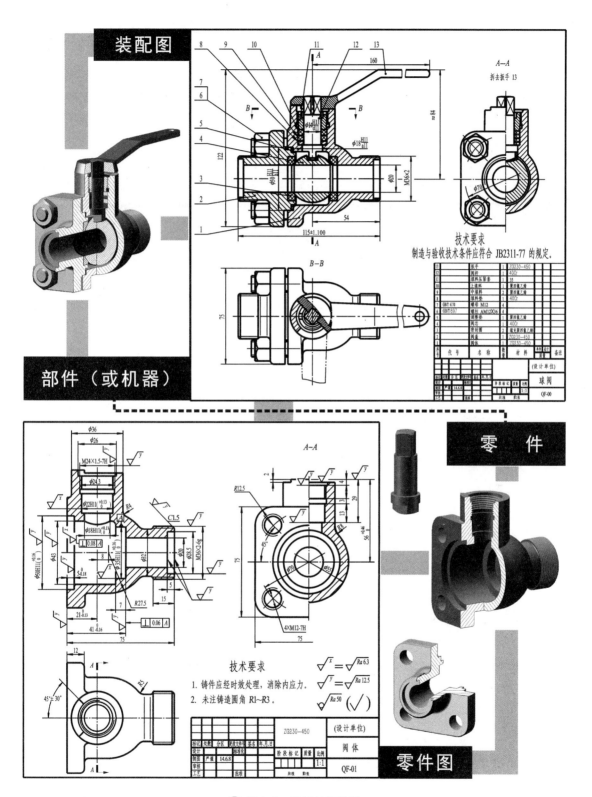

◉ 图 6.1 机械与机械图

通常机器可由若干个零、部件组成。**零件**[parts]是机器构成的基本单元,也是机器制造的基本单元。**部件**[components]是由一组协同工作的零件所组成的、独立装配的集合体,即机器的装配单元。

机械图[mechanical drawings]是机械产品在设计、制造、检验、安装、调试等过程中使用的、用以反映机械产品的形状、结构、尺寸、技术要求等内容的机械工程技术图样。根据其功能的不同,机械图可分为装配图和零件工作图(简称:零件图),装配图还可分为总装配图(简称:总装图)和部件装配图(简称:部装图)。

总装图[general assembly drawings]主要反映整台机器的工作原理,部件间的装配、安装关系,机器的外形,安装使用机器所需要的技术要求,以及机器的主要性能参数等,用以指导机器的总装、调试、检验、使用和维护。**部装图**[componential assembly drawings]则主要反映该部件的工作原理,各零件间的装配关系,部件的外形和安装关系,以及装配、检验、安装中所需要的尺寸和技术要求等内容,用以指导部件的装配、调试、检验和安装。**零件图**[detail drawings]则反映的是该零件的形状、结构、尺寸、材料以及制造、检验时所需要的技术要求等,用以指导该零件的加工、检验。

部件与零件、装配图与零件图之间的相互关系如图 6.1 所示。

6.2 零件图
[Detail drawings]

6.2.1 零件的分类[Classification of the parts]

根据零件在机器或部件中作用的不同,零件一般可分为标准件和专用件。

标准件[standard parts]是国家标准将其型式、结构、材料、尺寸、精度及画法等均予以标准化的零件,如螺栓、双头螺柱、螺钉、螺母、垫圈,以及键、销、滚动轴承等。标准件通常由专业生产厂家进行生产,在产品设计中一般是根据需要在标准件手册中选用,不需绘制专门的零件图。

专用件[special parts]就是专门为某台机器或部件的需要而设计的零件,如图 6.1 中的阀体、阀盖等,它们是零件设计的主要内容,也是零件表达需重点考虑的内容,每个不同的专用件都应画出对应的零件图。

对于另一类经常用到的零件,如齿轮、弹簧等,为了制造的方便,国家标准对其部分结构及尺寸参数进行了标准化,这类零件习惯上称之为**常用件**[commonly used parts]。常用件通常需要采用规定画法绘制其零件图。

由于标准件、常用件在表达方法上有其特殊性,因此,该部分的内容将在 6.3 中单独讨论。

6.2.2 零件图的作用及内容[Function and range of detail drawing]

零件是为了满足机器或部件的某些功能而设计的,因此,零件的结构应服从于其功能。零件图正是表达和传递零件设计思想的载体,使得设计者的设计思想得以准确、全面地展现出来。所以,零件图是零件制造、检验的主要依据。

从图 6.1 所示的阀体零件图可见,一张完整的零件图,一般应包括以下四个方面的内容:

(1)图形[views]　完整、正确、清晰地表达出零件各部分的结构、形状的一组图形(视图、剖视图、断面图等)。

(2)尺寸[dimensions]　确定零件各部分结构、形状大小及相对位置的完整尺寸。

(3)技术要求[technical requirements]　用规定符号、文字标注或说明零件在制造、检验等过程中应达到的要求,包括对零件几何形状及尺寸的精度要求、表面质量要求、材料性能要求等,如尺寸公差、几何公差、表面结构要求、热处理、表面处理以及其他制造、检验、试验等方面的要求。

(4)标题栏[title block]　在标题栏中一般应填写零件的名称、材料、比例、数量、图号等,并由设计、制图、审核等人员签上姓名和日期。

6.2.3　零件表达方案的选择和尺寸标注[Description views alternatives and dimensioning]

6.2.3.1　零件表达方案选择的一般原则[General principle of choosing views]

在第 5 章中已学习了一般工程形体的表达方法及表达方案的选择,而机械零件表达方案的选择,在遵循前面所学表达方法的基础上,还需更进一步强调其功能性(使识图及装配方便)和工艺性(使加工制造、检测方便)。因此,零件表达方案选择的一般原则是:

(1)尽可能分析清楚零件的结构与功能的关系以及零件的加工制作方法,从而了解零件的加工位置及工作位置。一般应以零件的加工位置或工作位置作为表达方案中主视图的方位,在此基础上选择最能表达零件结构特征的方向作为主视图的投射方向,并根据零件的结构特征确定主视图的表达方案。

(2)根据主视图对零件表达的程度,按正确、完整、清晰、简洁的原则,选择其他视图(也可为剖视、断面等)。一般情况下可优先选用左视图和俯视图,再根据需要选用别的视图。视图的配置首先应考虑读图方便,还应考虑画图方便及图幅的合理利用。

6.2.3.2　零件图的尺寸标注[Dimensioning of mechanic parts]

零件需要根据零件图中所标注的尺寸进行加工和检验。因此,标注零件图上的尺寸除了应注意正确、完整、清晰(参见"3.5 组合体的尺寸标注")之外,还应从生产实际出发,力求做到合理。所谓合理,就是要使标注的尺寸能满足设计和加工工艺的要求,既能使零件在机器中起到应有的作用,又便于制造、测量和检验。为了达到合理标注尺寸的目的,需要掌握一定的机械设计和加工工艺方面的知识,下面仅就尺寸基准的选择及尺寸标注的一般原则作初步介绍。

1. 尺寸基准的选择[Choice of datum dimensioning]

尺寸基准是确定尺寸位置的点、线、面等几何元素,设计时由基准确定零件各部分的大小及其相对位置(设计基准),制造、检验时,也是由基准确定零件的加工表面的位置(工艺基准),为了使加工工艺更好地满足设计要求,设计基准与工艺基准应当重合,当不能重合时,所注尺寸应在保证设计要求的前提下,满足工艺要求。

零件在长、宽、高三个方向应各有一个**主要尺寸基准**[majored datum dimensioning],简称**主要基准**。有时为了加工、检验的需要,还可增加一个或几个尺寸基准,称**辅助尺寸基准**[auxiliary datum dimensioning],简称**辅助基准**。辅助基准与主要基准之间应有尺寸直接联系。常用的尺寸基准有**基准面**[datum plane](如安装表面、重要的端面、装配结合面、零件的对称面等)、**基准线**[datum line](如回转体的轴线等)和**基准点**[datum point](圆心,球心等)。

2. 尺寸标注的一般原则[General principle of dimensioning]

在标注零件的尺寸之前,一般应先对零件各组成部分的形状、结构、作用以及与其相连接的零件之间的关系有所了解,分清哪些是影响零件质量的尺寸,哪些是对零件质量影响不大的尺寸。为了讨论的方便,称直接影响零件质量的尺寸(如零件的装配尺寸、安装尺寸、特性尺寸等)为**主要尺寸**;称对零件质量影响不大的尺寸(如不需进行切削加工的表面的尺寸、无相对位置要求的尺寸等)为**次要尺寸**。然后选定尺寸基准,并按形体分析的方法,确定必需的定形和定位尺寸。尺寸标注的一般原则如下:

(1)主要尺寸应直接标注,以保证设计的精度要求。

(2)次要尺寸一般按形体分析的方法进行标注。

(3)尺寸标注应符合工艺要求,即应尽可能符合零件的加工顺序和检测方法的要求。

(4)不允许注成封闭尺寸链。零件上同一方向的尺寸,可列成尺寸链。封闭尺寸链是首尾相接、形成一整圈的一组尺寸。这种标注存在一个多余的尺寸,不利于保证主要尺寸的精度。因此,一般应将最不重要的一个尺寸作为开口(不标注),或将其作为参考尺寸加上括号标注出来。

6.2.3.3 **表达方案的选择及尺寸标注应用举例**[Demonstration of description views alternative and dimensioning]

根据零件的形状和结构特征,零件大致可分为轴套、盘盖、叉架和箱体等类型。

1. **轴套类零件**[Shaft—sleeve parts](如轴、轴套等)

该类零件的基本形状是同轴回转体,主要在卧式车床上进行加工,图 6.2 所示的阀杆即是一例。

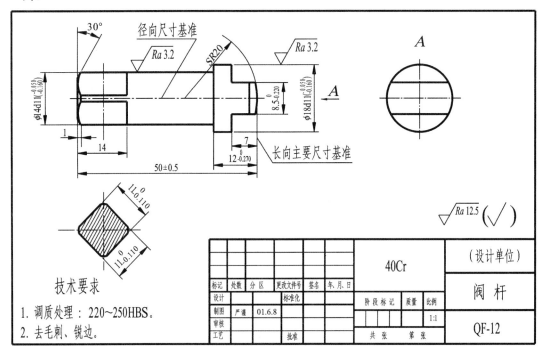

图 6.2 阀杆的零件图

为加工时看图方便,这类零件的轴线一般应水平放置,并且通常只用一个基本视图加上所

134

需要的尺寸,就能表达其主要形状。对于轴上的键槽、销孔、螺纹退刀槽、砂轮越程槽等局部结构,可采用断面图、局部放大图等方法来表达。

　　对于该类零件,常以回转轴线作为径向主要基准(即宽度与高度方向的基准),而在轴向(即长度方向),常选用重要的端面、接触面(轴肩)等作为主要基准。如图 6.2 所示,因其右端的 $SR20$ 球面是阀杆与阀芯的接触面,故选为长度方向的主要基准。其长向主要尺寸 7、$12_{-0.270}^{0}$、50 ± 0.5 均直接从主要基准标注。当标注了 50 ± 0.5、$12_{-0.270}^{0}$、14 之后,就不能再标注中间一段的尺寸(24),否则就会出现封闭尺寸链。高向尺寸 $8.5_{-0.220}^{0}$ 是以轴线所在的水平面为对称面进行标注的,上下对称;径向主要尺寸 $\phi14d11$、$\phi18d11$ 从径向基准标注。

　　2. 盘盖类零件[Disc－shaped parts](如端盖、法兰、齿轮等)

　　该类零件的基本形状是扁平的盘形,主要也是在车床上进行加工,图 6.3 所示的阀盖即是一例。图中的主视图显示了零件的主要结构(外螺纹、各台阶及内孔),层次分明,而且也符合主要的加工位置。

　　由于盘盖类零件的结构比轴类复杂,只用一个主视图往往不能完整地表达,因此需要增加其他的基本视图,在图 6.3 中就增加了一个左视图,用以表达带圆角的方形凸缘以及凸缘上四个通孔的形状及位置。

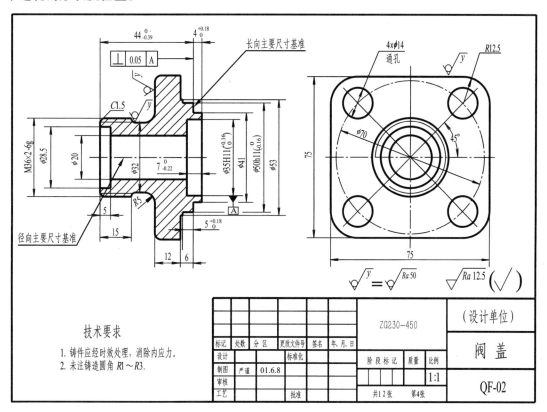

图 6.3　阀盖的零件图

　　对于这类零件,通常也选用通过轴孔的轴线作为径向尺寸基准,而长度方向的尺寸基准,则常选重要的端面。如图 6.3 所示,其长向主要基准正是零件安装时的结合端面。图中的 $44_{-0.39}^{0}$、$4_{0}^{+0.18}$ 为长向定位尺寸,应从长向主要基准面直接标注;$\phi35H11$、$\phi50h11$ 为配合尺寸;

M36×2-6g 为安装尺寸;φ20 为性能尺寸,表明阀的通道的大小;φ70 为安装孔的定位尺寸等,均为主要尺寸。左端孔深 5 及右端孔深 $7_{-0.22}^{0}$ 分别从两端面开始标注,以满足零件的加工顺序及检测方便。此外,由于图中在长向已标注 $44_{-0.39}^{0}$、$4_{0}^{+0.18}$,就不能再标注总长了。

3. 叉架类零件[Fork-shaped parts](如拨叉、连杆、支座等)

这类零件的形状比较复杂,通常要先用铸造或锻压的方法制成毛坯,然后进行切削加工。由于加工位置不固定,故选择主视图时,主要考虑零件的形状特征和工作位置,如图 6.4 所示。此外,叉架类零件常常需要两个或两个以上的基本视图,并且常需要用局部视图、剖视、断面等表达方式,才能完整、清晰地将零件表达清楚。

图 6.4 中的主视图反映整体结构、倾斜部分的外形和轴孔键槽的深度,并用局部剖视反映下部凸台的内部结构,右视图表达叉部的宽度并采用局部剖视反映安装轴孔的结构,因凸台上孔的位置尚未确定,故采用 K 斜视图表达,十字肋板的断面形状,采用断面图 B-B 表达。

对于该类零件,通常选用安装表面或零件的对称面作为主要基准。如图 6.4 所示,宽向以叉部的对称面为主要基准,长向以轴孔键槽的对称面为主要基准,高向以轴孔轴线所在的水平面为主要基准。

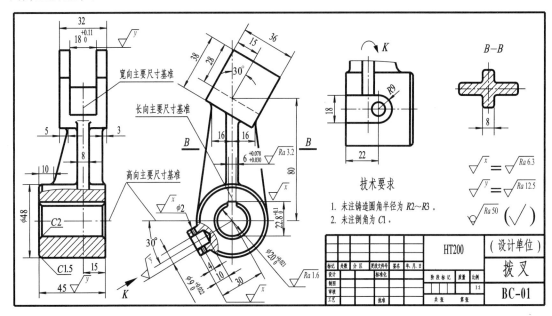

图 6.4　拨叉的零件图

4. 箱体类零件[Case-shaped parts](如减速器箱体、阀体、泵体等)

箱体类零件的形状、结构最为复杂,而且加工位置的变化也较多,图 6.1 中的阀体就是一种箱体类零件。在选择箱体类零件的主视图时,主要考虑其形状特征和工作位置,一般需要采用三个或三个以上的基本视图。选用其他视图时,应根据具体结构适当采取剖视、断面、局部视图和斜视图等表达方式,以清晰地表达零件的内、外结构及形状。

如图 6.1 中的阀体,采用了与工作位置(在部件中的安装位置)一致的方向作为主视图的投射方向,并用全剖表达阀体的内部结构,用俯视图反映其外形及上凸台的形状,因形体前后对称,故左视图采用半剖表达左凸缘及孔的外形,并使内部结构的表达进一步加强,且使内部

136

结构的尺寸标注更为方便、清晰。

对于该类零件,通常选用设计上有要求的轴线、重要的安装面、接触面(或加工面)、箱体结构的对称面等作为主要基准。由于图 6.1 中铅垂、水平轴孔的交点正是阀芯的工作中心点,因此,选用铅垂轴孔的轴线所在的侧平面作为长向主要基准,水平轴孔的轴线所在的水平面为高向主要基准,前后对称面(正是两轴线形成的平面)作为宽向主要基准。

5. 其他零件[Other—shaped parts]

如薄板冲压零件、镶嵌零件、注塑零件等。薄板冲压零件在电讯、仪表、家电等设备中应用较多,通常用板材先剪裁、冲孔,再冲压成型,在零件的折弯处一般都有小圆角。这类零件的板面上一般有许多孔,由于都是通孔,故只在反映其真形的视图上画出,而在其他视图上的虚线则可省略。图 6.5 所示的电容器架即是薄板冲压零件。

对于该类零件,通常选择安装面、对称面及重要孔的中心线作为主要尺寸基准,并应注意孔的定位尺寸的标注,如图 6.5 所示。

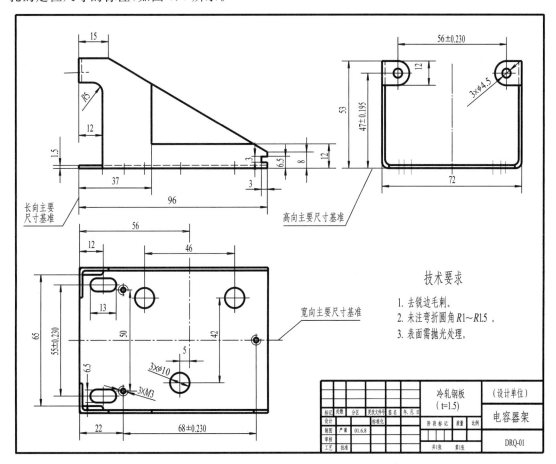

● 图 6.5 电容器架的零件图

6.2.4 零件图的技术要求[Technical requirements of the detail drawings]

在零件图上除了用一组视图表示零件的形状和结构、标注尺寸表示零件的大小之外,还必须注写零件在制造、装配、检验时所应达到的技术要求,如极限与配合,几何公差、表面结构要求、材料及热处理等。技术要求应采用规定的代(符)号标注在视图中,当用代(符)号标注有困难时,可在"技术要求"的标题下,用简要的文字进行说明。此外,有些尺寸相同且数量较多的工艺结构(如圆角、倒角等),也可在技术要求中予以说明。

6.2.4.1 极限与配合[Limits and fits](GB/T 1800.1 — 2020,GB/T 1800.2 — 2020,GB/T 1801 — 2020)

1. 零件的互换性与极限制[Interchangeability and limit system of the parts]

在按零件图的要求加工出来的一批零件中,任取一件,不经任何修配,就能装到机器或部件上去,并能达到规定的技术要求,这种性质称为零件的**互换性**。显然,零件的互换性是机械产品批量化生产的需要,为了满足零件的互换性,就必须制定相应的制度,国家标准将经标准化的公差与偏差制度称为**极限制**[limit system]。

2. 尺寸公差[Size tolerance]

在制造零件时,并不需要也不可能将零件的尺寸做得绝对准确,而是允许零件的实际尺寸在一个合理的范围内变动,这个允许的尺寸变动量就是**尺寸公差**(简称**公差**)。其基本概念以图 6.6 所示的孔 φ30F8 为例,简要介绍如下。

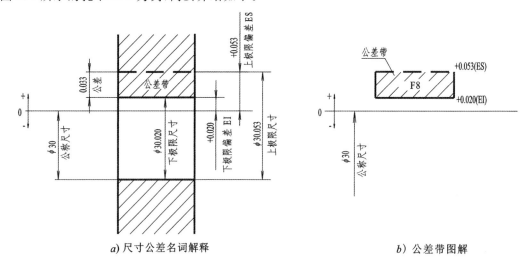

a) 尺寸公差名词解释   b) 公差带图解

图 6.6　尺寸公差及公差带示意图

(1)**公称尺寸**[nominal size] 根据零件的功能、结构及工艺要求,由图样规范定义的理想形状要素的尺寸(通过它应用上、下极限偏差可算出极限尺寸的尺寸),如图 6.6a 中的 φ30。

(2)**实际尺寸**[actual size] 通过实际测量获得的尺寸。

(3)**极限尺寸**[limits of size] 尺寸要素的尺寸所允许的极限值。可分为**上极限尺寸**[upper limit of size]和**下极限尺寸**[lower limit of size]两种,在图 6.6a 中分别为 φ30.053 和 φ30.020。

(4)**偏差**[deviation] 某值与其参考值之差(对于尺寸偏差,参考值是公称尺寸,某值是实际尺寸)。包括上极限偏差和下极限偏差。**上极限偏差**[upper limit deviation](ES,es):上极限尺寸减其公称尺寸所得的代数差,在图 6.6a 中,上极限偏差 = 30.053−30 = +0.053。**下极限偏差**[lower limit deviation](EI,ei):下极限尺寸减其公称尺寸所得的代数差。在图 6.6a 中,下极限偏差 = 30.020−30 = +0.020。

(5)**尺寸公差**[size tolerance] 允许尺寸的变动量。

公差 ＝ 上极限尺寸 － 下极限尺寸 ＝ 上极限偏差 － 下极限偏差

公差是没有正负号的绝对值,在图 6.6a 中为 0.033。

(6)**公差带**[tolerance interval] 在公差带图解中,由代表上、下极限偏差的两条直线所限定的区域(见图 6.6b)。公差带与公差的区别在于,公差带既表示了公差大小,又表示了公差相对于公称尺寸的位置。标准规定,公差带的大小和位置分别由标准公差和基本偏差来确定。

3. 标准公差与基本偏差[Standard tolerance and fundamental deviation]

(1)标准公差(IT)

国家标准所列的、用以确定公差带大小的公差称为**标准公差**,共分为 20 个等级,即 IT01,IT0、IT1、……IT18。IT 表示标准公差,数字表示公差等级(确定尺寸精度的等级)。IT01 级的精度最高(公差最小),以下依次降低。标准公差的数值取决于公差等级和公称尺寸,可由查表确定(参见附表 1)。如孔 φ30F8,其公差等级为 IT8,查表可得公差值为 33 微米,即 0.033 毫米。

(2)基本偏差

基本偏差是国家标准所列的、用以确定公差带相对公称尺寸位置的上极限偏差或下极限偏差,一般指靠近公称尺寸的那个偏差,也就是说,当公差带位于公称尺寸上方时,基本偏差为

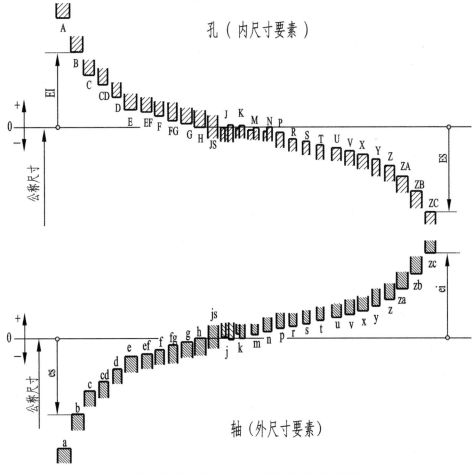

图 6.7 公差带(基本偏差)相对于公称尺寸位置示意图

139

下极限偏差,反之则为上极限偏差。

国家标准规定的基本偏差系列,其代号用拉丁字母表示,大写字母表示孔,小写字母表示轴,各有 28 个,如图 6.7 所示。图中的 ES、EI 表示孔的上、下极限偏差,而 es、ei 则表示轴的上、下极限偏差。

由图 6.7 可以看出,孔的基本偏差 A～H 为下极限偏差,J～ZC 为上极限偏差;轴的基本偏差则相反,a～h 为上极限偏差,j～zc 为下极限偏差;而 JS 和 js 的公差带则对称分布于公称尺寸线的两边,孔和轴的上、下极限偏差分别为＋IT/2 和－IT/2。孔 A～H 与轴 a～h 相应的基本偏差对称于公称尺寸线,即 EI＝－es。

(3)孔、轴公差带的确定

在基本偏差相对于公称尺寸的示意图(图 6.7)中,只表示了公差带的位置,没有表示公差带的大小。公差带中靠近公称尺寸线的一端表示的是基本偏差,另一端是开口的,其偏差值取决于所选标准公差等级的大小,可根据孔、轴的基本偏差和标准公差算出。

对于孔:上极限偏差 ES ＝ EI ＋ IT 或下极限偏差 EI ＝ ES－ IT

对于轴:上极限偏差 es ＝ ei ＋ IT 或下极限偏差 ei ＝ es － IT

(4)孔、轴的公差带代号

由基本偏差代号和公差等级组成。例如:

4. 配合与配合制[Fit and fit system]

(1)配合及其种类

公称尺寸相同的、相互结合的孔与轴公差带之间的关系称为**配合**[fit]。孔与轴配合时,由于二者的实际尺寸不同,可能产生"间隙",也可能产生"过盈"。孔的直径尺寸减去相配合的轴的直径尺寸所得的代数差,为正数时(即孔的直径＞轴的直径)产生间隙,为负数时(即孔的直径＜轴的直径)则产生过盈。

根据两配合零件在机器中所起作用的不同,孔与轴之间的配合有松有紧,国家标准将配合分为以下三类:

a. **间隙配合**[clearance fit] 具有间隙(包括最小间隙等于零)的配合,如图 6.8a 所示,孔的公差带在轴的公差带之上。

b. **过盈配合**[interference fit] 具有过盈(包括最小过盈等于零)的配合,如图 6.8b 所示,孔的公差带在轴的公差带之下。

c. **过渡配合**[transition fit] 可能具有间隙或过盈的配合,如图 6.8c 所示,孔的公差带与轴的公差带相互重叠。

(2)配合制

配合制[fit system]是同一极限制的孔和轴组成的一种配合制度。采用配合制是为了统一基准件的极限偏差,从而减少定值刀具、量具的规格数量,获得最大的技术经济效益。为此,

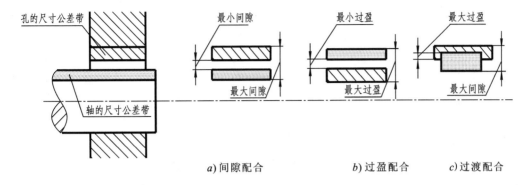

| a) 间隙配合 | b) 过盈配合 | c) 过渡配合 |

图 6.8　配合及其种类示意图

国家标准规定了基孔制配合和基轴制配合两种制度,并明确规定,在一般情况下应优先采用基孔制配合。

　　a. **基孔制配合**[hole-basic fit system] 基本偏差为一定的孔的公差带,与不同基本偏差的轴的公差带形成各种配合的一种制度,参见图 6.9。基孔制的孔为基准孔,基本偏差代号为 H,其下极限偏差为零。

　　b. **基轴制配合**[shaft-basic fit system] 基本偏差为一定的轴的公差带,与不同基本偏差的孔的公差带形成各种配合的一种制度,参见图 6.10。基轴制的轴为基准轴,基本偏差代号为 h,其上极限偏差为零。

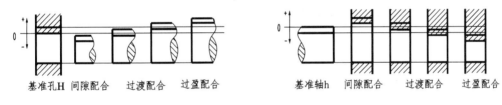

| 图 6.9　基孔制配合示意图 | 图 6.10　基轴制配合示意图 |

　　(3)优先、常用配合

　　国家标准根据机械产品生产、使用的需要,考虑到各类产品的不同特点,规定了优先、常用配合,在设计时应尽量选用。基孔制和基轴制的优先、常用配合可查阅 GB/T 1801—2020。

　　5. 极限与配合的标注及查表[Marking and manual referencing of limits and fit]

　　(1)在装配图上的标注

　　通常采用组合式注法,将相互配合的孔与轴的公差带代号,用分式的形式(孔为分子,轴为分母)注在公称尺寸的后面,如图 6.11a 所示。

　　(2)在零件图上的标注

　　在零件图上标注公差的方法有三种:只标注公差带代号;只标注极限偏差的数值;同时标注公差带代号和极限偏差数值,分别如图 6.11b、c、d 所示。

　　(3)查表方法

　　根据公称尺寸和公差带代号,可通过查表获得孔、轴的极限偏差数值。查表的步骤一般是:先查出孔、轴的标准公差,再查出其基本偏差,最后由配合件的标准公差与基本偏差的关系,算出另一个偏差(参见本节 3(3))。对于优先及常用配合的极限偏差,可直接由查表获得。例如对于 $\phi18p6$,参见附表 2,可在公称尺寸所在的行($>14\sim18$)与公差带所在的列(p6)的相交处,查到其上、下极限偏差为:$^{+29}_{+18}\mu m$,故 $\phi18p6$ 可写成 $\phi18^{+0.029}_{+0.018}$。

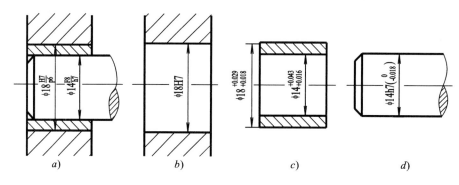

图 6.11 公差与配合的标注方法

6. 一般公差[General tolerances](GB/T 1804 — 2000)

一般公差指在车间通常加工条件下可保证的公差。常用于无特殊要求的要素。采用一般公差的尺寸,在该尺寸后不需注出其极限偏差数值。一般公差分精密(f)、中等(m)、粗糙(c)、最粗(v)四个公差等级,需要时可根据车间一般设备的加工精度选取,在相应的图样标题栏附近或技术要求、技术文件中注出本标准号及公差等级代号。如选取中等级时,标注为:GB/T 1804 — m。一般公差线性尺寸的极限偏差数值见表 6.2。

表 6.2 一般公差线性尺寸的极限偏差数值　　　　　　　　　　　　　mm

公差等级	尺　寸　分　段							
	$0.5\sim3$	$>3\sim6$	$>6\sim30$	$>30\sim120$	$>120\sim400$	>400 ~1000	>1000 ~2000	>2000 ~4000
f(精密级)	±0.05	±0.05	±0.1	±0.15	±0.2	±0.3	±0.5	—
m(中等级)	±0.1	±0.1	±0.2	±0.3	±0.5	±0.8	±1.2	±2
c(粗糙级)	±0.2	±0.3	±0.5	±0.8	±1.2	±2	±3	±4
v(最粗级)	—	±0.5	±1	±1.5	±2.5	±4	±6	±8

6.2.4.2 几何公差简介[Processing geometrical tolerance](GB/T 1182—2018)

零件的几何公差包括形状、方向、位置和跳动公差,是零件要素的实际几何特征对理想几何特征的允许变动量。在一般情况下,零件的几何公差是由其尺寸公差和加工机床的精度来保证的,只有对零件要素要求较高时才标注出几何公差。

1. 几何公差的代号[Code of shape and position tolerance]

几何公差的代号及基准符号如图 6.12 所示。若无法用代号标注,允许在技术要求中用文字说明。

几何公差的代号应包括:指引线、几何公差框格、几何公差符号(参见表 6.3)、几何公差数值及其他有关符号等。

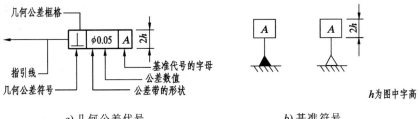

a) 几何公差代号　　　　　　　　　　　b) 基准符号

图 6.12　几何公差的代号及基准符号

表 6.3　几何公差的几何特征、符号

公差类型	几何特征	符号	公差类型	几何特征	符号
形状公差	直线度	—	方向公差	线轮廓度	⌒
	平面度	▱		面轮廓度	◠
	圆度	○	位置公差	位置度	⊕
	圆柱度	⌭		同轴(同心)度	◎
	线轮廓度	⌒		对称度	＝
	面轮廓度	◠		线轮廓度	⌒
方向公差	平行度	∥		面轮廓度	◠
	垂直度	⊥	跳动公差	圆跳动	↗
	倾斜度	∠		全跳动	⌰

2. 几何公差标注示例[Demonstration of shape and position tolerance]

图 6.13 为气门阀杆零件的视图,图中标注了一个形状公差、一个位置公差和一个跳动公差。在标注时应注意:当被测要素或基准要素是轴线时,应将引出线的箭头或基准符号与该要素的尺寸线对齐。

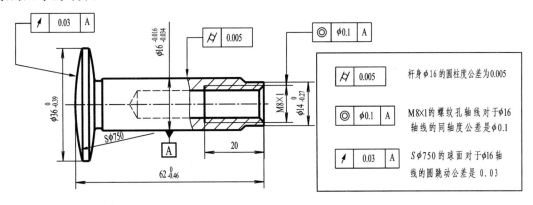

◉ 图 6.13　气门阀杆的几何公差标注示例

6.2.4.3　表面结构要求的表示法[Indication of Surface texture](GB/T 131—2006)

1. 表面结构的概念[Concept of surface texture]

零件表面因加工而形成的表面几何特性,即为零件的表面结构。零件表面结构是表面粗糙度、表面波纹度、表面缺陷、表面纹理和表面几何形状的总称。对零件表面结构有要求时,需

143

依据国家标准的有关标准进行表示和评定。国家标准规定了三组表面结构的评定参数:轮廓参数(GB/T 3505—2009)、图形参数(GB/T 18618—2000)和支承率曲线参数(GB/T 18778. 2—2003,GB/T 18778.3—2006)。

轮廓参数由粗糙度参数(R 轮廓[Roughness profile])、波纹度参数(W 轮廓[Waviness profile])和原始轮廓参数(P 轮廓[Primary profile])构成。

(1)表面粗糙度:零件表面上所具有的较小间距的峰谷所组成的微观几何特征,称为表面粗糙度。表面粗糙度主要由加工方法、刀刃形状和走刀量等因素产生,是评定零件表面质量的一项重要技术指标,它的大小会直接影响零件的配合性质、耐磨性、抗腐蚀性、密封性和外观等,从而影响零件的使用性能和寿命。

(2)表面波纹度:在加工时主要由于机床、工件和刀具系统的振动等因素产生,在零件表面形成的间距比粗糙度大得多的表面不平度。表面波纹度是影响零件使用寿命及引起振动的重要因素。

(3)原始轮廓:指忽略了粗糙度、波纹度轮廓之后的总的轮廓。主要由机床、夹具本身的形状误差所致。

其中表面粗糙度是零件表面质量评定中最常用的指标。

2.标注表面结构的图形符号[Symbols of surface roughness]

国家标准 GB/T 131 — 2006 规定了表面结构要求的代号、符号及其注法。表面结构图形符号的画法如图 6.14 所示,其完整图形符号的组成如图 6.15 所示。

a) 基本符号   *b)* 扩展符号   *c)* 完整符号

图 6.14　表面结构要求符号的画法

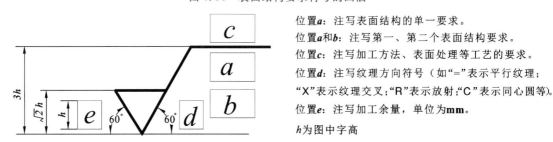

位置*a*:注写表面结构的单一要求。
位置*a*和*b*:注写第一、第二个表面结构要求。
位置*c*:注写加工方法、表面处理等工艺的要求。
位置*d*:注写纹理方向符号（如"="表示平行纹理;"X"表示纹理交叉;"R"表示放射;"C"表示同心圆等）。
位置*e*:注写加工余量,单位为mm。
*h*为图中字高

图 6.15　表面结构要求完整图形符号的组成

3.表面结构的主要评定参数[Major assessment parameters of surface texture]

这里主要介绍评定粗糙度轮廓的 Ra、Rz 参数。

(1)轮廓算术平均偏差 Ra

如图 6.16 所示,Ra 是在零件表面的取样长度 lr 内,纵坐标值 $Z(x)$ 的绝对值的算术平均值,用公式表示为:

$$Ra = \frac{1}{lr}\int_0^{lr} | Z(x) | \, \mathrm{d}x$$

(2)轮廓最大高度 Rz

144

轮廓最大高度 Rz 是在取样长度内轮廓峰顶线和谷底线之间的距离,如图 6.16 所示。

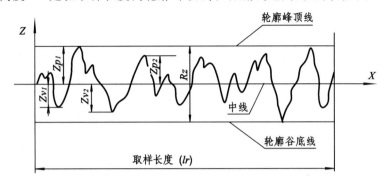

图 6.16　零件表面的轮廓曲线和表面结构要求参数

在以上两个评定参数中,Ra 最为常用。现将 Ra 的数值、与之对应的加工方法和应用举例列于表 6.4 中,可供选用时参考。

表 6.4　Ra 的数值、与之对应的加工方法和应用举例

$Ra(\mu m)$	表面特征	主要加工方法	应用举例
50	明显可见刀痕	铸造、锻压、粗车、粗铣、粗刨、钻、粗纹锉刀和粗砂轮加工。	为表面粗糙度最低的加工面,一般用于非工作、非接触表面
25	可见刀痕		
12.5	微见刀痕	粗车、刨、立铣、平铣、钻。	不接触表面、不重要的接触面,如螺钉孔、倒角、机座底面等
6.3	可见加工痕迹	精车、精铣、精刨、铰、镗、粗磨等。	没有相对运动的零件接触面,如箱、盖、套筒等要求紧贴的表面、键和键槽的工作表面;相对运动速度不高的接触面,如支架孔、衬套、带轮轴孔的工作表面等
3.2	微见加工痕迹		
1.6	看不见加工痕迹		
0.80	可辨加工痕迹方向	精车、精铰、精拉、精镗、精磨等。	要求很好配合的接触面,如与滚动轴承配合的表面、锥销孔等;相对运动速度较高的接触面,如滑动轴承的配合表面、齿轮轮齿的工作表面等
0.40	微辨加工痕迹方向		
0.20	不可辨加工痕迹方向		
0.10	暗光泽面	研磨、抛光、超级精细研磨等。	精密量具的表面、极重要零件的摩擦面,如汽缸的内表面、精密机床的主轴颈、坐标镗床的主轴颈等
0.05	亮光泽面		
0.025	镜状光泽面		
0.012	雾状镜面		
0.006	镜面		

表面结构要求的代号及意义举例如表 6.5 所示。

4. 表面结构要求的标注示例[Marking of surface roughness]

表面结构要求的符号、代号应注在可见轮廓线、尺寸界线、尺寸线或其延长线上,符号的尖端必须从材料的外部指向零件的表面,其标注示例如图 6.17 所示。图 6.1~图 6.4 中都标注了表面结构要求,可以作为表面结构要求标注的示例。

表 6.5　表面结构要求的代号举例

代号(旧)	代号(新)	含义/解释	代号(旧)	代号(新)	含义/解释
3.2	√ Ra 3.2	表示任意加工方法，单项上限值，粗糙度的算数平均偏差为3.2μm。在文档中可表达为：APA Ra 3.2	3.2max	√ Ra max 3.2	表示去除材料，单项上限值，粗糙度的算数平均偏差的最大值为3.2μm。在文档中可表为：MRR Ra max 3.2
Ry3.2	√ Rz 3.2	表示去除材料，单项上限值，粗糙度的最大高度为3.2μm。在文档中可表达为：MRR Ra 3.2	3.2 1.6	√ U Ra 3.2 L Ra 1.6	表示去除材料，双项极限值。上限值：算数平均偏差为3.2μm，下限值：算数平均偏差为1.6μm。在文档中可表为：MRR U Ra 3.2;L Ra 1.6
3.2	√ Ra 3.2	表示不去除材料，单项上限值，粗糙度的算数平均偏差为3.2μm。在文档中可表达为：NMR Ra 3.2		铣 √ Ra3 6.3	表示用铣削加工，单项上限值，算数平均偏差为6.3μm，评定长度为3个取样长度，纹理为交叉方向。加工余量为1mm。对投影视图上封闭的轮廓线所表示的各表面有相同的表面结构要求

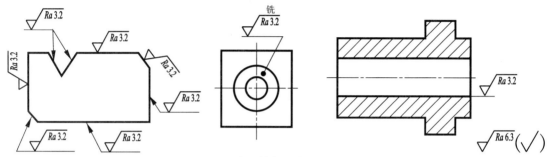

图 6.17　表面结构要求的标注示例

6.2.4.4　表面镀涂与热处理［Surface coating and heat treatment］

1. 表面镀涂及其标注［Marking of surface coating］

表面镀涂分为金属镀覆和涂料涂覆两种。金属镀覆是利用电镀(Ep)或化学镀(Ap)、电化学处理(Et)、化学处理(Ct)等工艺方法，使零件的某些表面覆盖一层金属薄膜，以提高零件的耐磨、抗腐蚀性能，改善零件的焊接、电气性能，或起到美观的作用。涂料涂覆是用涂料(油漆等)覆盖在零件的某些表面，起到美观和防锈等作用。

表面镀涂的标注示例如图 6.18 所示。需要表示镀(涂)覆后或镀(涂)覆前的表面结构要求时，其标注方法如图 6.18a、b 所示;若需要同时表示镀(涂)覆前、后的表面结构要求时，则按图 6.18c 标注。其含义是:铁或钢基材上，电镀铬 50 微米以上，镀前表面粗糙度为 $Rz1.6$，镀后表面粗糙度为 $Ra0.8$。此外，表面镀涂也可在技术要求中注明。

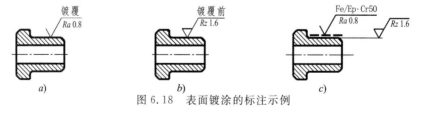

图 6.18　表面镀涂的标注示例

2. 热处理、表面处理及其标注［Marking of surface and heat treatment］

热处理是将金属零件加热到一定的温度，保持一段时间(保温)后，使之在不同的介质中以某种速度冷却下来，以改变零件材料的组织和性能的一种工艺方法。对金属材料进行热处理或表面处理，可以改善其机械性能(如强度、硬度等)，提高零件的耐磨、耐热、耐疲劳等性能。常用的热处理方法有退火、正火、淬火、回火、调质和时效处理等，而表面处理方法则有表面淬火、渗碳淬火、氮化、氰化、发蓝、发黑等(可参见附录3)。

热处理、表面处理的标注示例如图 6.19 所示。对零件进行局部热处理时,应用粗点画线画出其范围,并标注相应的尺寸,也可将其要求注写在表面结构要求符号长边的横线上。图中的 35～40HRC 表示热处理后零件表面的硬度为 35～40 洛氏硬度。此外,关于热处理、表面处理的要求,也可在技术要求中进行说明,如图 6.2～图 6.4 所示。

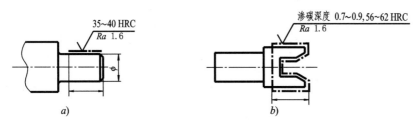

图 6.19　热处理的标注示例

6.2.5　零件的工艺结构简介[Processing of mechanical parts]

零件的形状和结构,除了应满足使用上的要求之外,还应满足制造工艺的要求,即应具有合理的工艺结构。零件常用的工艺结构见表 6.6。

表 6.6　零件常用的工艺结构

类别	图　例	说　明
铸造工艺结构	a)起模斜度　b)起模斜度(图中省略)　c)铸造圆角　d)铸造缺陷(缩孔、裂纹)	起模斜度:铸造时为了便于从砂型中取出模样,沿起模方向作成的斜度,该斜度在图中可不画出。 铸造圆角:铸造时为防止冲坏砂型而在表面相交处作出的圆角
越程槽的工艺结构、倒角、圆角、退刀槽	a)倒角、圆角　b)外螺纹退刀槽　c)内螺纹退刀槽　d)砂轮越程槽	倒角、圆角为除去零件的锐边、毛刺或为避免应力集中;退刀槽为螺纹加工时便于退刀,且使装配时能旋到位;越程槽使磨削加工时能够到位。 C1 表示倒角的直角边为1,斜边与轴线成45°。 2X1表示槽宽为2,槽深为1
钻孔的工艺结构	a)盲孔　b)阶梯孔　c)凸台　d)凹坑　e)斜面	因钻头锥角一般为118°,故孔端锥面应画成120°,且不需标注。 加工孔的端面应与轴线垂直,以便于加工和对位

147

类别	图	例		说 明
接触面的工艺结构	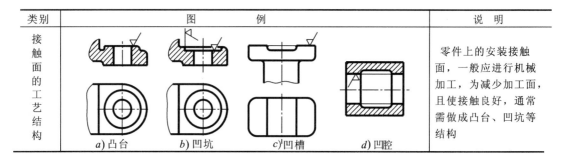			零件上的安装接触面,一般应进行机械加工,为减少加工面,且使接触良好,通常需做成凸台、凹坑等结构
	a) 凸台	*b*) 凹坑	*c*) 凹槽	*d*) 凹腔

6.2.6 读零件图[Reading a details drawing]

前面介绍了机械零件图中各部分内容,下面以齿轮油泵泵盖的零件图为例,介绍读零件图的一般方法和步骤。

(1)读标题栏

从标题栏中可以了解零件的名称、材料、画图比例、图号等内容,结合典型零件的分类及已有的经验,可大致了解零件的作用。

从图 6.20 的标题栏中可知,该零件为泵盖,材料为 HT200(灰铸铁,可从附表 4 中查知),表明该零件的毛坯由铸造形成,作图比例为 1:1(这是该插图的原比例,作为插图排版时进行了缩放),图号为 CLYB-02。

(2)分析视图,读懂零件的结构、形状

根据视图的配置和标注,弄清各视图之间的投影关系及所采用的表达方法。运用形体分析法,读懂零件各部分的形状,然后综合起来,理解整个零件的形状和结构。

从图 6.20 可知,该图采用了主、左两个视图,主视图采用 A — A 相交剖切面剖切的全剖视,反映内部结构,左视采用视图,反映零件的外形及孔的位置。综合起来可知,该零件为盘类零件,由上、下半圆柱与长方体结合而成。

(3)分析尺寸及技术要求

从长、宽、高三个方向分析所注尺寸、找出三个方向的主要尺寸基准,从而了解零件各部分的定形、定位尺寸和零件的总体尺寸,结合技术要求内容,弄清有关尺寸的加工精度及作用。

从图 6.20 可知,在长度方向上,左端为非切削加工表面,而右端为切削加工表面,显然右端为结合面,即为长向主要基准。在宽度方向上近似对称,因而其对称面即为宽向主要基准。在高度方向上也近似对称,故以上下对称面为主要基准。

两盲孔的轴线与中心线上下对称,其定位尺寸为 28.76±0.016,转换为公差带代号为 28.76JS8。两盲孔的直径为 $\phi 16^{+0.018}_{0}$,即 $\phi 16H7$。六个阶梯孔及圆锥销孔分别以上下轴孔中心定位,阶梯孔径向定位尺寸为 R23,位于中心线上;两销孔的定位尺寸为 R23 和 45°,在装配时才进行加工。图中还有两个位置公差,即下轴线对上轴线的平行度公差为 0.04,上轴线对右端面的垂直度公差为 0.01。该零件加工表面的粗糙度最高为 $Ra=1.6$,最低为 $Ra=12.5$,未标注部分为铸造表面,$Ra=50\mu m$。未注铸造圆角为 R2~R3,该零件为铸件,在进行切削加工前需进行时效处理("时效处理"的含义见附表 6)。

(4)综合归纳

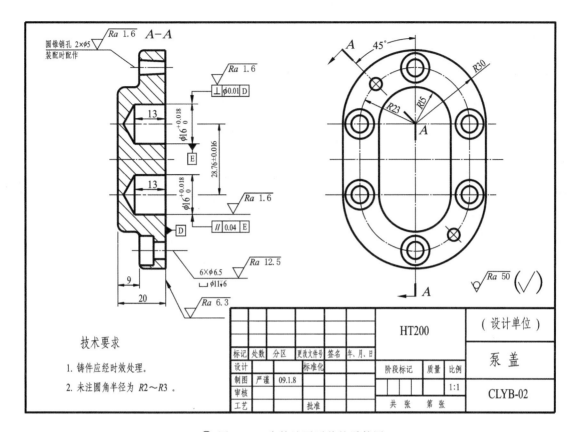

图 6.20　齿轮油泵泵盖的零件图

将零件的结构形状、尺寸标注以及技术要求等内容进行综合归纳,就能理解零件图中所包含的全部信息,从而读懂零件图。

从对图 6.20 的分析可知,齿轮油泵的泵盖是由灰铸铁铸造后经加工而成,为盘类零件,上下、前后近似对称。两盲孔及右端面加工要求较高,盲孔支承转动轴,由右端面与泵体结合,起密封作用。

上述读零件图的方法和步骤是对一般情况而言的。如有条件,读零件图时可充分利用实物或装配图,进行图、物对照,或零件图与装配图的对照,以增强感性认识,逐步提高读图能力,从而掌握"**由结构分析功能,由功能想象结构**"的设计、创新思维方法。图 6.2~6.5 均为完整的零件图,可供读者进行读图练习。

6.2.7　零件的测绘方法简介[Measuring the mechanical parts]

根据已有的零件实物画出零件图样的过程称为零件测绘,包括绘制图样和测量尺寸两方面的内容。在产品的仿造、机器的维修、资料收集以及进行技术改造时,都要进行零件测绘。测绘零件时,通常先画出零件草图,再将其整理成零件图。

1.零件测绘的方法和步骤[Procedures and steps measuring the mechanical parts]

(1)分析零件在机器(或部件)中的位置及功能,确定零件的名称、材料、数量等,弄清零件的内外结构及形状。

(2)根据零件的结构特征及其加工位置或工作位置,选择适当的表达方案,绘制所需要的视图(包括剖视、断面等)。在绘图时应注意不要将零件的制造缺陷(砂眼、气孔、刀痕等)和长期使用造成的磨损反映在图面上,但零件上因制造、装配的需要而设计的工艺结构(如铸造圆角、倒角、螺纹退刀槽、凸台、凹坑等),则必须画出。

(3)根据零件的功能及所反映出的加工状况,选择合理的尺寸基准。首先确定需要标注的所有尺寸,画出其尺寸界线、尺寸线及箭头(也可用斜线代替箭头),然后根据所画尺寸线测量对应零件上的尺寸并标注在图纸上。有配合关系的尺寸(如配合的孔和轴的直径),一般只需测出其公称尺寸,而配合的性质以及相应的上下极限偏差值,可在分析配合性质后拟定,并经查表得到。没有配合关系的尺寸或不重要的尺寸,可将所测得的结果适当圆整(圆整到整数值)后标注。对于已有标准的结构尺寸(如键槽,螺纹退刀槽,紧固件通孔,沉孔,以及螺纹公称直径、齿轮的模数等),应将测量结果与标准值进行对照,并以标准的结构尺寸为准进行标注。

(4)标注表面结构要求,编写技术要求,填写标题栏。技术要求应根据零件在部件或机器中的作用及相互关系、材料、加工工艺及检验的需要来拟定。

2. 零件尺寸的测量方法[Measuring methods of the parts size]

测量零件的尺寸时,常用的量具有直尺、游标卡尺、千分尺、内、外卡钳等,应根据需测量尺寸的精度及测量部位的形状选择合适的量具,并正确使用。测量非加工表面的尺寸时,可选用直尺和卡钳,而测量加工面的尺寸时,则可选用游标卡尺、千分尺等。此外,对于螺纹的螺距,应选用螺纹规进行测量。

6.3 标准件和齿轮的表达方法
[Representation of standard parts and gears]

人们常说:"一个国家的工业标准化水平,可反映这个国家的工业生产水平"。在机械制造业中,标准化涉及到材料、尺寸、表面结构要求、公差、零件的结构要素、标准件等方面。为了提高产品质量、降低生产成本、缩短设计周期,标准件在机械的连接、传动、安装、支承、紧固等各个方面得到了广泛的应用。在图6.21所示的齿轮油泵中,既有泵体、泵盖等专用零件,也使用了大量的标准件(螺钉、螺母、垫圈、键、销)和齿轮等。

本节主要介绍螺纹、螺纹紧固件和齿轮的画法及标注,而将键、销、轴承的规格、型号、主要参数及标注方法列于附表16~21中,以备查用。

6.3.1 螺纹[Screw threads]

1. 螺纹的形成[Formation of screw threads]

当一个平面图形绕一个圆柱(或圆锥)表面作螺旋运动时,在圆柱(或圆锥)表面上形成的螺旋体称为**螺纹**。工件上的螺纹,是通过刀具与工件的相对运动来实现的,如图6.22所示。

在内圆柱(或圆锥)表面上形成的螺纹称为**内螺纹**[internal thread],在外圆柱(或圆锥)的表面上形成的螺纹称为**外螺纹**[external thread],螺纹凸起的顶部称为**牙顶**[crest](用手摸得到的部位),沟槽的底部称为**牙底**[root](用手摸不到的部位)。

2. 螺纹的结构要素[Screw threads terms]

(1)**牙型**[thread profile]　　用通过螺纹轴线的平面剖开螺纹,所得螺纹牙齿的断面形状,称为螺纹的**牙型**。常见的螺纹牙型有三角形、梯形、锯齿形等。

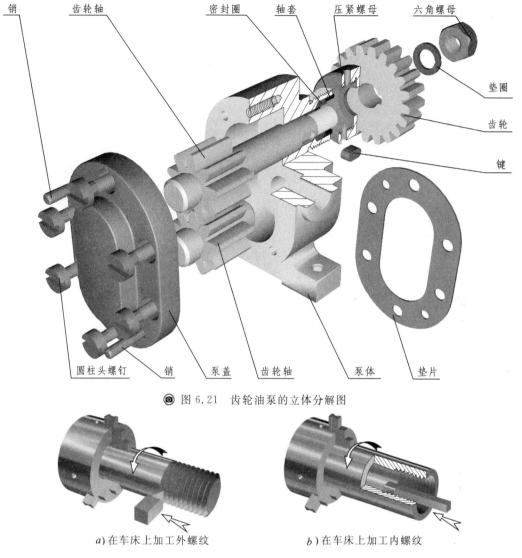

销　　　齿轮轴　　　密封圈　　轴套　　压紧螺母　　六角螺母

垫圈

齿轮

键

圆柱头螺钉　　销　　泵盖　　齿轮轴　　泵体　　垫片

 图 6.21　齿轮油泵的立体分解图

a) 在车床上加工外螺纹　　　　　*b*) 在车床上加工内螺纹

图 6.22　内螺纹与外螺纹

（2）**直径**［diameter］　　外螺纹的牙顶和内螺纹的牙底所在假想圆柱面的直径称为**螺纹大径**［major diameter］,用 d（外螺纹）或 D（内螺纹）表示,是米制（以 mm 为单位）螺纹的**公称直径**［nominal diameter］;外螺纹的牙底和内螺纹的牙顶所在假想圆柱面的直径称为**螺纹小径**［minor diameter］,用 d_1（外螺纹）或 D_1（内螺纹）表示;在大径与小径之间,母线通过牙型上沟槽和凸起宽度相等处的假想圆柱的直径称为**螺纹中径**［patch diameter］,用 d_2（外螺纹）或 D_2（内螺纹）表示,如图 6.23 所示。

（3）**旋向**［direction］　　分为**左旋**［left hand］(LH)和**右旋**［right hand］。顺时针旋转时旋入的为**右旋**,逆时针旋转时旋入的为**左旋**（见图 6.24）。实际应用中多采用右旋螺纹,而左旋螺纹仅用于有特殊要求之处,如自行车的中轴端盖、煤气坛的管接头、修正液的内瓶盖等。

（4）**线数** n　　螺纹有单线螺纹和多线螺纹之分。由一条螺旋体形成的螺纹称为单线螺纹,由两条或两条以上的螺旋体形成的螺纹称为多线螺纹,如图 6.24 所示。

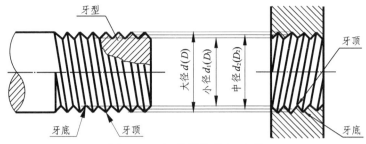

图 6.23 内、外螺纹的大、小径

（5）**螺距** P **和导程** P_h　　螺纹上相邻两牙中径对应点间的轴向距离称为**螺距**［pitch］。同一条螺旋线上相邻两牙中径对应点间的轴向距离称为**导程**［lead］。对于单线螺纹来说，$P=P_h$；而对于多线螺纹，则 $P=P_h/n$。

一个外螺纹与一个内螺纹能够配合在一起的条件是：内、外螺纹的牙型、公称直径、旋向、线数和螺距都必须一致。

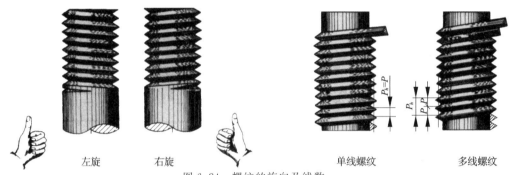

图 6.24　螺纹的旋向及线数

3. 螺纹的规定画法［Specified drawing of the thread］

（1）外螺纹的规定画法

如图 6.25 所示，外螺纹的牙顶线（大径线）及螺纹终止线用粗实线绘制，牙底线（小径线）用细实线绘制，且细实线应画至螺杆的倒角或倒圆内。小径的大小通常画成大径的约 0.85 倍。在垂直于螺纹轴线的视图中，表示牙底的细实线只画约 3/4 圈，此时螺纹的倒角按规定省略不画。在剖视图中，剖面线应画到粗实线处。

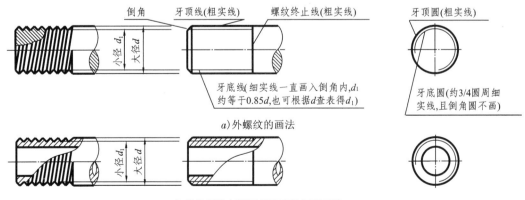

a) 外螺纹的画法

b) 螺纹制作在管子外表面的剖开画法

图 6.25　外螺纹的画法

（2）内螺纹的规定画法

在视图中,内螺纹若不可见,所有图线均用细虚线绘制。剖开表示时,牙顶线(小径线)及螺纹终止线用粗实线,牙底线(大径线)用细实线。在垂直于轴线的视图中,牙底仍采用细实线画成约 3/4 圈,并按规定螺纹孔的倒角省略不画,如图 6.26a 所示。绘制不穿通的螺孔,应分别画出钻孔深度和螺孔深度。钻孔深度比螺孔深度深 $(0.2\sim0.5)D$,不通端应画成 $120°$ 圆锥角(为钻头锥角,不需标注尺寸),如图 6.26b 所示。

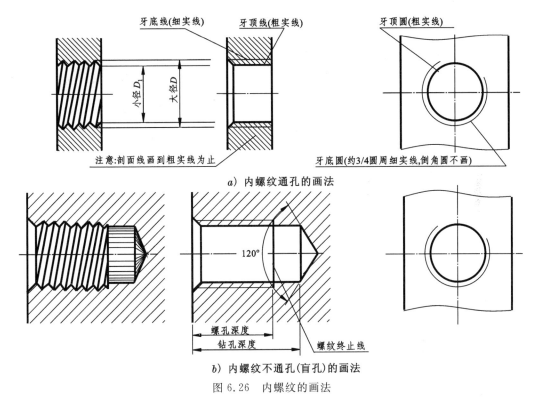

a) 内螺纹通孔的画法

b) 内螺纹不通孔(盲孔)的画法

图 6.26 内螺纹的画法

为了便于记忆,内、外螺纹的画法,可总结为:**表示螺纹两条线,用手来摸可分辨,摸得到的画粗实线,摸不到的画细实线。**

（3）内、外螺纹连接的画法

如图 6.27 所示,内、外螺纹旋合(连接)后,**旋合部分按外螺纹画**,未旋合的部分,内螺纹按内螺纹画,外螺纹按外螺纹画,表示内、外螺纹牙顶、牙底的粗、细实线应分别对齐。剖开后剖面线应画到粗实线处。

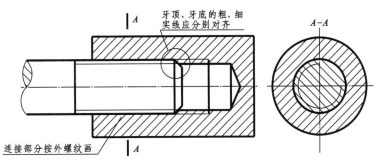

图 6.27 内、外螺纹连接的画法

4. 螺纹的种类和标注[Categorizing and marking of the different thread]

螺纹按用途可分为**连接螺纹**[connecting thread]（普通螺纹、管螺纹等）和**传动螺纹**[transmitting thread]（梯形、锯齿形等），按牙型可分为**三角形**、**梯形**、锯齿形等，按螺纹要素是否符合标准可分为标准螺纹、特殊螺纹和非标准螺纹（牙型、直径和螺距都符合国家标准的螺纹称为**标准螺纹**[standard screw]，仅牙型符合标准的称为**特殊螺纹**[special screw]，牙型不符合标准的称为**非标准螺纹**[nonstandard screw]）。不管是什么螺纹，都是采用统一的规定画法，因此，螺纹的牙型、螺距、线数和旋向等要素需要用标注来加以说明。其标注格式如下：

a. 米制螺纹（如普通螺纹、梯形螺纹、锯齿形螺纹）的标注

| 螺纹特征代号 | 公称直径 | × | 螺距（单线）/导程（P 螺距）（多线） | 旋向 | － | 公差带代号 | － | 旋合长度代号 |

说明：公称直径为螺纹大径，普通螺纹省略粗牙螺距，旋向为右省略，旋合长度（沿螺纹轴向相互旋合部分的长度，分短— S，中— N，长— L）为中则省略。

b. 英制螺纹（如管螺纹）的标注

| 螺纹特征代号 | 尺寸代号 | 公差等级代号 | － | 旋向 |

说明：公差等级代号仅外螺纹分 A、B 两级标注，内螺纹不标注，旋向为右省略。

c. 特殊螺纹应在螺纹特征代号前加注"特"字。

d. 非标准螺纹（如矩形螺纹），应标注出大、小径、螺距和牙型尺寸。

常用螺纹的种类及标注示例如表 6.7 所示。

表 6.7　常用螺纹的种类及标注示例

螺纹种类	标注图例	标注含义说明	螺纹种类	标注图例	标注含义说明
普通螺纹	M12-6h	普通外螺纹，粗牙，大径12，右旋，单线，中径、顶径公差带代号为6h，中等旋合长度。	非螺纹密封的管螺纹	G1A-LH	圆柱外螺纹，A级，左旋，尺寸代号为1（指管口通径为1吋时，螺纹尺寸须查表得）
	M12X1-6H	普通内螺纹，细牙，大径12，螺距为1，右旋，单线，中径、顶径公差带代号为6H，中等旋合长度。		G1/2	圆柱内螺纹，右旋，尺寸代号为1/2
	M12×1LH-5g6g-S	普通外螺纹，细牙，大径12，螺距为1，左旋，中径公差带代号为5g，顶径公差带代号为6g，短旋合长度。	用螺纹密封的管螺纹	Rc1	圆锥内螺纹，右旋，尺寸代号为1
梯形螺纹	Tr32×6-7e	梯形螺纹，大径32，螺距为6，右旋，单线，中径公差带代号为 7e，中等旋合长度。		R3/8	圆锥外螺纹，右旋，尺寸代号为3/8
锯齿形螺纹	B32×12(P6)LH-8C-L	锯齿形螺纹，大径32，导程为12，螺距为6，左旋，双线，中径公差带代号为 8C，长旋合长度。		Rp1-LH	与圆锥外螺纹相匹配的圆柱内螺纹，左旋，尺寸代号为1

6.3.2 螺纹紧固件[Threaded parts]

1. 螺纹紧固件的种类[Types of threaded parts]

用螺纹起连接和紧固作用的零件称为**螺纹紧固件**。常用的螺纹紧固件有螺栓[bolt]、螺柱[stud]、螺钉[screw]、螺母[nut]和垫圈[washer]等,如图 6.28 所示。

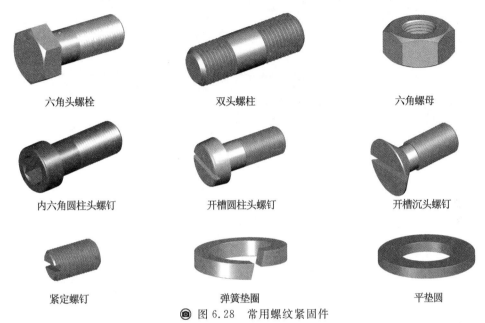

六角头螺栓	双头螺柱	六角螺母
内六角圆柱头螺钉	开槽圆柱头螺钉	开槽沉头螺钉
紧定螺钉	弹簧垫圈	平垫圆

◉ 图 6.28 常用螺纹紧固件

2. 螺纹紧固件的标记[Mark of threaded parts]

螺纹紧固件的结构型式及尺寸均已标准化,其完整的标记格式为:

| 名称 | 标准编号 | 型式|规格、精度|型式与尺寸的其他要求 | — | 性能等级或材料及热处理 | — | 表面处理 |

如:螺纹规格 d＝M12、公称长度 l＝80mm、性能等级为 10.9 级、产品等级为 A、表面氧化处理的六角头螺栓,完整标记为:螺栓 GB/T 5782－2000-M12×80-10.9-A-O;其简化标记为:螺栓 GB/T 5782 M12×80。

螺纹紧固件一般采用简化标记,允许省略标准的年代号和仅有一种的产品型式、性能等级、产品等级、表面处理等内容。

常用螺纹紧固件的图例及标记示例如表 6.8 所示。

表 6.8 常用螺纹紧固件的图例及标记示例

图	例	名称及规定标记	图	例	名称及规定标记
	50 M12	名称: 六角头螺栓 标记: 螺栓 GB/T 5782 M12×50		45 M10	名称: 开槽沉头螺钉 标记: 螺钉 GB/T 68 M10×45

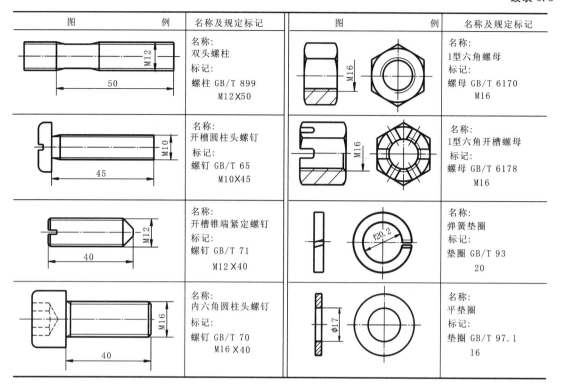

图 例	名称及规定标记	图 例	名称及规定标记
	名称：双头螺柱 标记：螺柱 GB/T 899 M12X50		名称：1型六角螺母 标记：螺母 GB/T 6170 M16
	名称：开槽圆柱头螺钉 标记：螺钉 GB/T 65 M10X45		名称：1型六角开槽螺母 标记：螺母 GB/T 6178 M16
	名称：开槽锥端紧定螺钉 标记：螺钉 GB/T 71 M12X40		名称：弹簧垫圈 标记：垫圈 GB/T 93 20
	名称：内六角圆柱头螺钉 标记：螺钉 GB/T 70 M16X40		名称：平垫圈 标记：垫圈 GB/T 97.1 16

3. 螺纹紧固件及连接的画法［Drawing of threaded parts and connection］

在画图时，通过查表（参见附表 9~15）获得螺纹紧固件各个部分参数的方法，称为**查表法**；将螺纹紧固件各部分的尺寸用公称直径（d、D）的不同比例画出的方法，称为**比例法**。

（1）采用比例法绘制螺纹紧固件举例，如图 6.29 所示。

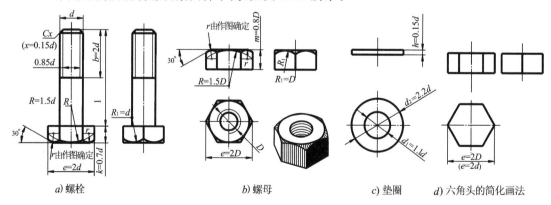

a）螺栓   b）螺母   c）垫圈   d）六角头的简化画法

图 6.29 螺纹紧固件的比例画法示例

（2）螺栓连接的画法举例

［**例 6.1**］ 用 M10 的螺栓（GB/T 5782）、螺母（GB/T 6170）和垫圈（GB/T 97.1）连接两个厚度分别为 $t_1=10mm$、$t_2=17mm$ 的板，试完成其作图。

解:从螺纹正确配合的条件知道,相配合的螺栓、螺母、垫圈的公称直径应相等,并从附表及相应标记可得:螺母 GB/T 6170 M10,垫圈 GB/T 97.1 10-140HV。

从附表 13 查得螺母的厚度 $m_{max}=8.4$,从附表 14 查得垫圈的厚度 $h=2$。

而螺栓的公称长度(螺杆长)l 应大于或等于连接板的厚度、螺母厚度、垫圈厚度、超出螺母部分(用 a 表示,一般取 $0.2\sim0.3d$,这里取 $0.25d$)之和,即

$$l \geqslant t_1 + t_2 + m_{max} + h + a = 10 + 17 + 8.4 + 2 + 2.5 = 39.9 (\text{mm})$$

从附表 9 中可知,M10 的螺栓对应 l 公称长度为 $40\sim100$,从 l 公称系列值选取与 39.9 接近的数为 40,即 $l=40$,由此得螺栓的规格为 M10×40。

其余作图需要的尺寸可从相应附表中查得,也可从图 6.29 的相应比例算出,其连接图如图 6.30 所示。

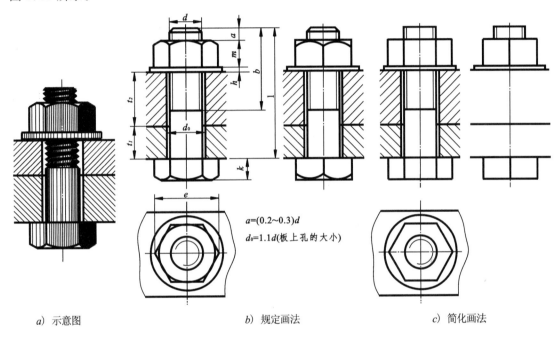

$a=(0.2\sim0.3)d$
$d_0=1.1d$(板上孔的大小)

a) 示意图   b) 规定画法   c) 简化画法

图 6.30　螺栓连接的画法

(3)双头螺柱、螺钉连接的画法

双头螺柱的两端均有螺纹,其一端(旋入端,螺纹较短的一端)螺纹完全旋入制有螺纹孔的板上,再安装另一块制有光孔的板,最后安装垫圈和螺母,如图 6.31a 所示。螺钉主要用于受力较小的连接,其画法如图 6.31b 所示。

画螺纹紧固件的连接时应注意:

a．两个零件的接触表面画成一条粗实线。

b．当剖切平面沿轴线(或对称中心线)通过实心零件或标准件时,这些零件均按不剖处理,只画出其外形;需要时,可采用局部剖视。

c．在剖视图中,对于相互接触的两个零件,其剖面线的方向应不同。而同一个零件在各个剖视图中剖面线的方向和间隔均应相同。

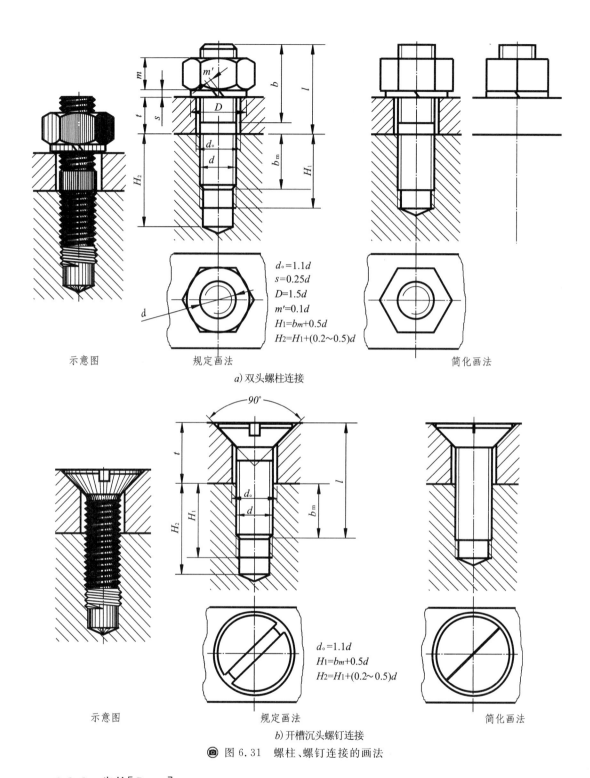

$d_\circ = 1.1d$
$s = 0.25d$
$D = 1.5d$
$m' = 0.1d$
$H_1 = b_m + 0.5d$
$H_2 = H_1 + (0.2 \sim 0.5)d$

示意图 规定画法 简化画法

a) 双头螺柱连接

$d_\circ = 1.1d$
$H_1 = b_m + 0.5d$
$H_2 = H_1 + (0.2 \sim 0.5)d$

示意图 规定画法 简化画法

b) 开槽沉头螺钉连接

◉ 图 6.31　螺柱、螺钉连接的画法

6.3.3　齿轮[Gears]

　　齿轮在机械中用于传递运动和动力、改变转速等,是应用十分广泛的常用件。在齿轮的参数中,其模数、压力角已经标准化。常见的齿轮传动如图 6.32 所示。

| a) 圆柱齿轮传动 | b) 圆锥齿轮传动 | c) 蜗杆蜗轮传动 | d) 齿轮齿条传动 |

◎ 图 6.32　常见的齿轮传动

　　圆柱齿轮,又分为直齿、斜齿和人字齿,用于两平行轴之间的传动;圆锥齿轮,用于两相交轴之间的传动;蜗杆与蜗轮,用于两交叉轴之间的传动。齿轮与齿条,用于直线运动与圆周运动的转换。轮齿的齿廓曲线有渐开线、摆线、圆弧等,其中渐开线最为常用。下面主要介绍直齿圆柱齿轮。

　　1. 齿轮的参数及其计算[Gear parameters and calculation]

　　(1)齿轮的参数(见图 6.33)

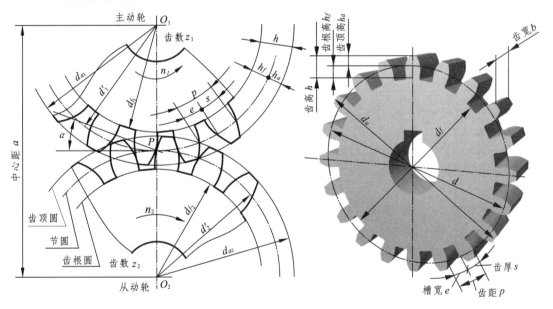

◎ 图 6.33　直齿圆柱齿轮轮齿各部分的名称

　　a. **齿顶圆**　通过齿轮顶部的圆称为齿顶圆,其直径用 d_a 表示。

　　b. **齿根圆**　通过齿轮根部的圆称为齿根圆,其直径用 d_f 表示。

　　c. **节圆、分度圆**　当两齿轮啮合时,以 O_1、O_2 为圆心、且过连心线 O_1O_2 上的接触点 P 的圆,称为相应齿轮的节圆,其直径用 d' 表示。点 P 称为节点。设计、加工齿轮时,为了便于计算和分齿而设定的基准圆称为分度圆,其直径用 d 表示。当标准齿轮按标准中心距安装时,节圆与分度圆重合($d'=d$)。

　　d. **齿距 p、齿厚 s、槽宽 e**　在分度圆上,两个相邻齿对应点之间的弧长称为齿距,用 p 表

159

示;轮齿齿廓间的弧长称为齿厚,用 s 表示;齿槽齿廓间的弧长称为槽宽,用 e 表示。在标准齿轮中,$s=e$, $p=s+e$。

e. **齿高 h、齿顶高 h_a、齿根高 h_f**　从齿顶到齿根的径向距离称为齿高,用 h 表示;齿顶圆与分度圆的径向距离称为齿顶高,用 h_a 表示;分度圆与齿根圆的径向距离称为齿根高,用 h_f 表示。$h=h_a+h_f$。

f. **模数 m**　若用 z 表示齿数,分度圆周长 $l=\pi d=zp$,则 $d=zp/\pi$,令 $p/\pi=m$(即模数),可得分度圆直径 $d=mz$。由此可见,模数越大,轮齿就越大,模数越小,轮齿就越小。互相啮合的两个齿轮,其齿距应相等,因此它们的模数也应相等。渐开线圆柱齿轮的标准模数如表 6.9 所示。

表 6.9　渐开线圆柱齿轮的标准模数 m(GB/T 1357—2008)

第一系列	1, 1.25, 1.5, 2, 2.5, 3, 4, 5, 6, 8, 10, 12, 16, 20, 25, 32, 40, 50
第二系列	1.125, 1.375, 1.75, 2.25, 2.75, 3.5, 4.5, 5.5, (6.5), 7, 9, 11, 14, 18, 22, 28, 36, 45

注:选用时,应优先采用第一系列,括号内的模数尽可能不用。

g. **压力角、齿形角 α**　在节点处,两齿廓曲线的公法线(受力方向)与两节圆的公切线(运动方向)所成的锐角,称为压力角;而加工齿轮用的基本齿条的法向压力角,称为齿形角。压力角、齿形角均以 α 表示。我国标准规定,标准压力角为 20°。

(2)齿轮各个参数的计算公式如表 6.10 所示。

表 6.10　直齿圆柱齿轮参数的计算公式

名　称	代号	计　算　公　式	名　称	代号	计　算　公　式
齿顶高	h_a	$h_a=m$	分度圆直径	d	$d=mz$
齿根高	h_f	$h_f=1.25m$	齿顶圆直径	d_a	$d_a=m(z+2)$
齿高	h	$h=2.25m$	齿根圆直径	d_f	$d_f=m(z-2.5)$

2. 圆柱齿轮的规定画法[Specified drawing methods of the cylinder gears]

(1)单个齿轮的画法

在外形视图上,齿顶线和齿顶圆用粗实线绘制,齿根线和齿根圆用细实线绘制,分度线和分度圆用细点画线绘制,如图 6.34a、d 所示。当非圆视图画成剖视时,规定轮齿部分按不剖绘制,齿根线用粗实线绘制,如图 6.34b、c 所示。

(2)圆柱齿轮啮合的画法

a. 在外形视图中,非圆视图中的齿顶线与齿根线在啮合区内不必画出,而节圆线用实线绘制,见图 6.35a、b。投影为圆的视图的节圆应画成相切,其余部分按单个齿轮的画法绘制,如图 6.35d,也可将齿根圆及啮合区内的齿顶圆省略不画,见图 6.35e。

b. 在剖视图中,啮合区内两节圆线重合,用细点画线绘制,一个齿轮的齿顶线画成粗实线,另一个齿轮的齿顶线画成虚线(假想被遮住,也可省略不画)。一个齿轮的齿顶线与另一个齿轮的齿根线间应有 $0.25m$(m 为模数)的间隙,如图 6.35c。

160

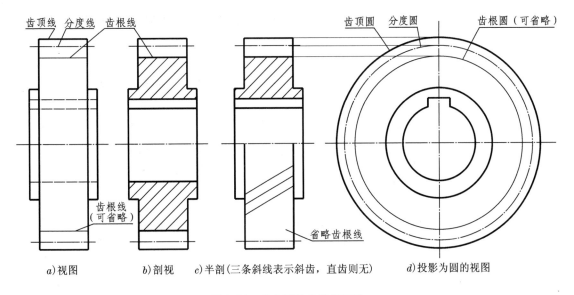

齿顶线 分度线 齿根线　　　　　　　　　　　齿顶圆 分度圆　　　　　齿根圆（可省略）

齿根线
（可省略）

省略齿根线

a)视图　　　b)剖视　　c)半剖(三条斜线表示斜齿，直齿则无)　　　d)投影为圆的视图

图 6.34　单个圆柱齿轮的画法

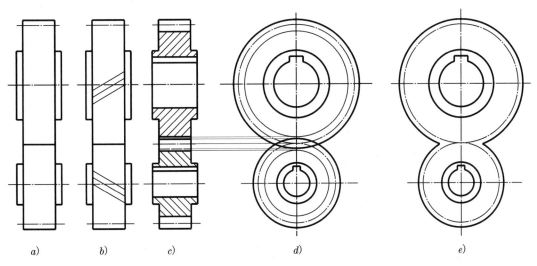

a)　　　b)　　　c)　　　d)　　　e)

图 6.35　圆柱齿轮啮合的画法

（3）圆柱齿轮的零件图举例

图 6.36 所示为齿轮油泵运动输入齿轮的零件图。

齿轮零件图与一般零件图不同之处就在于在图的右上方有一参数表。从参数表中得知，该齿轮的模数为 2.5，齿数为 20，由此可计算出齿轮的分度圆直径 $d = mz = 50$，齿顶圆直径 $d_a = m(z+2) = 55$，齿根圆直径 $d_f = m(z-2.5) = 43.75$。键槽宽度和深度可通过孔的公称直径经查附表 16 而得[公称直径>12~17，对应键槽宽 $b = 5$，选正常联接，则极限偏差为 JS9（±0.015），得槽宽尺寸 5±0.015；槽深 $t_2 = 2.3$，极限偏差为（$^{+0.1}_{0}$），14+2.3=16.3，由此得图中尺寸（$16.3^{+0.1}_{0}$）。其余内容可根据零件图的读图方法进行阅读。

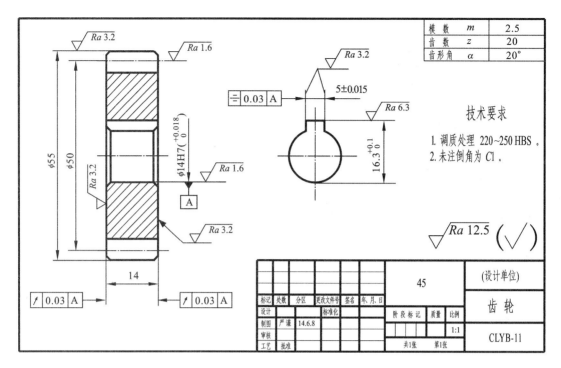

模　数	m	2.5
齿　数	z	20
齿形角	α	20°

技术要求

1. 调质处理 220~250 HBS。
2. 未注倒角为 $C1$。

					45			(设计单位)
标记	处数	分区	更改文件号	签名	年、月、日			齿　轮
设计			标准化			阶段标记	质量	比例
制图	严谨	14.6.8						1:1
审核								CLYB-11
工艺		批准				共1张	第1张	

◉ 图 6.36　直齿圆柱齿轮的零件图

6.3.4　螺纹紧固件、键、销连接作图应用举例[Applied examples of thread parts, keys and pins]

[**例 6.2**]　如图 6.37 所示,根据图中所注尺寸及标准件的名称、标准编号,选择适当规格的标准件,完成安装上标准件之后的联轴器装配图,并在标准件名称后注写标准件的规格。

解:

(1)从图 6.37 中所注尺寸可知,螺栓孔为 $\phi7$,故选用公称直径为 6 的螺栓、螺母及垫圈,由查表得螺母厚 5.2,垫圈厚 1.6,螺栓的公称长度 $l=(18+5.2+1.6+1.8)=26.6$,取为 30,即螺栓为 M6×30。

(2)根据 $\phi17$ 查表确定键的宽度 $b=5$,根据尺寸 23 查表确定键的长度为 20,即键的规格为 5×5×20,其画法可参考附表图例,因键两侧配合,故上侧有间隙,应留空。

(3)根据 $\phi4$ 及 $\phi35$ 从附表可直接选取销的公称尺寸为 4×35,因销与孔是配合关系,故销的两侧均应画一条线。

(4)从 $\phi35$ 及 $\phi17$ 可知,紧定螺钉连接处的壁厚为 9,从附表选取公称长度为 10,故紧定螺钉的规格为 M5×10,画图时,紧定螺钉的锥端应顶住轴上的锥孔。

标准件规格确定后,画出安装上标准件的联轴器装配图,并将标准件的规格注写于各标准件名称之后,如图 6.38 所示。

通常,对于多组结构相同的零件组(如图中的螺栓连接),可只详细画出一组,其余位置仅画出中心线即可。画图时还应特别注意剖面线的画法。

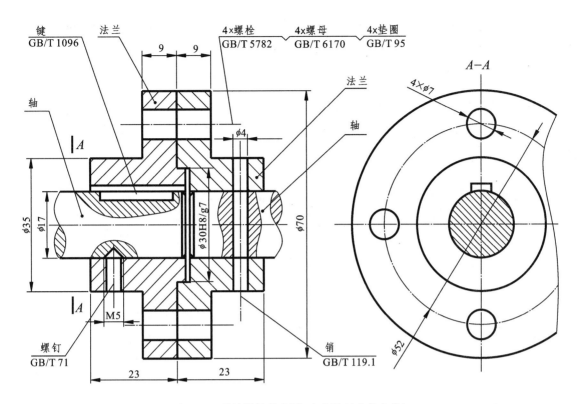

图 6.37　联轴器的装配图（未安装标准件之前）

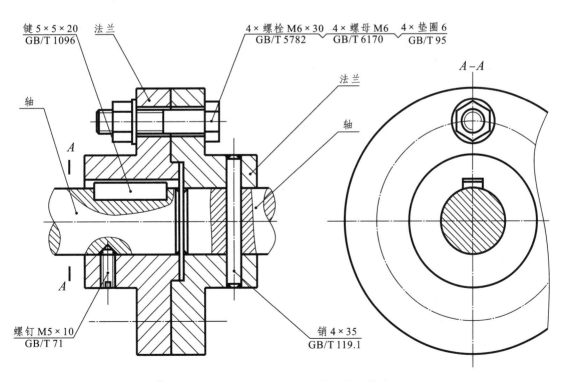

图 6.38　联轴器的装配图（安装上标准件之后）

6.4 装配图
[Assembly drawing]

6.4.1 装配图的内容[Coverage of assembly drawing]

装配图是表达机器或部件的图样,主要表达机器或部件的工作原理、装配关系、结构形状和技术要求,用以指导机器或部件的装配、检验、调试、安装、维护等。因此,装配图是机器设计、制造、使用、维修以及进行技术交流的重要技术文件。

图6.39所示为滑动轴承的装配图。由此可以看出,一张完整的装配图一般应具有以下五个方面的内容:

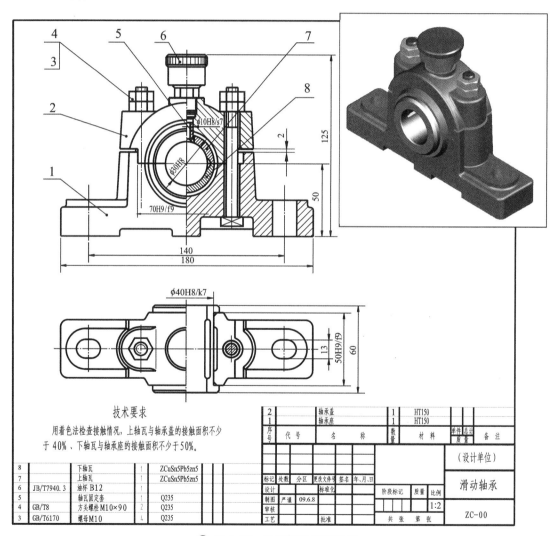

2		轴承盖	1	HT150		
1		轴承座	1	HT150		
序号	代 号	名 称	数量	材 料	单件总计 质量	备 注

（设计单位）

8		下轴瓦	1	ZCuSn5Pb5zn5				
7		上轴瓦	1	ZCuSn5Pb5zn5				
6	JB/T7940.3	油杯 B12	1					
5		轴瓦固定套	1	Q235				
4	GB/T8	方头螺栓 M10×90	2	Q235				
3	GB/T6170	螺母 M10	4	Q235				

技术要求

用着色法检查接触情况,上轴瓦与轴承盖的接触面积不少于40%、下轴瓦与轴承座的接触面积不少于50%。

标记	处数	分区	更改文件号	签名	年.月.日			
设计			标准化			阶段标记	质量	比例
制图	严道		09.6.8					1:2
审核								滑动轴承
工艺			批准			共 张 第 张		ZC-00

◎ 图6.39 滑动轴承的装配图

（1）一组图形

表达机器或部件的工作原理、各零件之间的装配关系和零件的主要结构形状等。图6.39

164

中采用了半剖的主视和半剖的俯视两个视图。

（2）必要的尺寸

主要包括与机器或部件有关的规格尺寸、装配尺寸、安装尺寸、外形尺寸及其他重要尺寸。

（3）技术要求

用文字或符号说明与机器或部件有关的性能、装配、检验、安装、调试和使用等方面的特殊要求。图6.39中,如φ10H8/s7表明轴瓦固定套与轴承盖的配合是采用基孔制的过盈配合,技术要求的文字说明了该部件性能检验的方法和要求等。

（4）零件序号、明细栏

是装配图与零件图的重要区别,用以说明零件的序号、代号、名称、数量、材料等内容。从图6.39的明细栏可知,该部件由八种零件组成,其中有三种标准件,而油杯是一个标准组件。

（5）标题栏

填写部件或机器的名称、图号、绘图比例、设计单位等,由设计、制图、审核者签上姓名和日期,以表明各自的相关责任。

从图6.39可知,该滑动轴承的功能是支承直径为φ30的轴,使轴保持在距底面50的高度上,并由油杯对轴提供润滑。

6.4.2 装配图的表达方法[Drawing methods of assembly drawings]

装配图的表达方法与零件图基本相同,前面介绍的视图、剖视、断面、简化画法等表达方法都适用于装配图的表达。此外,针对装配图的特点,还有一些规定画法和特殊表达方法。

1. 装配图上的规定画法[Specified methods of assembly drawing]

（1）接触面、配合面的画法

在装配图中,相邻两零件的接触表面或配合表面(公称尺寸相同)只画一条线,否则应画两条线表示各自的轮廓线。如图6.40所示。

（2）剖面线的画法

相邻两零件的剖面线要画成不同的方向或不同的间隔,而同一装配图中的同一零件的剖面线应保持方向、间隔均相同。当装配图中相邻两零件剖面线的方向相同时,应间隔不同,如图6.41所示。

（3）实心零件和标准件的画法

在装配图中,对于螺钉、螺栓、螺母、垫圈等紧固件(标准件)以及轴、杆、键、销、球、钩、手柄等实心零件,若剖切平面通过它们的轴线或对称平面时,则在剖视图中应按不剖绘制,如图6.39中的螺栓连接等。若这些零件上有孔、凹槽等结构需要表达,则可采用局部剖视。如图6.1中的扳手等。

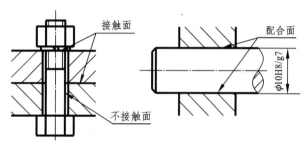

图6.40 接触面和配合面的画法

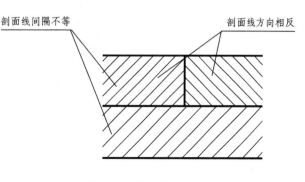

图6.41 剖面线的画法

165

（4）可见性问题

在装配图中，零件之间互相装配，必然会有一些零件的轮廓被另一些零件遮挡，被遮挡的轮廓线一般不需要画出。

2. 装配图上的特殊表达方法[Special methods of assembly drawing]

（1）沿零件的结合面剖切

在装配图中，可假想沿某些零件的结合面选取剖切平面进行剖切，如图6.39中的俯视图所示，其结合面上不能画剖面线，但螺栓被截断，需画上剖面线。

（2）拆卸画法

为了使被遮挡部分能表达清楚，可假想将某些零件拆卸后再投影，如图6.1球阀装配图中的左视图所示。采用拆卸画法，一般应在图的上方注上"拆去××"、"拆去×—×号件"等。

（3）假想画法

为了表示运动零件的极限位置或部件与相邻零件（或部件）的相互关系，可用细双点画线画出其轮廓。图6.1球阀装配图中的俯视图，其扳手的另一个极限位置就是采用假想画法表达的。

（4）夸大画法

对于薄片零件、细丝弹簧、微小间隙等，若它们的实际尺寸在装配图中很难画出或难以明显表达时，可不按比例而适当夸大画出或直接涂黑。如图6.39中螺栓与被连接件通孔之间的间隙，就是夸大画出的。一般图中两线之间的距离不得小于一条粗实线的宽度。

（5）简化画法

在装配图中，零件的工艺结构，如圆角、倒角、退刀槽等可不画出。对于若干相同的零件组，如螺栓连接组件等，可详细地画出一组或几组，其余的只需用点画线表示其装配位置即可。

6.4.3　装配图上的标注[Marking of assembly drawing]

1. 尺寸标注[Dimensioning of assembly drawing]

装配图和零件图的功能不同，对尺寸标注的要求也不同。在装配图中，一般只需标注下列几种尺寸。

（1）规格尺寸

表明机器（或部件）的规格或性能的尺寸，是设计和用户选用该产品的主要根据，如图6.39中滑动轴承的轴孔直径 $\phi30H8$，它表明该滑动轴承支承轴的大小。

（2）装配尺寸

表明机器或部件中有关零件之间装配关系的尺寸，包括配合尺寸、重要的相对位置尺寸和装配时加工的尺寸，用以保证机器或部件的工作精度和装配精度。如图6.39中轴承座与轴瓦的配合尺寸 $\phi40H8/k7$、$50H9/f9$，轴瓦固定套与轴承盖的配合尺寸 $\phi10H8/s7$，轴承座与轴承盖的配合尺寸 $70H9/f9$ 以及轴承座与轴承盖的重要相对位置尺寸2。装配时加工的尺寸如定位销孔等。

（3）安装尺寸

机器或部件安装时所需的尺寸，如图6.39中的140和13，表明轴承安装时需采用二个M12的螺栓，其中心距为140。

（4）外形尺寸

表明机器或部件外形轮廓大小的尺寸，即总长、总宽和总高。它为包装、运输和安装所占空间的大小提供了依据，如图6.39中的180、125、60，分别表明轴承的总长、总高和总宽。

（5）其他重要尺寸

是在设计中确定的、而又未包括在上述几类尺寸中的一些重要尺寸。如运动零件的极限尺寸、主要零件的重要尺寸等。如图 6.39 中的 50，表明了轴承支承轴孔的中心高度。

需要说明的是，并不是每一张装配图都具有上述五种尺寸，而且有的尺寸可能同时具有多种作用，因此，对装配图进行尺寸标注时，需要具体情况具体分析。

2. 零（部）件序号和明细栏［Item references and items block for assembling drawing］

为了便于读图、组织生产和图样管理，必须对机器（部件）的各组成部分（零件、组件和部件）进行编号（序号或代号），并在标题栏上方填写与图中序号一致的明细栏。通常总装图对部件进行编号，而部装图则对零件进行编号。

（1）零件序号的标注

a. 基本要求：装配图中所有的零（部）件均应编号；装配图中的每一种零（部）件只编写一个序号，该序号与明细栏中的序号应一致。

b. 标注序号的方法和常见形式：在所指零、部件的可见轮廓内画一圆点，然后从圆点处开始画指引线（细实线），在指引线的另一端画一水平线或圆（均为细实线），在水平线上或圆内注写序号，序号的字高应比尺寸数字大一号，如图 6.42a 所示。也可不画水平线或圆，而直接在指引线的另一端注写序号，但序号字高应比尺寸数字大一号或两号，如图 6.42b 所示。对于厚度较薄的零件或涂黑的剖面，可在指引线末端画出箭头，并指向该部分的轮廓，如图 6.42c 所示。

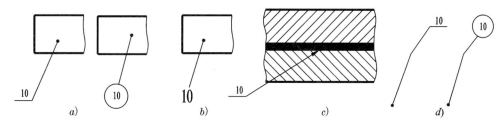

图 6.42 零（部）件序号的标注形式

注意：同一装配图中编排序号的形式应一致，零、部件序号应沿水平或垂直方向按顺时针（或逆时针）方向顺次排列整齐，并尽可能均匀分布，如图 6.39 滑动轴承的装配图所示。

序号的指引线不应相交，当指引线通过有剖面线的区域时，不应与剖面线平行；必要时，允许指引线转折一次，如图 6.42d 所示。

c. 零件组的标注形式：对于一组紧固件或装配关系清楚的零件组，允许采用公共指引线，序号书写形式如图 6.43 所示；装配图中的标准化组件（如油杯、电机、轴承等）可看作一个整体，只编写一个序号，如图 6.39 中的油杯（6 号）。

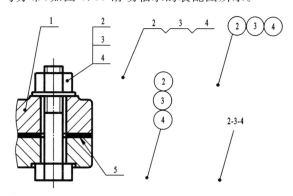

图 6.43 零件组的序号编号形式

（2）明细栏

明细栏是机器（或部件）中全部零、部件的详细目录，其格式和尺寸详见第 1 章。明细栏应画在标题栏的上方，序号自下而上填写，如位置受限，可将明细栏分段画在标题栏的左方。明细栏的填写方式如图 6.39 所示。

167

6.4.4 装配结构的合理性简介[Rationalization of the assembly]

为了便于部件的装配和维修,并保证部件的工作性能,在设计和绘制装配图时,应考虑采用合理的装配结构。常见的装配结构合理性图例如图6.44所示。为了保证端面的良好接触,两零件在同一方向上应避免有两对表面同时接触,轴或孔上应有倒角、倒圆或退刀槽、越程槽,如图6.44a所示;螺纹连接时,可采用双螺母、弹簧垫圈等结构防止螺母松脱,如图6.44b所示;当需要进行轴向定位时,定位段轴的长度应小于被定位零件的长度,使轴肩与挡圈(垫圈)同时顶住需要定位的零件,如图6.44c所示;为便于拆装,必须留出装拆螺栓的空间及扳手操作位置,如图6.44d所示。

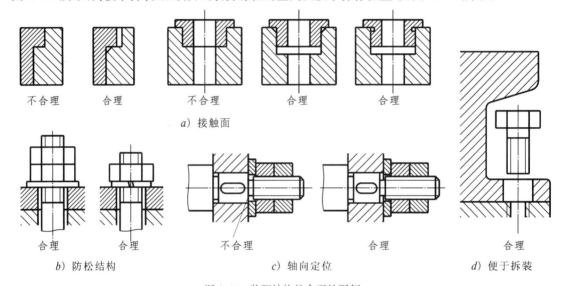

a) 接触面

b) 防松结构　　　　c) 轴向定位　　　　d) 便于拆装

图6.44 装配结构的合理性图例

6.4.5 部件测绘和装配图的画法[Parts measurement and the drawing of the assembly]

根据现有部件拆画出零件草图并进行测量,再整理绘制成装配图和零件图的过程称为部件测绘。

下面以图6.45所示的滑动轴承为例,说明部件测绘的方法和步骤:

1. 了解和分析部件[Understand and analyze the parts]

通过对实物的观察、参阅有关资料及向有关人员询问等途径,了解部件的用途、性能、工作原理、结构特点、零件间的装配关系及拆装方法等内容。

对图6.45进行分析可知:滑动轴承是用来支承轴的,它由八种零件组成,其中螺栓、螺母为标准件,油杯为标准组合件。为便于轴的安装与拆卸,轴承做成上下结构;因轴在轴承中转动,会产生摩擦及磨损,故内置采用耐磨、耐腐蚀的锡青铜轴瓦;上、下轴瓦分别安装于轴承盖、轴承座中,且采用油杯进行润滑,轴瓦上方及左右侧开有导油槽,使润滑更为均匀。轴承盖与轴承座之间做成阶梯止口配合,以防止盖与座间的横向错动;固定套防止轴瓦发生转动。采用方头螺栓,使拧紧螺母时螺杆不发生相对转动,并采用双螺母防松。

2. 拆卸零件并绘制装配示意图[Parts dismantling and schematic assembly drawing]

拆卸零件的过程是进一步了解部件中零件的作用、结构、装配关系的过程。为了保证能顺利地将部件重新装配起来,避免遗忘,在拆卸过程中一般应画出装配示意图,记录下部件的工作原理、传动系统、装配和连接关系等内容,并在图上标出各零件的名称、数量和需要记录的数据。滑动轴承的装配示意图如图 6.46 所示。

拆卸部件时应注意以下几点:

(1)拆卸时首先要考虑好拆卸顺序,根据部件的组成情况及装配工作的特点,将其分为几个组成部分,分部分依次拆卸。

(2)拆下的零件要按顺序编号,扎上标签,并分区、分组放置在特定的地方。

(3)拆卸时应采用正确的方法和相应的工具,对于表面粗糙度要求较高的零件,要防止碰伤;对于不可拆卸的连接和过盈配合的零件,应避免强行拆卸,以免损伤零件。测绘完成后,应按原样装配起来,使装配后保证部件原有的完整性、精确性和密封性。

螺母
油杯
轴承盖
轴瓦固定套
轴承座
上轴瓦
下轴瓦
方头螺栓

图 6.45　拆卸后滑动轴承的立体图

3. 画零件草图和零件图[Parts sketch and parts drawing]

测绘工作通常是在现场进行的,常要求在尽可能短的时间内完成,以便迅速将部件重新装配起来。除了标准件、标准组合件和外购件(如电机等)外,其余的零件都应画出零件草图。对于标准件和外购件,应列出标准件表,记下它们的规格尺寸和数量(见图 6.46)。零件草图与零件图在内容上是一致的。滑动轴承部分零件的草图如图 6.47 所示。图 6.48 为轴承座的零件图。

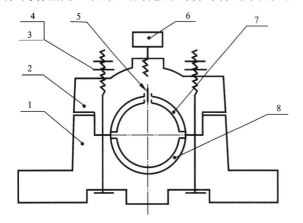

序号	名称	数量
1	轴承座	1
2	轴承盖	1
3	螺母GB/T 6170 M10	4
4	螺栓GB/T 8 M10×90	2
5	轴瓦固定套	1
6	油杯JB/T 7940.3 B12	1
7	上轴瓦	1
8	下轴瓦	1

图 6.46 滑动轴承的装配示意图及零件编号

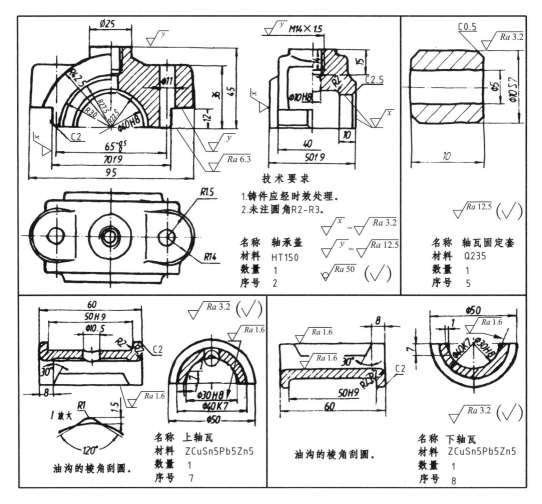

图 6.47 滑动轴承部分零件的草图

170

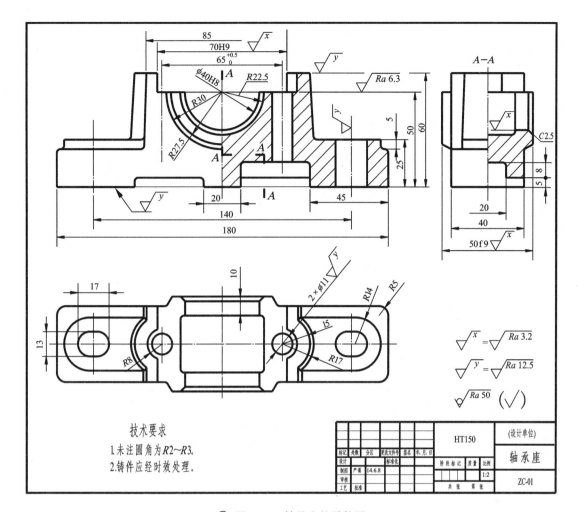

技术要求

1.未注圆角为R2~R3。
2.铸件应经时效处理。

标记	处数	分区	更改文件号	签名	年 月 日		HT150		(设计单位)
设计			标准化						轴承座
制图	严丽	14.6.8			阶段标记	质量	比例		
审核							1:2		ZC-01
工艺		批准			共 张	第 张			

● 图 6.48　轴承座的零件图

4. 画装配图［Assembly drawing］

在实际的设计及测绘工作中,根据装配示意图和零件草图(或零件图)就可以绘制装配图了。绘制装配图的过程,就是虚拟的部件装配过程,可以检验零件的结构是否合理、尺寸是否正确,若发现问题,则可返回去修改零件结构及尺寸。因此,画装配图时,零件的尺寸大小一定要画准确,装配关系不能错,对于零件的错误应及时修改。下面以滑动轴承的装配图画法为例,说明画装配图的具体方法和步骤。

(1)拟定表达方案

首先必须明确部件的工作方式、工作原理和安装方法,从而选择与其工作位置或安装位置相一致的位置作为部件的放置位置,再根据部件的结构特点和装配关系确定主视图的投射方向。主视图的投射方向确定后,再确定主视图的表达方式,使主视图能较多地反映部件的工作原理和装配关系。根据主视图的表达程度再选用其他视图,使装配图能够达到完整表达部件工作原理、装配关系、安装关系及主要零件结构形状的目的。

如滑动轴承装配图的主视图选用了与工作位置相一致且最能反映结构特点及装配关系的位置,因该部件左右对称,故主视图采用了半剖视同时反映内外结构、装配关系及主要零件的形状。因该部件的安装关系和轴瓦的前后凸缘与轴承座、盖的配合关系尚未表达清楚,故采用俯视图表达(如采用左视,则安装关系仍不能清楚表达),因该部件为上下可拆卸结构,故俯视图的表达采用沿结合面剖切的半剖视(也可采用拆卸画法,请读者自行分析)。

(2)画图

首先根据部件大小选择图幅及绘图比例,然后进行整体布图,应注意留出零件明细栏的位置。画图时,应从最主要的零件开始,然后根据装配关系及连接关系从内向外或从外向内顺次进行。应正确判断各零件之间的相互关系,如接触关系、连接关系、遮挡关系等。

画滑动轴承装配图的步骤是:a. 布图;b. 画轴承座;c. 画轴瓦;d. 画轴承盖;e. 画轴瓦固定套,查表画螺栓连接及油杯;f. 画剖面线,加深图线,如图 6.49 所示。

注意:当所画零件是运动件时,可按极限运动位置画出,如球阀装配图是选用球阀全通状态画出的。当零件可压缩(如弹簧等)时,应先画出对其产生约束作用的零件,最后根据空余位置画出可压缩件。

(3)标注尺寸和写技术要求

各视图画好后,应根据该部件的具体情况,标注反映部件的工作性能、零件装配、部件安装及整体外形等尺寸,并注写出部件在装配、安装、检验、维护等方面需要的技术要求。如图 6.39 所示。

(4)进行零件编号,填写零件明细栏及标题栏

对于每一种零件编一个序号,并沿顺时针(或逆时针)方向顺次排列整齐。编完并检查无遗漏后,方可自下而上填写明细栏,最后填写标题栏中的各项内容,检查、完成全图。如图 6.39 所示。

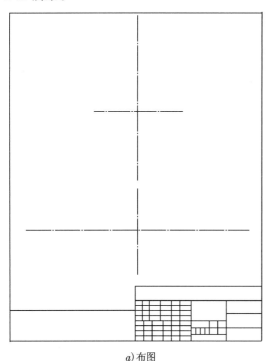
a)布图

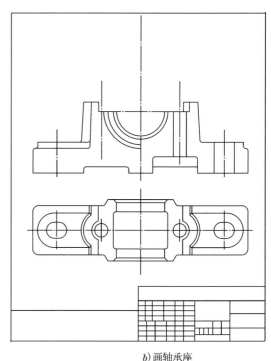
b)画轴承座

图 6.49 画滑动轴承装配图的步骤

172

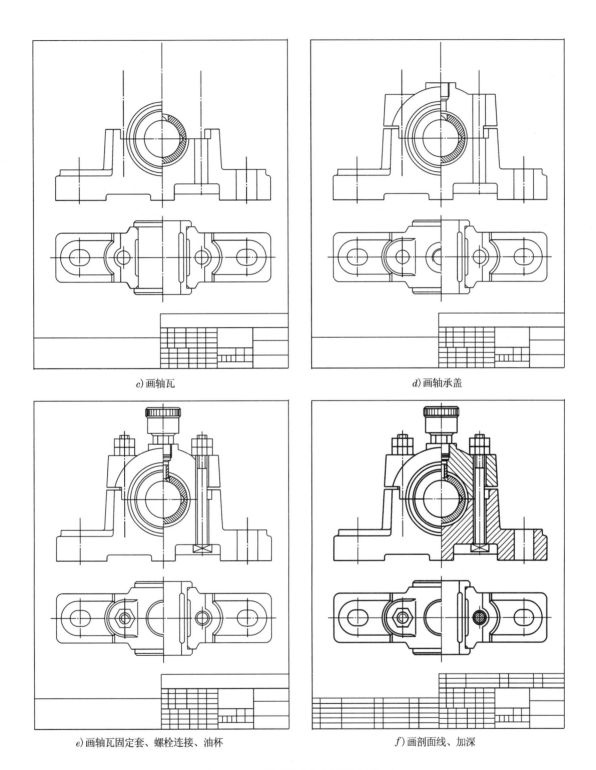

c) 画轴瓦   d) 画轴承盖

e) 画轴瓦固定套、螺栓连接、油杯   f) 画剖面线、加深

图 6.49 画滑动轴承装配图的步骤(续)

6.4.6　读装配图和由装配图拆画零件图［Read the assembly drawings and dismantle and draw the detail drawings］

1. 读装配图［Reading assembly drawings］

读装配图的目的是从装配图上了解机器或部件的用途、性能及工作原理；了解各组成零件之间的装配关系、安装关系和技术要求；了解各零件的名称、数量、材料以及在机器中的作用，并看懂其基本形状和结构。下面以齿轮油泵的装配图（图 6.50）为例，说明读装配图的方法及步骤。

（1）概括了解

从标题栏中了解机器或部件的名称，结合阅读说明书及有关资料，了解机器或部件的用途。根据比例，了解机器或部件的大小。从明细栏的序号与图中的零件序号对应，了解各零件的名称及在装配图中的位置。并通过读图了解装配图的表达方案及各视图的表达重点。

图 6.50 是齿轮油泵的装配图。齿轮油泵是机器供油系统的一个部件，从图中的比例及标注的尺寸可知其总体大小。从明细栏可知，该油泵共有 14 种零件，其中标准件 5 种，非标准件 9 种。零件的名称、数量、材料、标准件代号及它们在装配图中的位置，可对照零件序号和明细栏得知。齿轮油泵采用了两个视图进行表达。从标注可知，主视图是采用相交剖切面剖切得到的全剖视图，它表达了齿轮油泵的主要装配关系；左视图采用沿垫片与泵体结合面剖开的半剖视图，并采用局部剖视表达了一对齿轮啮合及吸、压油的情况和安装孔的情况。

（2）分析装配关系和工作原理

分析部件的装配关系，一般可从装配线路入手。从图 6.50 可见，齿轮油泵有两条装配线路。一条是主动齿轮轴装配线路，为装配主线路，主动齿轮轴 5 装在泵体 1 和泵盖 3 的轴孔内，在主动齿轮轴右边的伸出端装有密封圈 8、压紧套 9、压紧螺母 10、齿轮 11、键 12、弹簧垫圈 13 及螺母 14。另一条是从动齿轮轴装配线路，从动齿轮轴 4 装在泵体 1 和泵盖 3 的轴孔内，与主动齿轮相啮合。

分析部件的工作原理，一般可从运动关系入手。从图 6.50 的主视图可以看出，外部动力传递给齿轮 11，再通过键 12 传递给主动齿轮轴 5，带动从动齿轮轴 4 产生啮合转动。从左视图可以看出，两齿轮的啮合区将进、出油孔对应的区域隔开，由此形成液体的高压区和低压区，画出工作原理示意图如图 6.51 所示。当齿轮按图 6.51 中箭头所示的方向转动时，齿轮啮合区右边的轮齿从啮合到脱开，形成局部真空，油池中的油在大气压力的作用下，被吸入泵体右腔内，转动的齿轮将吸入的油通过齿槽沿箭头方向不断送至啮合区左侧，因轮齿的啮合阻断了油的回流，于是油便从左侧的出油口压出，经管路输送到需要供油的部位。

（3）分析部件的结构及尺寸

部件的结构有主要结构和次要结构之分，直接实现部件功能的结构为主要结构，其余部分为辅助（次要）结构。如图 6.50 中，直接实现泵油功能的一对啮合齿轮与泵体、泵盖的配合结构即为主要结构，而泵体与泵盖通过螺钉的连接结构、通过销的定位结构，以及泵体与泵盖之间的垫片、主动齿轮轴的伸出端由密封圈、压紧套、压紧螺母组成的密封结构，弹簧垫圈与螺母形成的防松结构等均为辅助结构。

图 6.50 中的两齿轮轴与泵体、泵盖上轴孔的配合均为 $\phi16H7/h6$，为小间隙配合，使齿轮轴能平稳转动；齿轮端面与空腔的间隙可通过垫片的厚度进行调节，使齿轮在空腔中既能转

动,但又不会因齿轮端面的间隙过大而产生高压区油的渗漏回流,齿顶圆与泵体空腔的配合为
φ34.5H8/f7,为基孔制较小间隙的配合,运动输入齿轮孔与主动齿轮轴的配合为φ14H7/h6,
压紧套外圆与泵体孔的配合为φ22H8/f7。还有反映泵流量的油孔管螺纹尺寸G3/8吋(也为
输油管的安装尺寸),表明输油管的内径为φ9.525mm(1吋=25.4mm),两齿轮中心距为
28.76±0.016(装配尺寸),部件的安装孔尺寸为2×φ6.5和70(中心距),部件的总长120、总
宽85、总高95以及油孔中心高为50。

(4)分析零件的结构形状

部件由零件构成,装配图的视图也可看作是由各零件图的视图组成,因此,读懂部件的工
作原理和装配关系,离不开对零件结构形状的分析,而读懂了零件的结构形状,又可加深对部
件工作原理和装配关系的理解。读图时,利用同一零件在不同视图上的剖面线方向、间隔一致
的规定,对照投影关系以及与相邻零件的装配关系,就能逐步想象出各零件的主要结构形状。
分析时一般从主要零件开始,再看次要零件。

齿轮油泵的主要零件是泵体、泵盖、齿轮轴等,它们的结构形状需要将主、左视图对照起来
进行分析、想象,其余零件的形状、结构较为简单,可通过投影对应分析、功能分析和空间想象
来实现。

(5)读懂技术要求

图6.50中的技术要求有三条,第一、二条是装配时的要求,第三条是装配后的检验要求。

(6)综合归纳

在以上各步的基础上,综合分析总体结构,从而想象出齿轮油泵的总体结构形状,如图
6.52所示。而各零件的形状及结构,如图6.21的轴测分解图所示。

2. 由装配图拆画零件图[Dismantle and draw the detail drawings by the assembly drawing]

在设计及测绘过程中,一般先根据零件草图画出装配图,再根据装配图拆画出零件图。拆
画零件图应在全面读懂装配图的基础上进行,一般可分为如下几个步骤:

(1)读懂装配图。

(2)分离零件。

(3)选取表达方案,按零件图的画图步骤画图。

拆画零件图时应注意以下几点:

(1)在装配图中没有表达清楚的结构,要根据零件的功能和要求补画出来。

(2)在装配图中被省略的细部结构(如倒角、倒圆、退刀槽等),在拆画零件图时均应全部
画出。

(3)拆画零件图时,要结合零件本身的结构特点选择表达方案,不必一定照抄装配图中表
达的零件视图。

(4)装配图上已有的尺寸(真实大小),拆图时必须保证,而其他尺寸则由装配图上所画的
大小按该图所用的比例(有时图中所标的比例并非真实,需从图中所画长度与所标尺寸之比重
新确定)直接量取,数字可作适当圆整。对于零件的一些标准结构,如螺纹、键槽、销孔等,可根
据装配图明细栏中所注的标准件公称尺寸经查表确定。

(5)零件的尺寸公差,可根据装配图中所标的配合尺寸直接得到,表面粗糙度、热处理等技
术要求,需根据该零件在部件中的功能、与相邻零件的装配关系、材料、设计要求及加工工艺要
求等知识综合确定,也可适当参照同类零件的技术要求进行拟定。

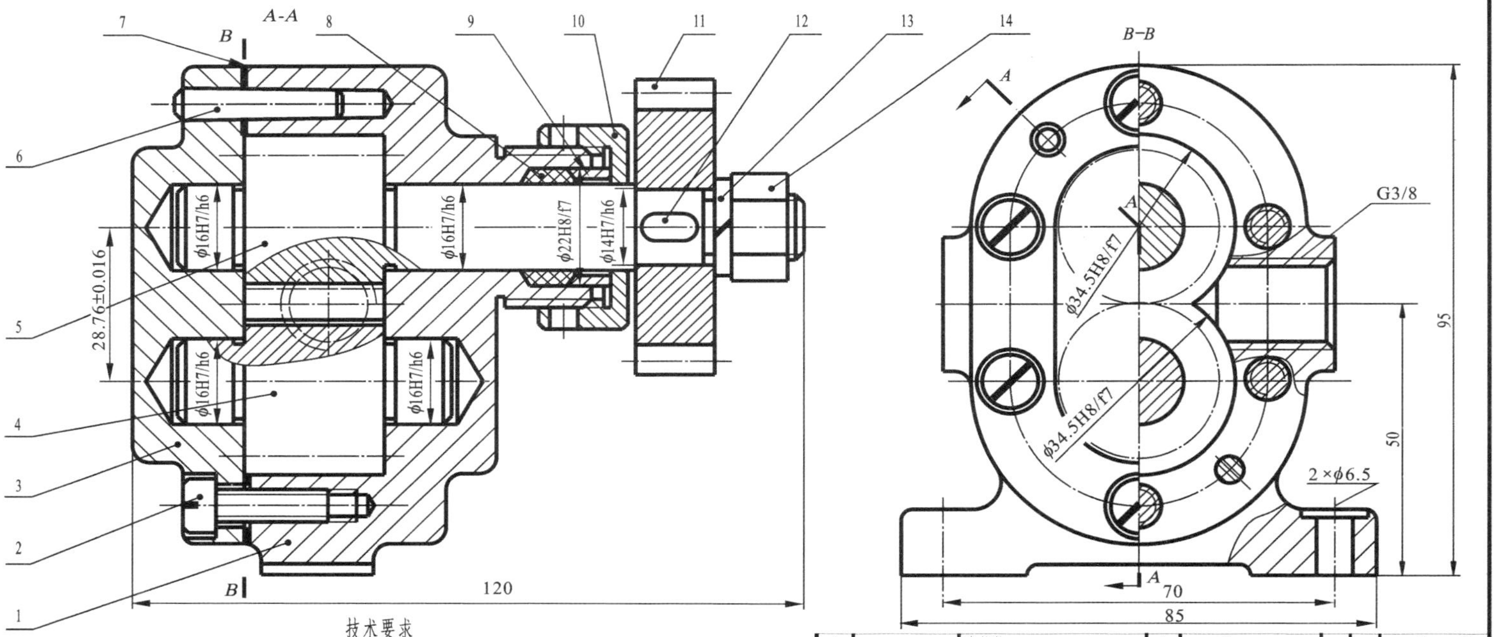

ⓔ 图6.50 齿轮油泵装配图

技术要求

1. 齿轮安装后，用手转动齿轮轴时，应无卡阻现象。
2. 两齿轮的啮合面应占齿长的3/4以上。
3. 安装后需进行油压试验。

14	GB/T 6170	螺母 M12	1		
13	GB/T 93	垫圈 12	1		
12	GB/T 1096	键 5×5×10	1	45	
11		齿 轮	1	35	$m=2.5\ z=20$
10		压紧螺母	1	35	
9		压紧套	1	橡胶	
8		密封圈	1	纸板	
7		垫片	1		t1
6	GB/T 117	销 A5×26	2		

5		齿轮轴	1	45	$m=3\ z=9$
4		齿轮轴	1	45	$m=3\ z=9$
3		泵盖	1	HT200	
2	GB/T 65	螺钉 M6×20	6		
1		泵体	1	HT200	
序号	代号	名 称	数量	材 料	备 注

标记	处数	分区	更改文件号	签名	年、月、日					单件	总计	
设计			标准化					(设计单位)		质量		
制图	严谨			09.6.8		阶段标记	质量	比例		齿轮油泵		
审核								1:1				
工艺						共 张 第 张				CLYB-00		

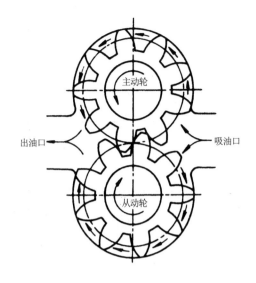

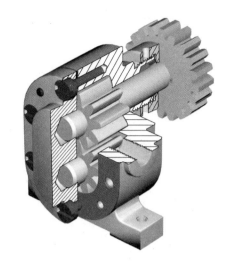

图 6.51　齿轮油泵的工作原理示意图　　　　图 6.52　齿轮油泵的立体图

　　下面仍以齿轮油泵装配图为例,拆画泵体(1 号零件)的零件图。

　　(1)分离零件,想象零件的结构、形状,如图 6.53a、b 所示。该零件为箱体类零件,由包容轴孔及空腔的壳体和底座组成。

　　(2)重新确定零件的表达方案,如图 6.54 所示。该零件在装配图中由主、左两视图表达,其右侧形状、底板形状及底板上安装孔的位置上未表达清楚,需通过想象补充完整。

　　(3)标注尺寸及技术要求,填写标题栏,如图 6.55 所示。

　　泵盖的零件图如图 6.20 所示。

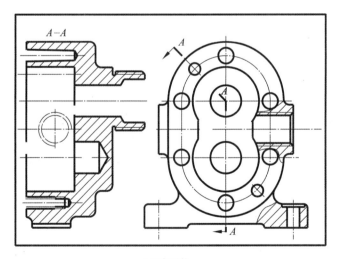

a)分离零件

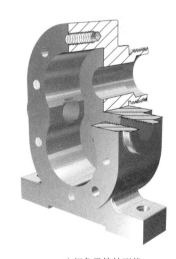

b)想象零件的形状

图 6.53　分离零件并想象零件的形状

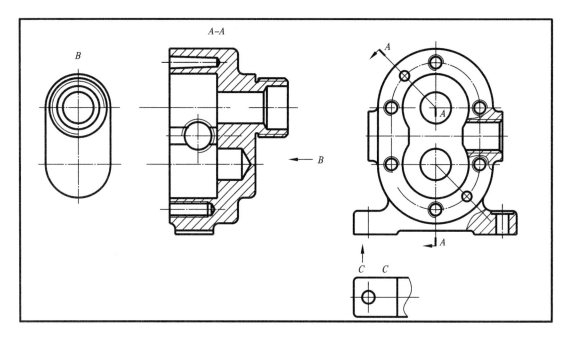

图 6.54　重新确定泵体的表达方案

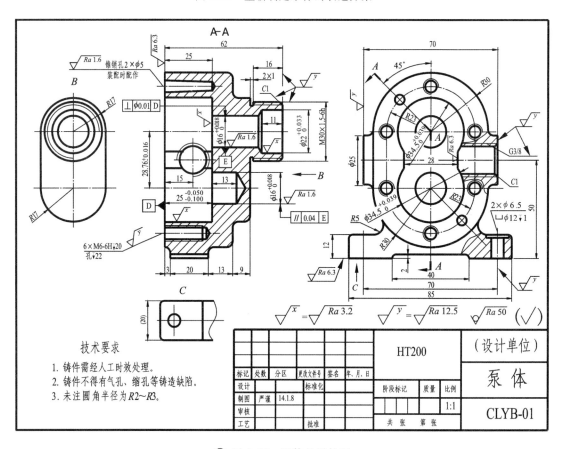

技术要求

1. 铸件需经人工时效处理。
2. 铸件不得有气孔、缩孔等铸造缺陷。
3. 未注圆角半径为 R2~R3。

● 图 6.55　泵体的零件图

7　计算机绘图与建模
Chapter 7　Computer Graphics and Modeling

　　内容提要：本章主要介绍通用绘图软件 AutoCAD 及三维设计软件 Inventor 的基本操作及主要命令的使用方法，并通过绘制工程图样及三维建模的实例，介绍工程图样的绘制及三维模型的创建方法及步骤。通过本章的学习和训练，使读者初步掌握 AutoCAD 及 Inventor 软件的基本使用方法，并能运用 AutoCAD 软件绘制简单的工程图样，运用 Inventor 进行简单产品的三维建模并生成工程图。

　　Abstract：This chapter mainly introduces the basic operation methods and main commands of general drawing software AutoCAD and three－dimensional（3D）design software Inventor. Through the examples of engineering drawings and 3D modeling, the methods and steps of engineering drawing and modeling are introduced. Through the study and training in this chapter, readers will learn and master the basic use of AutoCAD and Inventor. They can learn to use AutoCAD software to make simple engineering drawings, and use Inventor to perform 3D modeling of simple products and generate its engineering drawings.

7.1　计算机绘图与建模概述
［Introduction］

　　计算机绘图［Computer Graphics，CG］，通常是指计算机二维绘图，是运用计算机软件（系统软件、基础软件、绘图应用软件）和硬件（主机、图形输入及输出设备）处理图形信息，从而实现图形的生成、显示及输出的计算机应用技术。随着计算机应用技术的发展，计算机绘图已成为绘制工程图样的主要手段，同时，计算机二维绘图还是计算机三维建模的基础。

　　计算机三维建模［3D Computer Modeling］，是通过计算机软件和硬件，在计算机上实现物体虚拟三维动态模型构造的过程。

　　计算机绘图及建模是**计算机辅助设计**（Computer Aided Design，CAD）、**计算机辅助分析**（Computer Aided Engineering，CAE）和**计算机辅助制造**（Computer Aided Manufacture，CAM）的重要组成部分，也是产品造型、动态仿真、虚拟现实技术的基础。

　　AutoCAD 软件，是目前国内外使用最为广泛的计算机绘图及建模软件之一，是美国 Autodesk 公司的代表产品，该软件自 1982 年推出后，先后经历了 30 余次的版本更新。随着版本的不断更新，其功能也不断扩充和完善，新版本拥有完善的二维绘图及三维建模功能，易学易用，且二维与三维功能之间的转换非常方便快捷，其软件的兼容性也得到进一步增强。

　　Inventor 软件，是美国 Autodesk 公司 1999 年推出的参数化特征建模三维设计软件。与 AutoCAD 软件具有良好的继承性与兼容性，其功能也越来越完善，并集成了有限元分析的部分功能，可直接实现产品三维数字化设计、分析、数控加工的功能，是运用较为广泛的集三维可视化、参数化、实体建模为一体的三维设计软件之一。

　　目前被广泛应用的计算机绘图及建模软件还有：SolidWorks、CAXA、中望 CAD 软件，以及大型集成化产品生命周期管理（Product Lifecycle Management，PLM）软件，如：UG-NX、CATIA 、PRO/E 等，这类软件具有 CAD、CAE、CAM 等综合功能，可实现产品全生命周期的管理，为产品全数字化设计及智能制造，提供了有力的支撑。

不同的计算机绘图及建模软件，尽管其操作界面、操作方式及功能上有所不同，但其绘图与建模的基本功能大同小异，而且相互的兼容性也在不断增强。因此，只要掌握好了 Auto-CAD、Inventor 软件的使用方法，在需要时，也能很快地学会使用其他的绘图与建模软件。

本章主要以 AutoCAD 2018、Inventor 2020 版本软件介绍绘制工程图及创建三维模型的基本操作及主要命令的使用方法，并通过实例操作，展示使用 AutoCAD 、Inventor 绘制工程图及三维建模的基本方法和步骤。

7.2　AutoCAD 2018 的主界面及基本操作方法
[**Main interface and basic operation of AutoCAD** 2018]

7.2.1　AutoCAD **2018** 的主界面[AutoCAD2018 main menu]

1.软件启动

AutoCAD 2018 软件安装完成后，可通过以下几种方式启动该软件：

（1）双击 Windows 桌面上的 图标，启动 AutoCAD 2018 软件。

（2）从 → ▶　所有程序 → AutoCAD 2018 - 简体中文 → AutoCAD 2018 - 简体中文 启动 AutoCAD 2018 软件。

（3）双击已有的 AutoCAD 图形文件（＊.dwg 格式，但应为 AutoCAD 2018 以下或兼容版本的文件），启动 AutoCAD 2018 软件。

启动 AutoCAD 2018 软件后，则进入到软件的【创建】——初始选择界面，如图 7.1a 所示。选择【开始绘制】，则进入软件默认的【草图与注释】主界面，如图 7.2 所示。如果需要打开已有

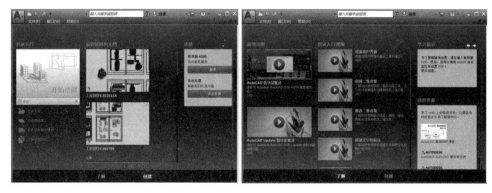

a）【创建】——软件初始选择界面　　　　*b*）【了解】——软件新功能学习选项界面

图 7.1　AutoCAD 2018 的初始界面

注：本章自定义符号说明："→"为下一步；"↙"为按回车键；"/"为下级菜单；"【】"为软件中的命令名或菜单名；" "为键盘的键名。

的 AutoCAD 文件,则选择【打开文件】或选择【最近使用的文档】。也可直接点击界面左上角的快捷菜单中的🗋或📂图标,实现"新建"或"打开"文件的操作。如果需要了解软件的新功能,或者需要查看软件的"快速入门视频",则用鼠标左键点击图 7.1*a* 所示界面下方的【了解】,进入到【了解】——软件新功能学习选项界面,如图 7.1*b* 所示。

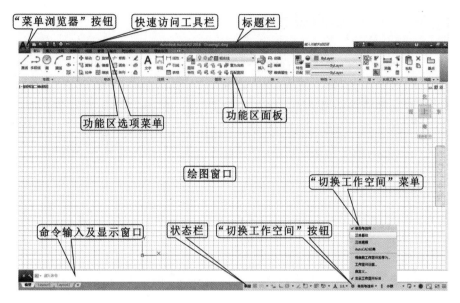

图 7.2 【草图与注释】主界面

2.工作空间的转换

如果需要转换"工作空间",则单击图 7.2 界面右下方的"切换工作空间"图标⚙,弹出"切换工作空间"菜单,可根据需要或操作习惯切换到【三维基础】或【三维建模】主界面,如图 7.3 所示。

在 AutoCAD 不同的"工作空间"中,尽管主界面的形式及工具栏分布有所不同,但操作方法、命令使用方法及图形菜单的功能都是相同的,其每一种"工作空间"中,也都能实现二维绘图及三维建模的功能。

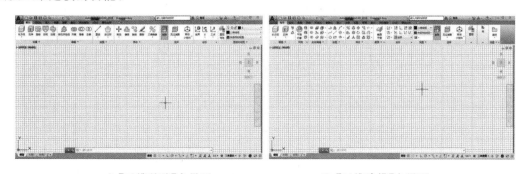

a)【三维基础】主界面   *b*)【三维建模】主界面

图 7.3 AutoCAD 2018 的主界面

3.软件的退出

AutoCAD 的退出有如下几种方式:

(1)选择下拉菜单中的【文件】/【退出】命令,退出 AutoCAD 2018 软件。

（2）按 Ctrl＋Q 键，退出 AutoCAD 2018 软件。

（3）单击主界面右上角的"关闭"按钮![X]，退出 AutoCAD 2018 软件。

在进行退出操作时，如出现"是否将改动保存到 ×．dwg ?"的信息提示框，则表明该文件改动后尚未存盘，单击【是(Y)】，则以"×．dwg"文件名保存文件后退出；单击【否(N)】，则不保存退出；单击【取消】则不退出，返回主界面。

7.2.2　AutoCAD 经典主界面的定制及介绍

［Customization and introduction of AutoCAD classic main interface］

在 AutoCAD 2014 及以前的版本中，一直有一个"AutoCAD 经典"的主界面，由于该界面简洁、清晰，且容易理解及操作，深受用户的喜爱。但在 AutoCAD 2015 及以后的版本中，"AutoCAD 经典"主界面只能通过用户定制来实现了，通过"AutoCAD 经典"主界面的定制，便可实现不同版本软件操作界面的统一，为读者学习使用该软件带来极大的方便。

1."AutoCAD 经典"主界面的定制

操作方法及步骤：

（1）启动 AutoCAD 2018。双击 Windows 桌面上的![A]图标，选择【开始绘制】，进入如图7.2 所示的【草图与注释】主界面。

（2）显示下拉菜单栏。单击"快速访问工具栏"最右边的按钮![▼]，在显示出的下拉菜单中单击【显示菜单栏】命令，如图 7.4 所示，则恢复出经典的"下拉菜单"。

（3）调出工具条菜单。选择上一步刚调出的下拉菜单栏中的【工具】/【工具栏】/【AutoCAD】，则出现经典的 AutoCAD 工具条菜单，如图 7.5 所示。

图 7.4　恢复显示下拉菜单栏

图 7.5　调出工具栏菜单

（4）调出经典的常用工具条。在上一步显示的"工具条菜单"中，单击需要的工具条的名称，则该工具条便可显示到主界面上。如调出【标准】【图层】【特性】【绘图】【修改】【对象捕捉】

182

【标注】等工具条。在调出一条工具条后,可直接用鼠标右键在工具条上单击,便会显示出"工具条菜单",这样,便可更方便地调出需要的工具条。

(5)关闭"功能区面板"及"功能区选项"菜单。单击"功能区选项菜单"最右边的按钮，点选【最小化为选项卡】,则"功能区面板"被隐藏;再将鼠标指针移动到"功能区选项菜单"所在行上,右击鼠标,在弹出的下拉菜单上,点击【关闭】,则"功能区面板"及"功能区选项菜单"均被关闭。至此,"AutoCAD 经典"主界面定制完成,如图 7.6 所示。

(6)保存"AutoCAD 经典"主界面。单击主界面右下方的"切换工作空间"按钮，弹出"切换工作空间"菜单,点击【将当前工作空间另存为…】,出现"保存工作空间"对话框,输入"AutoCAD 经典",则将定制完成的主界面保存为"AutoCAD 经典"。单击"切换工作空间"按钮，在弹出"切换工作空间"菜单里,便会出现【AutoCAD 经典】命令,可供用户随时调用。

考虑到软件版本的不断更替,为省去学习者需要不断去学习及适应新版本软件主界面变化的烦恼,因而,在本教材后面的案例及介绍中,主要以【AutoCAD 经典】主界面作为操作学习及实例训练的主要参照界面。

2.【AutoCAD 经典】主界面介绍

如图 7.6 所示,【AutoCAD 经典】主界面可分为位置相对固定的标题栏、下拉菜单栏、绘图窗口、命令输入及显示窗口、状态栏和位置可自由移动且可自由打开或关闭的工具条(图形菜单)。在 AutoCAD 的主界面上可以实现 AutoCAD 的所有操作。

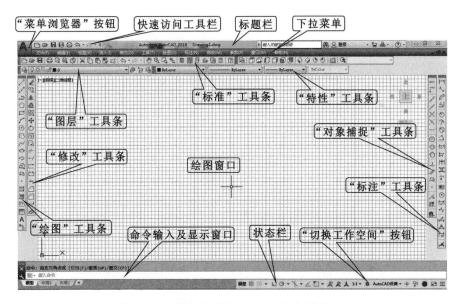

图 7.6　定制完成的"AutoCAD 经典"主界面

标题栏:位于主界面最上方,包含了"菜单浏览器"按钮、快速访问工具栏、文件名称、信息中心等内容。

下拉菜单:共 12 条,每一条都包含一系列的命令,几乎包括了 AutoCAD 的所有功能及命令。而常用的功能及命令已包含于 44 条工具条中。工具选项板则是命令输入的另一途径。

绘图窗口:一切绘图及建模操作的区域。

命令输入及显示窗口:可通过键盘输入命令,同时显示正在进行的操作及命令,并显示出相应的操作提示,是十分重要的人机对话窗口和操作过程记录窗口。

状态栏:位于主界面的最下方,用来显示 AutoCAD 当前绘图、编辑的状态,并可进行相应的设置,能随时打开或关闭,从而实现快速、准确绘制及编辑图形、模型的操作。主要内容包括光标动态坐标显示、模型(图纸)绘图空间切换、图形绘制及操作按钮等,各按钮功能如图 7.7 所示。通常并不需要将其全部都显示出来,故可以通过【自定义状态栏】按钮对"状态栏"进行管理。

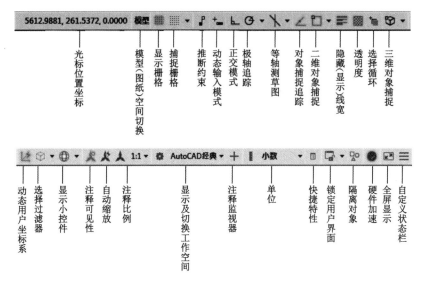

图 7.7　状态栏的功能

绘图状态切换及设置功能按钮对快速、准确地作图非常重要,需要对其加以充分理解。单击按钮则开启,再次单击则关闭。右击按钮,则弹出绘图状态快速设置菜单,如图 7.8a 所示,可根据需要滑动光标到相应参数进行选取,也可单击【设置(S)】命令,显示【草图设置】对话框,如图 7.8b 所示。根据需要设置相应状态参数后,单击【确定】按钮结束设置。

a)绘图状态快速设置菜单　　　　　　　　b)【草图设置】对话框

图 7.8　图形状态切换及设置

184

如需要绘制与水平线呈 30°或以 30°为增量夹角的斜线,则应单击"极轴追踪"按钮 开启极轴追踪,然后右击"极轴追踪"按钮,弹出"绘图状态快速设置菜单",将光标滑到"30"处时单击鼠标;或单击【设置(S)】命令,显示【草图设置】对话框,将【增量角】设置为 30°并单击【确定】按钮。这样,在画线时,就会出现 30°增量夹角的追踪线,从而方便地实现 30°或以 30°为增量夹角的斜线绘制。

7.2.3 AutoCAD **2018** 的基本操作方法[Basic operation of AutoCAD 2018]

1. 鼠标的操作

用 AutoCAD 绘图时,鼠标是主要的命令输入及操作工具。点选命令及工具条上的图标、设置状态开关、确定屏幕上点的位置、拾取操作对象等,均按鼠标的左键;而查询对象属性、确认选择结束、弹出屏幕对话框、设置状态参数等,则按鼠标的右键。同时,滑动鼠标滚轮,可实现绘图区中图形的实时缩、放观察,按住鼠标滚轮再移动鼠标,则可实现绘图区中图形的平移观察。因此,掌握鼠标左、右键的配合及滚轮的使用,可大大提高作图的效率。

2. 键盘的使用

键盘主要用于尺寸数据的输入,使作图准确,同时也可用于命令和文字的输入。运用键盘上的快捷键(热键),可使作图更为方便、快捷。常用的快捷键有:

F1:可随时打开帮助文本,查找所需要的帮助信息(AutoCAD Help)。

F3:打开或关闭对象捕捉(Osnap on/off)。

F8:打开或关闭正交模式(Ortho on/off)。

Esc:中断正在执行的命令,使系统返回到能接受命令的状态。

Ctrl+Z():退回上一步操作(Undo)。

Delete:与删除命令 具有相同的功能。选中对象后,按 Delete 键即删除对象。

Enter(或空格键):确认某项操作,结束命令,结束键盘输入数据、文字或命令,并可重复上一命令。

3. 打开或关闭工具条

将光标移于任意工具条上,单击鼠标右键,即可弹出工具条菜单,如图 7.9 所示。移动光标到需要打开的工具条上,单击鼠标左键,即可打开该工具条(已打开的工具条前有"✔")。如需关闭某工具条,可直接用鼠标左键双击工具条,然后单击工具条右上角的工具条关闭符号"▮"。在一般情况下,不应关闭【标准】工具条、【图层】工具条和【特性】工具条。为了提高作图效率,工具条应摆放整齐,同时打开的工具条不宜过多,不用的工具条可关闭,从而使绘图区域更大。此外,由于 AutoCAD 系统具有自动记忆的功能,在下次进入 AutoCAD 时,AutoCAD 将处于上次退出时的状态,因此,上机操作结束时,一般应将主界面整理好后再退出。

4. 输入命令的方法

在命令输入及提示窗口出现"命令:"状态时,表明 AutoCAD 已处于接受命令状态,可采用下列任一方法输入命令。

方法一:从工具条输入。将光标移到工具条相应的图标上,单击鼠标左键即可。

方法二:从下拉菜单输入。将光标移到相应的下拉菜单上,则自动弹出第二级下拉菜单(部分命令还有第三级、第四级菜单),将光标移到选定的命令上,单击鼠标左键即可。此方法通常用于输入在工具条上找不到的命令。

方法三：从键盘输入。将命令（或命令缩写）直接从键盘输入并按回车键Enter即可。

此外，如需重复前一命令，可在下一个【命令：】提示符出现时，通过按空格键或按回车键Enter来实现；也可按鼠标右键弹出屏幕对话框，再选【重复 x】（x 为上一命令名）来实现。

5.输入数据的方法

当调用一条命令时，通常还需要输入某些参数或坐标值等，这时 AutoCAD 会在命令输入及提示窗口显示提示信息，用户可根据提示信息从键盘输入相应的参数或坐标值。

当提示为【指定下一点：】时，表明要求输入点的坐标，这时可从键盘输入相应的坐标，也可将光标移至相应位置后单击鼠标左键来确定。坐标值的定位有如下几种形式：

方法一：绝对直角坐标(x,y,z)。绘图窗口一般以屏幕左下角为坐标原点，从左向右为 x 坐标的正向，从下向上为 y 坐标的正向，进行二维作图时，z 坐标可不输入。如输入点 $x=420$mm、$y=297$mm，则从键盘输入 420,297↙即可。

方法二：绝对极坐标（距离＜角度）。如过坐标原点画一条距原点 50 且与 X 轴正向成逆时针 30°夹角的直线，则可先输入 0,0 ↙，再输入 50＜30 ↙即可。

方法三：相对直角坐标（@dx,dy）。如新输入点在前一点的左方 50、上方 20 处，则键入@－50,20 ↙即可。

方法四：相对极坐标（@距离＜角度）。如新输入点到前一点的距离为 40 且与 x 轴正向呈逆时针 60°夹角的直线，则键入@40＜60 ↙ 即可。

方法五：方向距离输入法。当第一点的位置确定后，开启正交▣或极轴追踪◈状态，移动光标到下一点的方向上，再从键盘直接输入到下一点的距离。这种方法可用于画线、输入点的位置或复制、平移的定位，其操作简便，既快又准确（需使状态栏上的"动态输入"▣处于关闭状态）。

方法六：动态输入法。点击状态栏上的"动态输入"▣按钮，选择绘图命令后，在光标处将直接显示出坐标、长度、角度等信息，选定需要的方向后，从键盘输入到前一点的距离即可；也可用Tab键切换距离与角度的输入（输入距离后，不按回车键，接着按Tab键，输入角度后再回车）。这种方法可看成是"方向距离输入法"的延伸，较为直观，但不能与"方向距离输入法"同时使用。

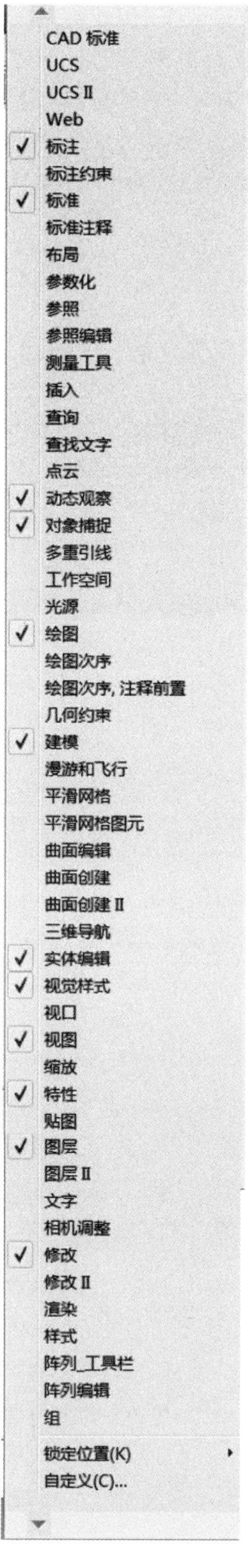

提示：在使用键盘输入数据、字母时，必须使输入法处于"英文"状态。

6.操作对象的选择

在绘图操作中，随时都会用到对象选择。选择对象主要有 3 种

图 7.9　工具条菜单

左侧菜单列表：

CAD 标准
UCS
UCS II
Web
✓ 标注
标注约束
✓ 标准
标准注释
布局
参数化
参照
参照编辑
测量工具
插入
查询
查找文字
点云
✓ 动态观察
✓ 对象捕捉
多重引线
工作空间
光源
✓ 绘图
绘图次序
绘图次序,注释前置
几何约束
✓ 建模
漫游和飞行
平滑网格
平滑网格图元
曲面编辑
曲面创建
曲面创建 II
三维导航
✓ 实体编辑
✓ 视觉样式
视口
✓ 视图
缩放
✓ 特性
贴图
✓ 图层
图层 II
文字
相机调整
✓ 修改
修改 II
渲染
样式
阵列_工具栏
阵列编辑
组
锁定位置(K)　▶
自定义(C)...

方法。

方法一：点选，用光标直接单击需要选择的对象，如图 7.10a 所示。

方法二：框选，将光标移到需选择对象的左上方，向右下方拖动，直到形成的方框完全框住待选对象，则框内对象被选中，如图 7.10b 所示。

方法三：交叉框选，将光标移到需选择对象的右下方，向左上方拖动，当形成的方框接触到待选对象时，即被选中，如图 7.10c 所示。

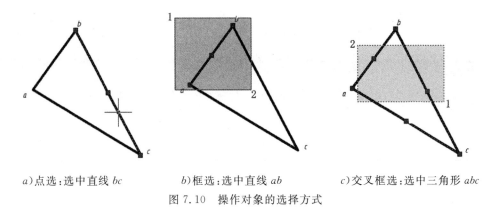

a)点选：选中直线 bc   b)框选：选中直线 ab   c)交叉框选：选中三角形 abc

图 7.10   操作对象的选择方式

7.图形显示的控制

在屏幕上的绘图窗口大小是确定的，而所绘对象则或大或小，为了准确作图，也为了方便对图形的观察，随时都会用到图形缩放、平移等图形显示的控制。其操作方式如下：

方法一：运用鼠标中键，滑动鼠标滚轮，可实现绘图区中图形的实时缩、放观察，按住鼠标滚轮再移动鼠标，则可实现绘图区中图形的平移观察。

方法二：运用【标准】工具条中的图形控制工具 ，可依次实现平移、实时缩放、窗口放大、恢复上一显示。

方法三：运用键盘输入缩放命令 ZOOM ↙，"命令输入及显示窗口"中的提示如下所示：

命令：zoom
指定窗口的角点，输入比例因子 (nX 或 nXP)，或者

[全部(A)/中心(C)/动态(D)/范围(E)/上一个(P)/比例(S)/窗口(W)/对象(O)] <实时>：

根据提示，输入相应参数。如输入 A ↙，则以最大比例显示全图。

方法四：打开【视图】工具条，单击该工具条上的"俯视"命令 ，即实现在绘图窗口中以最大比例显示全图。

8.改变绘图窗口的背景颜色

AutoCAD 主界面的绘图窗口，其默认配置背景颜色为黑色。如需将背景颜色改变为白色，一般可按如下步骤操作。

选择下拉菜单【工具】/【选项】命令，弹出【选项】对话框，选择【显示】项，再单击【颜色】按钮，弹出【图形窗口颜色】对话框，设置【颜色】为【白】色，单击【应用并关闭】按钮，回到【选项】对话框，单击【确定】按扭，则将背景颜色改为了白色。

7.3 AutoCAD 2018 的主要命令

[**AutoCAD** 2018 **main command**]

7.3.1 下拉菜单介绍 [Introduction of drop-down menu]

下拉菜单是软件命令的集合,AutoCAD 2018 下拉菜单的内容如图 7.11 所示。当某些命令及操作从图形菜单(工具条)中找不到时,则可通过下拉菜单进行查找。

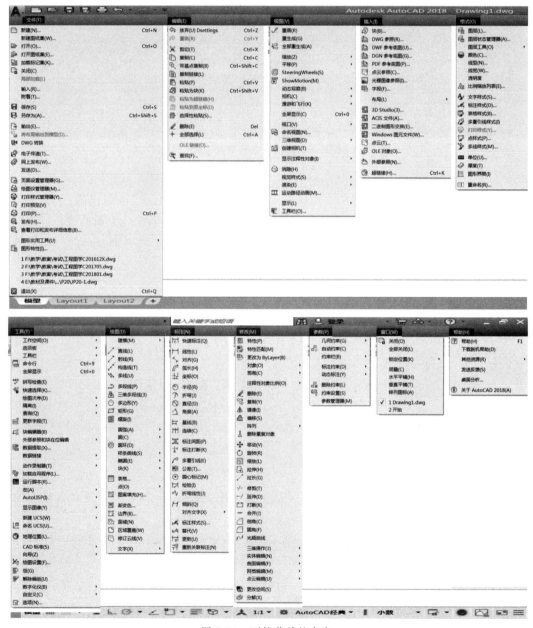

图 7.11 下拉菜单的内容

例如:

(1)新建文件首次存盘时,为了明确文件的存放位置及文件名,可通过【文件】下拉菜单中的【另存为】命令实现。

(2)操作中,"圆"显示成了"正多边形"("圆"显示成"正多边形"是为了提高显示速度,对"圆"的属性没有影响),只需通过【视图】/【全部重生成】命令,即可让"圆"显示光滑。

(3)创建模板文件时,需要用到【格式】中的【文字样式】【标注样式】【线型】等命令。

(4)更改主界面背景颜色,需要用到【工具】/【选项】命令。

(5)设置"块"属性时,需要用到【绘图】/【块】/【定义属性】命令。

(6)三维建模时,如需要用"平面"截切"模型",则需要用到【修改】/【三维操作】/【剖切】命令。

(7)需要学习软件命令的用法及功能,可从【帮助】下拉菜单中选择相应帮助。

7.3.2 【标准】工具条介绍[Standard toolbar introduction]

【标准】工具条包括了【文件】【编辑】【视图】等下拉菜单中的常用命令,其内容及功能如图7.12所示。

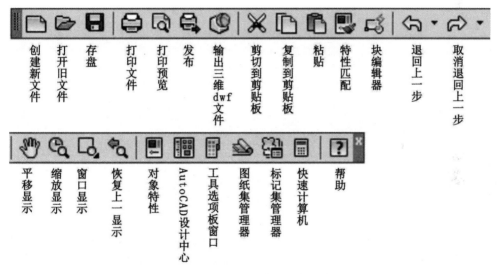

图7.12 【标准】工具条的内容及功能

7.3.3 【绘图】工具条介绍[Introduction of drawing toolbar]

【绘图】工具条包括了【绘图】下拉菜单中的主要命令,包含了绘图操作中最常用的创建图形工具,应熟练掌握。【绘图】工具条各命令的功能及操作说明如表7.1所示。

表7.1 【绘图】工具条各命令的功能及操作说明

图标	命 令	功 能	参数及操作说明
/	Line	画连续直线	起点→第二点→…✓。Close:封闭(只需输入c)
↗	Construction Line	画参照线	起点→第二点✓。H:水平,V:垂直,A:角度,B:角分线,O:等距线
⌐	Polyline	画多义线	先输入起点,W:线宽(缺省为0),A:画圆弧(缺省为直线)。

189

图标	命令	功能	参数及操作说明
	Polygon	画正多边形	边数（缺省为4）→中心点→I（外接）/C（内切）→圆半径
	Rectangle	画矩形	第一角点→另一对角点
	Arc	画圆弧	可输入三点，或输入圆心、起点及终点。CE:圆心，A:角度
	Circle	画圆	圆心→半径。3P:过三点，2P:过二点，T:指定二切线及半径
	Revcloud	画云彩边线	起点→按需要轨迹移动光标→终点。A:改变弧长,O:选取对象
	Spline	画自由曲线	起点→控制点→终点√√√
	Ellipse	画椭圆	中心→轴端点（或长度）→另一半轴长度
	Ellipse Are	画椭圆弧	弧轴的端点→同一轴另一端点→另一轴端点→弧起点→弧终点
	Insert Block	插入块	弹出插入块对话框
	Make Block	创建块	弹出创建块对话框
	Point	画点	在需要的位置上画点
	Hatch	区域填充	弹出区域填充对话框
	Gradient	渐变色填充	弹出渐变色填充对话框
	Region	创建面域	将封闭区域转换为面域，以便进行布尔运算
	Table	创建表格	弹出插入表格对话框
A	Multiline Text	输入多行文字	以两对角线的点确定文字区域，弹出多行文字编辑器
	Addselected	添加选的对象	创建与选的对象具有相同的类型和常规特性的新对象

7.3.4 【修改】工具条介绍[Introduction of modify toolbar]

【修改】工具条包括了【修改】下拉菜单中的主要命令,包含了绘图操作中最常用的修改、编辑工具。【修改】工具条各命令的功能及操作说明如表7.2所示。

在对直线进行延长、缩短、平移编辑时,还可使用"夹点编辑"的方法,即用光标单击直线（选中直线）,直线上会出现三个控制点（蓝色小方点）,点击中间的控制点可平移直线,点击两端的控制点并拖动,则可延长或缩短直线（操作时应关闭状态栏上的"对象捕捉"状态,才能方便地延长或缩短）。

表 7.2 【修改】工具条各命令的功能及操作说明

图标	命令	功能	参数及操作说明
	Erase	删除对象	命令→选择对象→确认（单击鼠标右键或回车）；或 选择对象→命令
	Copy Object	复制对象	命令→选择对象→确认→输入基准点→移到所需位置√
	Mirror	镜像变换	命令→选择对象→确认→镜像对称线点1、点2→确认
	Offset	等距变换	命令→输入偏移量→选择对象→在对象的内/外单击鼠标左键→√（结束）
	Array	阵列变换	命令→选择对象→确认→R(矩形)→行、列数→行、列距。P:环形
	Move	平移变换	命令→选择对象→确认→输入基准点→移到所需位置√
	Rotate	旋转变换	命令→选择对象→确认→输入旋转中心→输入旋转角度√
	Scale	比例变换	命令→选择对象→确认→输入基准点→输入缩放比例√
	Stretch	拉伸变换	命令→框选拉伸部分→点选对象→确认→输入基准点→拉到所需位置√
	Trim	修剪对象	命令→选择边界→确认→点选需修剪部分→√

图标	命 令	功 能	参 数 及 操 作 说 明
--/	Extend	延伸到	命令→选择延伸到位置的对象→确认→点选直线需延伸到端→↙
	Break at Point	打断于一点	命令→选择需打断直线→选择直线上需打断的点
	Break	打断	命令→选择直线需打断处第1点→选择直线需打断第2点
++	Join	合并	命令→选择源对象→选择需合并的对象↙
	Chamfer	倒角	命令→输入参数→点选需倒角的第1边→点选需倒角的第2边
	Fillet	倒圆	命令→输入参数→点选需倒圆的第1边→点选需倒圆的第2边
	Blend	光顺曲线	在两条选定直线或曲线之间的间隙中创建样条曲线
	Explode	分解	命令→选择对象→确认

7.3.5 【标注】工具条介绍[Introduction of dimension toolbar]

用 AutoCAD 绘图时,一般可采用 1:1 的比例绘图,这样就可直接利用 AutoCAD 的自动尺寸标注功能。进行尺寸标注时,首先需设置"标注样式",然后利用尺寸标注工具条的各项命令进行尺寸标注。尺寸标注工具条的内容及功能如图 7.13 所示。

当选定尺寸界线后,命令提示区会显示尺寸标注参数提示,如需从键盘输入符号和尺寸数字,则先键入 t↙,然后键入相应的符号代码及数字即可。直径符号"ϕ"的代码为"%%c",角度符号"°"的代码为"%%d","±"的代码为"%%p"。如需输入 $\phi20$,则键入 %%c20 ↙即可。

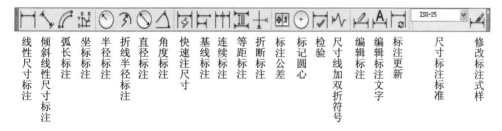

图 7.13 【标注】工具条的内容及功能

7.3.6 【图层】工具条和【特性】工具条介绍
[Introduction of layer and object property toolbars]

【图层】工具条主要反映图层设置和当前层显示,【特性】工具条主要反映绘图区当前操作对象的特性,如图 7.14 所示。

在当前对象的特性中,颜色、线型、线宽均有一个【ByLayer】(随层)默认设置,指当前对象的颜色、线型、线宽均为当前层中所设置的特性。这样,只需改变层中特性的设置,就可改变该层中对象的特性,为对象特性的编辑、修改带来极大的方便。

在 AutoCAD 绘图中,图层(Layer)是一个十分重要的概念,图层的设置可使作图及修改更为方便、快捷。一个层就像是一张透明的纸,其上承载着该层的所有对象,将多个层叠在一起便可形成完整的图。每一个图层的名称后面,有"开/关"、"解冻/冻结"、"解锁/锁定"、"颜色"、"线型"、"线宽"、"打印"等可设定的特性及参数,分述如下:

"开/关"(💡/💡):当图层被"关闭",则该层的内容不显示出来,也不能编辑及打印。

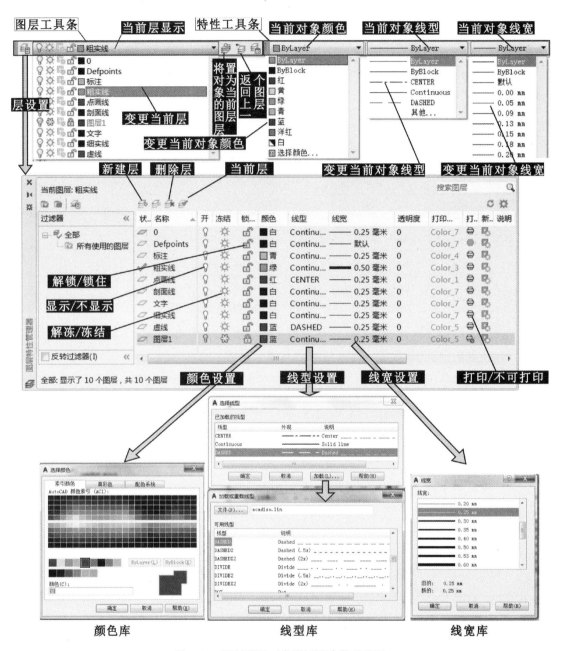

图 7.14 【图层】及对象【特性】参数的设置

"解冻/冻结"（☼/❆）：当图层被"冻结"，则该层的内容不显示出来，也不能编辑及打印。"冻结"图层，可减少系统重新生成图形的计算时间。

"解锁/锁定"（🔓/🔒）：当图层被"锁定"，则该层的内容可以显示出来，也可以被打印，但不能编辑。在绘图窗口中颜色变浅，以示区别。

"可打印/不可打印"（🖶/🖶）：除【DefPoints】层为系统默认不可打印外，其他图层均默认为可打印。当点击打印图标🖶，则该图标变为🖶，即意味着该图层"不可打印"，则该图层上的所有内容均不会被打印出来。

绘制工程图时,一般不同图线需设置不同的层,如粗实线层、虚线层、点画线层、细实线层等;不同的内容,也可设置不同的层,如标注层、图框层、剖面线层等。

当绘出的虚线、点画线每段过短或过长时,则需通过下拉菜单【格式】/【线型】→弹出【线型管理器】对话框→【显示细节】→改变【全局比例因子】(缺省值为 1,影响所有线型的比例)→【确定】来实现;或单击标准工具条中的对象特性图标"▓"→弹出对象【特性】选项栏→改变【线型比例】的值来改变当前操作对象的线型比例。

提示:【0】层为系统默认层,可用于作图,并可改变其特性,但该层不能被删除,层名也不能更改。【DefPoints】层为系统自动生成的"参照"层,该层的内容不能被打印。图 7.14 中的【图层 1】所示为"关闭"层、"冻结"层、"锁定"层、"不可打印"的状态,以示对照。在作图操作中,如果出现不能修改、不能删除、不被打印等现象,请查看图层的状态。

7.4 AutoCAD 工程图绘制实例
[Engineering drawing examples with AutoCAD]

[例 7.1] 创建 A3 图幅及格式的模板文件。

解:在采用 AutoCAD 绘图时,可先建立自己的模板文件,完成各种绘图前的初始设置工作,并绘出图幅、图框及标题栏。这样,在下次绘图时,只需采用模板文件开始新文件,便完成了全部设置。建立模板文件的具体步骤如下:

(1)启动 AutoCAD 并打开模板文件。双击电脑桌面上的图标 🅰,启动 AutoCAD,进入【AutoCAD 经典】工作空间。选择【文件】/【新建】命令,或单击【标准】工具条上的新建图标 🗋,则出现图 7.15 所示【选择样板】对话框。选择文件名为 acadiso.dwt 的系统模板文件→【打开】,进入绘图初始状态。

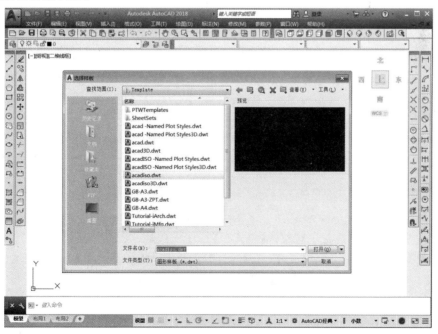

图 7.15　创建新图【选择样板】对话框

（2）图层设置。单击【图层】工具条上的图层管理器图标 🗄，出现【图层管理器】对话框，单击新建图层图标 ⇗，出现新的图层（默认层名为：图层 1、图层 2、……），修改图层的名称、颜色、线型、线宽，设置图层及其特性，完成后如图 7.16 所示。

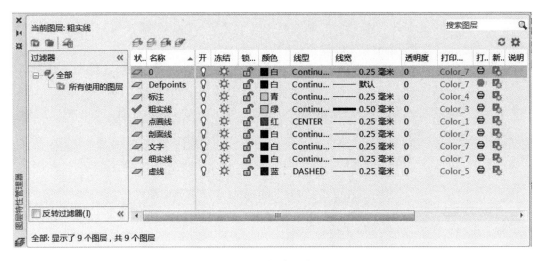

图 7.16　图层创建及特性设置

（3）设置文字样式。从下拉菜单选择【格式】/【字体样式】命令→【字体样式】对话框，如图 7.17a 所示，选择标准字体【Standard】的字体为【gbeitc. shx】，用于图样中英文字母、数字及标注，【字高】设为 3.5→【应用】，完成英文字母及数字标准字体的设置。单击【新建】→键入"长仿宋体"作为新字体样式的名称，设置字体为【仿宋】→【字高】设为 5→【宽度因子】设为 0.7→【应用】，完成图中汉字标准字体的设置，如图 7.17b 所示→【关闭】，完成字体设置。

　　　a）英文字母及数字的设置　　　　　　　　　　　b）长仿宋体汉字的设置
图 7.17　文字样式设置

（4）设置标注样式。选择下拉菜单【格式】/【标注样式】命令→弹出【标注样式管理器】对话框→选【修改】，对默认标注样式【ISO－25】进行修改→修改【箭头大小】为 3.5，【文字样式】为 Standard，【文字高度】为 3.5→【确定】，根据我国国家标准的相关规定，新建"直径"、"半径"、"角度"标准样式→进行相关设置，完成后【关闭】，结束标注设置。标注样式设置对话框如图 7.18 所示。

（5）在细实线层绘制图纸边框线，粗实线层绘制图框线。将细实线层作为当前层→单击画

矩形命令 □ →键入 0,0 ∠ →420,297 ∠;将粗实线层作为当前层→单击 □ →键入 25,5 ∠ →
415,292 ∠ 完成。

a)【标注样式管理器】对话框   b)【修改标注样式】对话框

图 7.18   标注样式设置对话框

(6)绘制标题栏(尺寸如图 7.19 所示)。打开状态设置区的【正交】/【对象捕捉】/【对象捕
捉追踪】,运用"方向距离输入法"及直线 ╱ 命令绘制线段,再运用复制命令 ⅋ 复制平行线,运
用修剪命令 ╬ 命令进行修剪编辑即可。

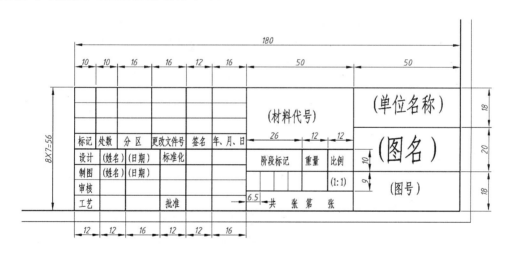

图 7.19   标题栏格式及尺寸

(7)填写标题栏中固定的文字。单击【绘图】工具条上的多行文字输入图标" A "→鼠标
拖动形成矩形框,确定文字在图中的位置→弹出【文字格式】对话框→用汉字输入法输入汉字
→【确定】。重复该过程,逐一输入文字。完成后的结果如图 7.20 所示。

(8)保存文件。以××.dwt 格式保存文件(××为自己取的文件名,在本教材的配套光盘
中,文件名为 GB-A3.dwt)。如要将文件保存到指定目录或 U 盘上,则应使用【文件】/【另存
为】命令存盘。

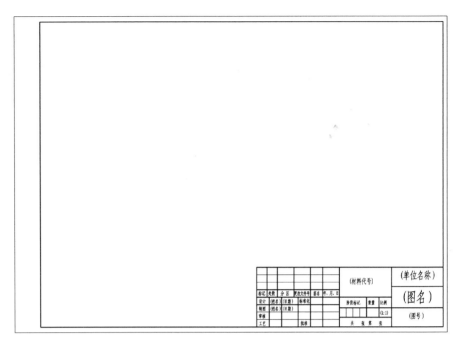

图 7.20　A3 图幅模板文件显示的内容

[**例 7.2**]　在 A3 图幅上绘制如图 7.21 所示"填料压盖"的投影图,并标注尺寸(零件的材料为 HT150)。

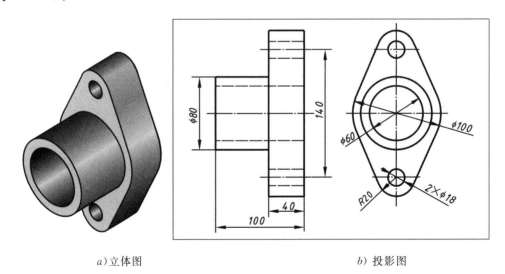

a)立体图　　　　　　　　*b*)投影图

图 7.21　填料压盖的轴测图及视图

解:作图方法及步骤如下:

(1)启动 AutoCAD。双击电脑桌面上的图标![图标],启动 AutoCAD,进入【AutoCAD 经典】工作空间。

(2)绘图初始设置。选择【文件】/【新建】命令,则出现如图 7.15 所示【选择样板】对话框。选择 A3 模板文件(文件名为 GB-A3.dwt,在配套光盘的【资料】文件夹中),完成绘图的初始设置。

(3)画中心线、底图线。置【点画线】层为当前层,开启状态栏上的"正交"按钮![按钮],用画"直线"命令 ∕ 画中心线,并按图 7.21 所标的尺寸用"复制" ⚏ 命令复制中心线到相应的尺寸位置,如图 7.22a 所示。

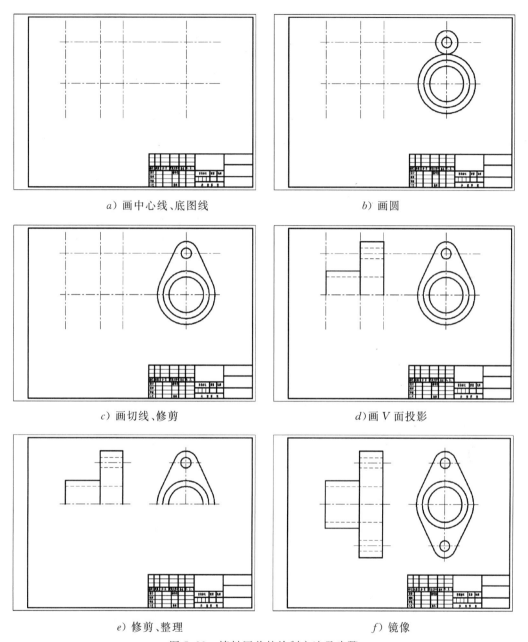

a) 画中心线、底图线　　　　　　　　　　b) 画圆

c) 画切线、修剪　　　　　　　　　　d) 画 V 面投影

e) 修剪、整理　　　　　　　　　　f) 镜像

图 7.22　填料压盖的绘制方法及步骤

(4)画已知圆、圆弧。置【粗实线】层为当前层,开启状态栏上的"对象捕捉"按钮 ▢ ▾ ,并开启【对象捕捉】工具条。用画"圆"命令画圆及圆弧(圆弧也画为完整的圆),如图 7.22b 所示。

(5)画圆弧的切线。选画"直线"命令 ∕ →单击【对象捕捉】工具条中的"捕捉切点"命令 ⊙ →移动光标到圆的切点附近,出现相切标记 ⊙ 时单击鼠标左键→再次单击"捕捉切点" ⊙ 命令→移动光标到另一圆的切点附近,出现相切标记 ⊙ 时单击鼠标左键→∕,画出两圆的公切线。

197

重复操作,完成另一条切线。选用"修剪"命令 ⊬ →选刚画好的两条切线→确定→点选需剪去的圆弧,实现圆弧的修剪,如图7.22c所示。

(6)画 V 面投影。开启状态栏上的【对象捕捉追踪】,将鼠标移至 W 投影图各圆与对称线的交点处,会出现一条对象追踪点线,向左移动鼠标到上一步所画的 V 面投影的底图竖线上,当光标出现追踪点"×"时单击鼠标左键,便是满足"高平齐"的直线起点。依次画出主视图中的粗实线,再将【虚线】层置为当前层,使用画"直线"命令及"对象捕捉追踪"方式画出虚线,如图7.22d所示。

(7)修剪、整理。使用"修剪"命令剪去 W 投影中不需要的线,并删去 V 面投影中的底图线,关闭状态栏上的"对象捕捉",用"打断"命令 ⊡ 将 V、W 投影之间的点画线打断,如图7.22e所示。

(8)镜像。开启状态栏上的"对象捕捉",选用"镜像"命令 ⚠ →框选中全部需要镜像的对象→确定→依次选择中心线上的两点作为对称线→确定,完成镜像操作,如图7.22f所示。

(9)标注尺寸。开启【标注】工具条,使用线性标注命令 ⊢ 标注长度、高度尺寸,具体操作方法是:选择 ⊢ →选尺寸起点→选尺寸终点→拉出尺寸界线及尺寸线→到达合适的位置后单击左键;当标注 φ80 时,选完尺寸起、止点后键入 t ↙(编辑标注文字)→键入 %%c80 ↙→移动光标使尺寸线及尺寸到合适位置后单击左键即可。标注半径时,选择"半径"标注命令 ⊙ →选择圆弧→移动光标使尺寸线及尺寸到合适位置后单击左键。标注直径时,选择"直径"标注命令 ⊙ →选择圆→移动光标使尺寸线及尺寸到合适位置后单击左键。标注 2×φ18 时,需键入 2X%%c18 ↙(AutoCAD 符号库中无"×"符号,故用字母"X"代替)。尺寸标注完成后如图7.23所示。

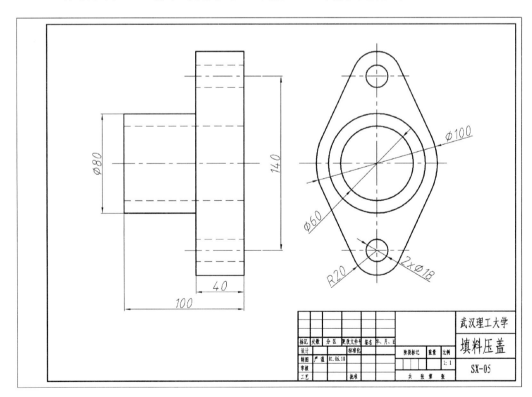

图 7.23 填料压盖的投影图

198

（10）填写标题栏，检查图形、图线及尺寸，完成，如图7.23所示。

（11）保存文件（以××.dwg格式保存文件，在本教材的配套光盘中，文件名为eg7-2.dwg）。

（12）打印输出图纸。

如需将所绘的图从打印机输出成图纸，在计算机连接有打印机的情况下，可进行如下操作：从【文件】/【打印】（或点击标注工具条上的"🖨"图标）进入打印输出设置对话框，如图7.24所示。

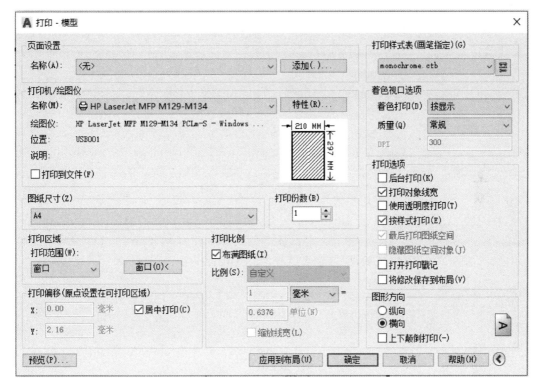

图7.24 打印设置对话框

首先选择打印机的名称（应与所连接的打印机型号相一致）；再选择打印图纸的尺寸（应小于或等于打印机所能输出的最大图幅）、图形方向（纵向或横向）、打印比例（一般应设为1:1），设置打印区域（一般选择【窗口】）。

单击【窗口(0)＜】，系统切换到绘图窗口，用鼠标框选需打印的范围后，系统再回到打印设置对话框，点击【预览】，单击鼠标右键弹出屏幕对话框。如所显示图的位置适当，则选【打印】立即打印，如不适当，则选【退出】退回到打印设置对话框重新进行窗口选择。选择合适后，也可点击图7.24中的【确定】开始打印。

［例7.3］ 将［例7.2］中填料压盖的主视图改为全剖视图。

解：作图方法及步骤如下：

（1）启动AutoCAD并打开文件。启动AutoCAD，选择【标准】工具条上的"打开文件"按钮📂，打开"［例7.2］保存的eg7-2.dwg"文件。

（2）调整线型。将图7.23中位于【虚线】层的虚线改为【粗实线】层的粗实线。方法是选中虚线→单击【图层】工具条中当前层显示处的三角▼，弹出所有层的显示→单击【粗实线】层，则虚线就变成了【粗实线】层的粗实线。再使用"修剪"命令 —/— 将剖开后不需要的线剪去(也可用"夹点编辑"的方法完成),如图 7.26a 所示。

(3)填充剖面线。置【剖面线】层为当前层,选用"图案填充"命令 ▨ →弹出【图案填充和渐变色】对话框,如图 7.25 所示→选择填充图案为【ANSI31】→单击【添加:拾取点】按钮→回到绘图界面,依次在需要填充的各区域内单击鼠标左键→确定→在返回的【图案填充和渐变色】对话框中单击【确定】,完成剖面区域的填充。如需改变剖面线的间距或斜向,则可调整对话框中的【比例】或角度。如果单击填充区域时,该区域没有变成虚线,表明该区域可能不封闭,不符合填充条件,则需要找到不封闭之处,使其封闭,然后再进行操作。填充完成后,如图 7.26b 所示。

图 7.25 图案填充对话框

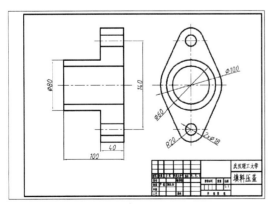

a)调整线型,修剪

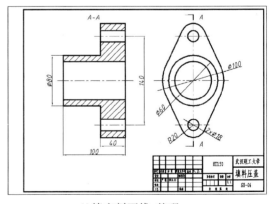

b)填充剖面线,整理

图 7.26 绘制填料压盖的剖视图

200

(4)标注剖切位置及名称。置【粗实线】层为当前层,用画"直线"命令绘制剖切位置符号(粗短画);置【标注】层为当前层,选用"多段线"命令⤴→画箭头的起点→w ✓(设置线宽)→1 ✓(箭头最宽处)→0 ✓(箭头尖)→画箭头的终点✓,完成投射方向符号(箭头)的绘制,运用复制命令复制另一箭头,标注剖视图名称(字母),完成后,如图 7.26b 所示。

(5)保存文件(在本教材的配套光盘中,文件名为 eg7-3.dwg)。

[例 7.4] 画出图 7.27 所示"机匣盖"的零件图。

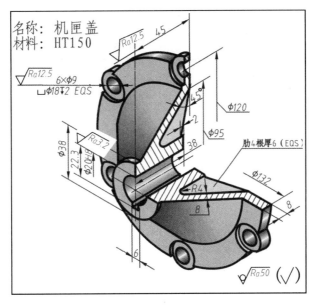

图 7.27　机匣盖立体图

解:从机匣盖的立体图可知,该零件为盘盖类零件,选用全剖的主视图表达零件的结构,用左视图表达各部分的形状及各孔的位置。画图的方法及步骤如下:

(1)调用 GB-A3.dwt 模板文件进入 AutoCAD 主界面,完成绘图前的初始设置。

(2)置中心线层为当前层,用"✏"命令画轴线和中心线,用"⊙"命令画 φ120 点画线圆,设置【极轴追踪】为 30°并打开,用"✏"命令从圆心开始捕捉 30°及其倍数的极轴位置,画出各分布圆的中心线,如图 7.28a 所示。

(3)置【粗实线】层为当前层,画已知圆弧和已知线段;置【虚线】层为当前层,画 φ95 虚线圆,根据"高平齐"得到主视图上的对应点;再回到粗实线层,设置极轴追踪为 45°并打开,用"✏"命令画与机匣盖端面成 45°角的斜线,并用"❀"命令将该斜线沿与之垂直的方向复制,使其距离为 8,由此得机匣盖斜壁在主视图上的投影;使用阵列变换"▦"→选择对象→✓→P ✓(环形)→捕捉圆心(环形阵列变换中心)→6 ✓(数量)→✓→✓,画出均布的 6 个沉孔,如图 7.28b所示。

(4)删除已不需要的底图线,使用修剪命令"⊬"整理图形,使用倒圆命令"⌒"→R ✓(设置圆角半径)→4 ✓→再点击倒圆命令"⌒"→选中圆角的第一边→选中第二边,画出圆角。用"◎"命令画外斜锥面与平面相交在左视图上形成的圆,如图 7.28c 所示。

(5)用复制"❀"命令将左视图中的竖直中心线向左、右各 3mm 处复制,将水平中心线向下 12.3mm 处复制,画出键槽;用镜像变换命令"⚎"将主视图向下作镜像;用区域填充

201

命令“ ”填充剖面线；用打断命令“ ”去掉点画线的过长部分，完成视图绘制如图 7.28*d* 所示。

(6)标注尺寸如图 7.28*e* 所示。其中“↧”符号可通过改变字体为 gdt. shx，然后输入字母“x”来实现(其他符号在 gdt. shx 字体中，如“⌴”对应字母“v”，“⌵”对应字母“w”，“□”对应字母“o”，“∠”对应字母“a”，“▷”对应字母“y”等，需要时可调出使用)。

(7)标注表面粗糙度，在 AutoCAD 中无此功能，一般可通过创建块的方法解决，也可画出符号后通过复制、平移的方法解决。标注完成后如图 7.28*f* 所示。

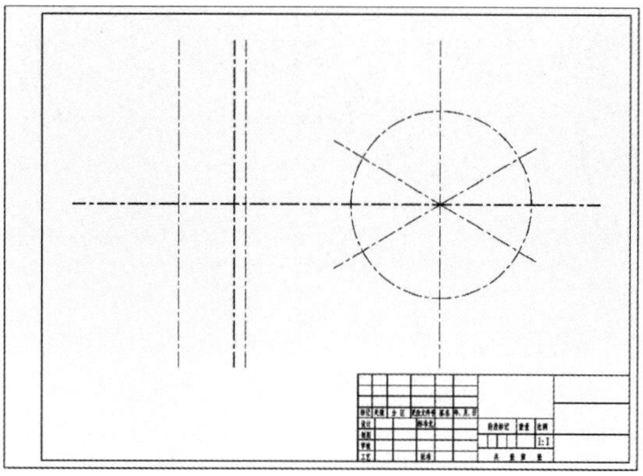

a)

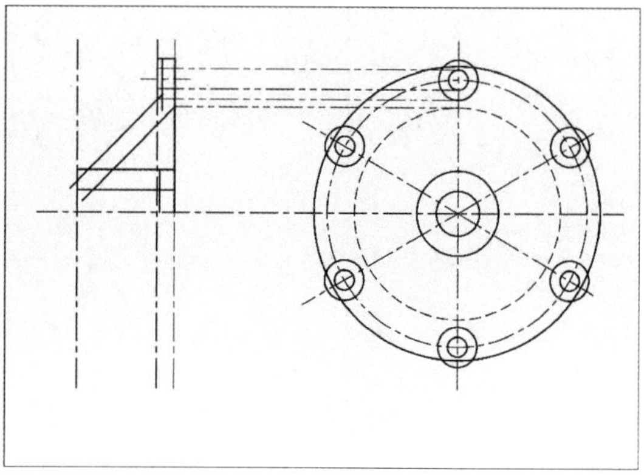

b)

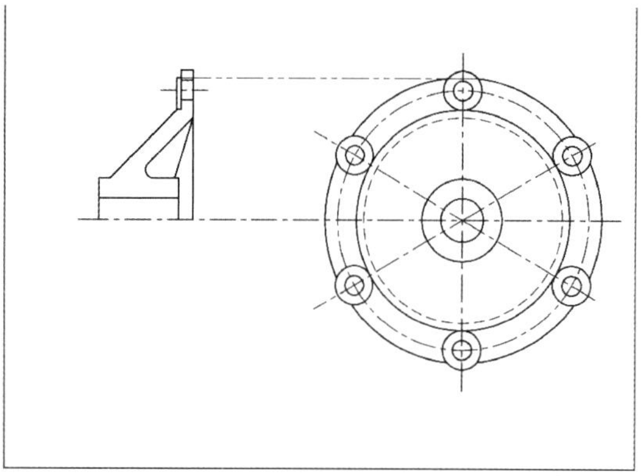

c)

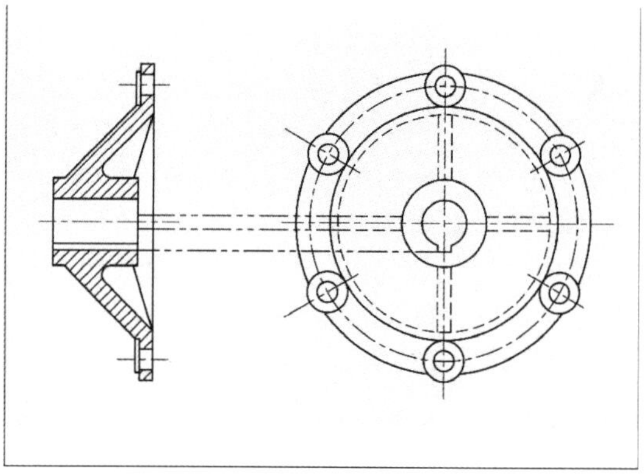

d)

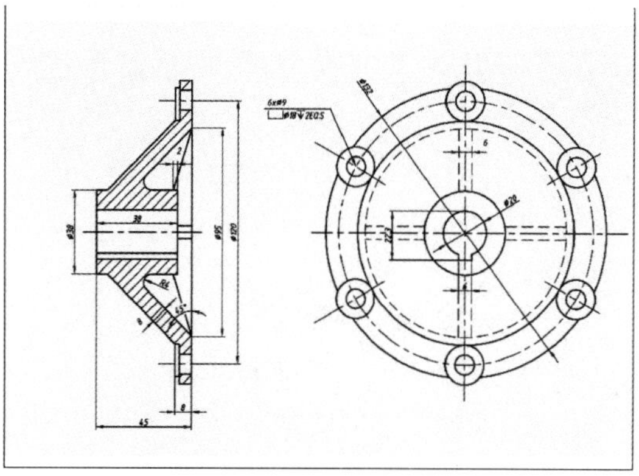

e)

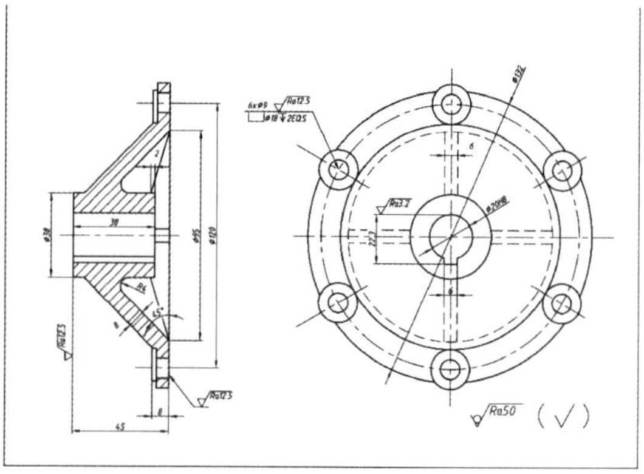

f)

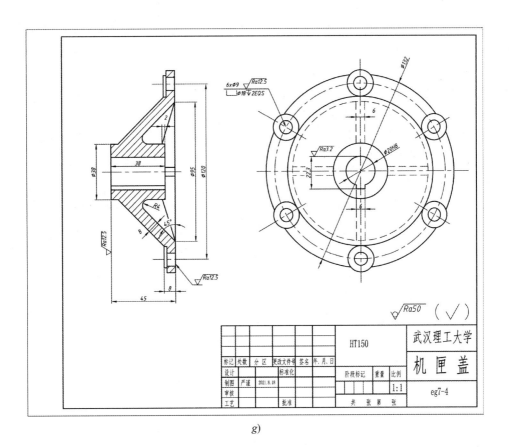

g)

图 7.28　画机匣盖零件图的方法及步骤

A. 创建块的方法是：置 0 层为当前层，准确地画出需要的图形（或符号）→使用创建块命令""弹出【块定义】对话框（如图 7.29a 所示）→键入块名（自定，图示为 ccd1）→点击【拾取点】（确定块插入的基准点）→选中图形的对齐点作为基准点（图中以粗糙度符号底角的顶点为基准点）→点击【选择对象】（确定块的内容）→选中块的全部内容→↙→【确定】，即完成"内部块"的创建。

a)【块定义】对话框

b)块的【属性定义】设置

图 7.29　块的创建和变量设置

如将粗糙度的值设置成变量形式,则在块插入时就可直接输入参数进行标注,其方法是:画出图形(或符号)→从下拉菜单【绘图】/【块】/【定义属性】中弹出【属性定义】对话框(如图7.29b所示)→设【标记:】(图示为 Ra)→【提示:】(图示为 Input Ra)→【值:】(缺省值,图示未填;插入时,如不输入参数,则仅有符号而无参数)→设置【文字选项】(参数对齐方式、字体、字高、转角)→【确定】→点击变量文字在块中的对齐点→完成块的属性设置。再选择创建块命令"  "→键入块名(自定,如:ccd2)→点击【拾取点】→选中图形的对齐点作为基准点→点击【选择对象】(确定块的内容,包括变量)→选中块的全部内容→↙→【确定】,即完成带变量的"内部块"的创建。

B. 上面创建的"内部块",只能在当前文件中引用,如需在其他文件中引用,则需将块以文件形式写入磁盘,成为"外部块",其方法是:在命令输入栏键入写块命令 WBlock ↙,弹出【写块】对话框(见图7.30)→选中【源】/【块】→从" ▾ "拉出已建的块名:ccd1→选择适当的文件名和路径 →【确定】,完成"外部块"的存盘。

C. 块的调用方法是:选"  "弹出【插入】块对话框(见图7.31)→从" ▾ "拉出已建的块名:(如 ccd1,如不是该文件中创建的块,则需从【浏览】进行查找 →打开)→【确定】→选中块插入基点位置(如为带变量块,则需根据提示输入相应的参数)。当所调用的块不能满足需要时,可将块分解,编辑或重新输入相应的参数。

(8)填写标题栏,完成全图,如图 7.28g 所示。存盘(在本教材的配套光盘中,文件名为eg7-4.dwg)。

图 7.30 【写块】对话框　　　　　图 7.31 【插入】块对话框

[例 7.5] 在计算机上用 AutoCAD 完成电子习题集中的 P.31-2 习题。

解:解题方法及步骤如下:

(1)下载教材配套的电子习题集,进入 AutoCAD 主界面,打开\电子习题集\p31.dwg 文件,如图 7.32 所示。

(2)开启【正交】模式,运用夹点编辑将俯视图及左视图中的中心线延长至相交;开启【对象捕捉】,将俯视图选中,并捕捉中心点,复制到中心线延长后的交点处,将复制的俯视图绕中心旋转 90°,如图 7.33a 所示。

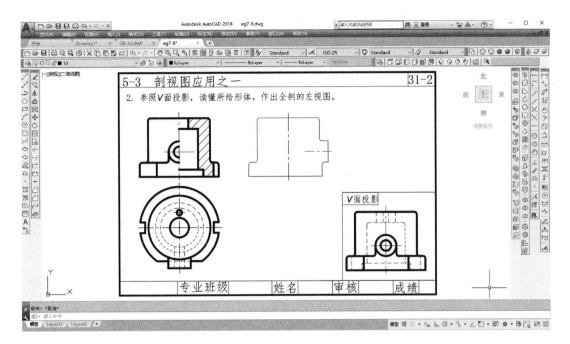

图 7.32 在 AutoCAD 中打开电子习题集中 P.31-2 习题

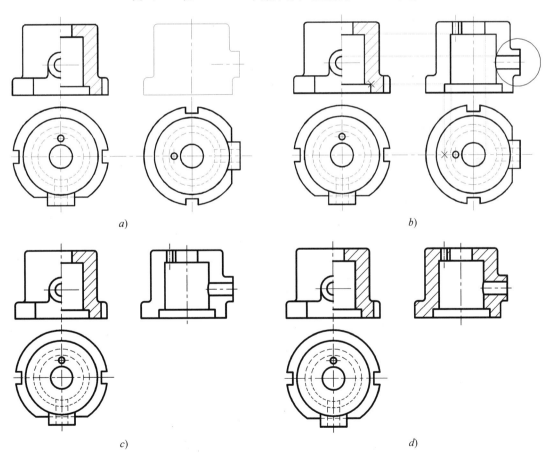

a)

b)

c)

d)

图 7.33 在 AutoCAD 中完成 P.31-2 习题的过程

（3）将【粗实线】层设为当前层，开启【对象追踪】，运用"高平齐""宽相等"绘制左视图，并运用两圆柱正交相贯的简化画法画圆孔与圆孔的相贯线；将原左视图的轮廓线（题图为细实线）选中，转换到粗实线层中，如图7.33b所示。

（4）删除被复制的俯视图，如图7.33c所示。

（5）将【剖面线】层设为当前层，填充剖面线，如填充后的剖面线与原主视图中的剖面线不一致，可运用特性匹配刷"🖪"先在原剖面线上点一下，再到新剖面线上点一下，实现特性匹配。如图7.33d所示。

（6）开启线宽显示命令"➕"，检查图线粗细是否正确，整理完成全图。将作好的图保存到自己的文件夹内（在本教材的配套光盘中，文件名为eg7-5.dwg）。

7.5 AutoCAD实体建模基础及应用举例
［Solid modeling foundation and application examples with AutoCAD］

AutoCAD具有很强的实体建模功能，它以形体分析法及平面图形的绘制为基础，通过对平面图形（面域）的拉伸、旋转，从而构成柱体及回转体，或通过基本实体绘制命令直接创建基本体，再通过体与体的布尔运算（交、并、差）实现复杂工程形体的实体建模。所建的模型还可在3ds Max（美国Autodesk公司的产品）中进行渲染，并生成三维动画。

7.5.1 AutoCAD实体建模工具介绍 ［Introduction of AutoCAD solid modeling tool］

实体建模常用的工具主要包含在【视图】【建模】【实体编辑】【视觉样式】【动态观察】等工具条中。下面对其常用命令及工具加以介绍。

1.【视图】工具条介绍

【视图】工具条中包含了6个基本视图和不同方位观察的轴测图，在前面进行二维绘图时，所有图形都绘制在一个平面上（默认状态为"俯视"），而在进行三维建模时，必须运用三维直角坐标。因此，随时都需要观察方向的转换。【视图】工具条中各命令的功能如图7.34所示。

命名视图　俯视　仰视　左视　右视　前视　后视　西南等轴测　东南等轴测　东北等轴测　西北等轴测　创建相机　返回上一视图

图7.34 【视图】工具条中各命令的功能介绍

2.【建模】工具条介绍

【建模】工具条中包含了进行三维建模的主要命令、布尔运算命令和部分三维编辑命令，其功能及操作说明如表7.3所示。

表7.3 【建模】工具条各命令的功能及操作说明介绍

图标	命令	功能	参数及操作说明
🏮	POLYSOLID	创建多段体	指定起点→下一点…✓。H：设置高，W：设置宽，A：画圆弧（L：直线）
▭	BOX	创建长方体	指定第一个角点→第二个角点→高度

图标	命令	功能	参数及操作说明
	WEDGE	创建楔体	指定第一个角点→第二个角点→高度
	CONE	创建圆锥体	指定底面中心点→半径→高度
	SPHERE	创建球体	指定中心点→半径
	CYLINDER	创建圆柱体	指定底面中心点→半径→高度
	TORUS	创建圆环体	指定中心点→半径→圆管半径
	PYRAMID	创建棱锥体	指定底面中心点→底面外接圆半径→高度。E:从边开始,S:侧面数
	HELIX	创建螺旋线	指定底面中心点→底面半径→顶面半径→高度。T:圈数,H:圈高
	PLANESURF	创建平面曲面	指定第一个角点→第二个角点。O:选择对象边界
	EXTRUDE	拉伸	选择要拉伸的对象(面域)→↙→拉伸高度
	PRESSPULL	按住并拖动	选择要拖动的区域(面域或实体某表面)→拖动操作
	SWEEP	扫掠	选择要扫掠的对象→↙→选择扫掠路径
	REVOLVE	旋转	选择要旋转的对象→↙→指定旋转轴→指定旋转角
	LOFT	放样	依次选择截面轮廓→↙→↙→。G:导向,P:路径
	UNION	并集	依次选择需要合并的对象→↙
	SUBTRACT	差集	选择被减对象→↙→选择减除对象→↙
	INTERSECT	交集	选择需要做交集运算的对象→↙
	3DMOVE	三维移动	选择要移动的对象→指定基点→指定第二点
	3DROTATE	三维旋转	选择对象→指定基点→拾取旋转轴→输入旋转角度
	3DALIGN	三维对齐	选择需要对齐的对象→指定源点→指定目标点
	3DARRAY	三维阵列	选择需阵列的对象→键入 R(矩形)/P(环形)→行数、列数、层…

3.【实体编辑】工具条介绍

【实体编辑】工具条中包含了实体编辑的主要命令,其中的"布尔运算"命令与【建模】工具条中的"布尔运算"命令的功能相同。【实体编辑】工具条中各命令的功能如图 7.35 所示。

并 差 交 拉 移 偏 删 旋 倾 复 着 圆 倒 复 着 压 清 分 抽 检
集 集 集 伸 动 移 除 转 斜 制 色 角 角 制 色 印 除 割 壳 查
　 　 　 面 面 面 面 面 面 面 面 　 　 边 边 　 　 　 　

图 7.35 【实体编辑】工具条各命令的功能介绍

4.【视觉样式】及【动态观察】工具条介绍

【视觉样式】工具条用于随时转换视觉样式,使三维模型呈现出不同的视觉效果,各命令的功能如图 7.36 所示。

【动态观察】工具条可实现三维模型的实时交互式动态观察,各命令的功能如图 7.37 所示。

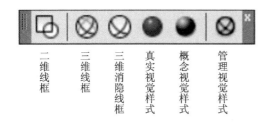

二维线框　三维线框　三维消隐线框　真实视觉样式　概念视觉样式　管理视觉样式

图 7.36 【视觉样式】工具条的功能介绍

受约束的动态观察　自由动态观察　连续动态观察

图 7.37 【动态观察】工具条的功能介绍

7.5.2 AutoCAD 实体建模应用举例[Application examples of solid modeling with AutoCAD]

[**例 7.6**] 创建如图 7.38 所示组合体的实体模型。

解:从题图可知,该组合体为圆柱与圆锥叠加后,再由水平面截切而成,其创建模型的方法及步骤如下:

(1)双击电脑桌面上的图标 ，启动 AutoCAD,进入【AutoCAD 经典】工作空间。

(2)开启【视图】【建模】【实体编辑】【视觉样式】【动态观察】工具条,并选择【视图】工具条中的"西南轴测图"命令 ，使坐标体系成为三维直角坐标体系。

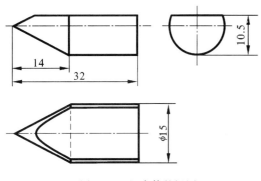

图 7.38 组合体的视图

(3)创建圆柱基本立体。用鼠标单击创建"圆柱"图标 →键入圆柱底面中心点坐标 0,0,0 ↙→键入圆柱底圆半径 7.5 ↙→键入圆柱高 18 ↙,完成圆柱的创建,如图 7.39a 所示。

(4)创建圆锥基本立体。用鼠标单击创建"圆锥"图标 →键入圆锥底面中心点坐标↙(或用鼠标捕捉圆柱顶圆中心点)→键入圆锥半径 7.5 ↙→键入圆锥高 14 ↙,完成圆锥的创建,如图 7.39b 所示。

(5)将圆柱、圆锥合并为一个整体:单击"并集"图标 →同时选中"圆柱"和"圆锥"→↙,完成圆柱与圆锥的合并,如图 7.39b 所示。

(6)单击【视图】工具条上的"前视"图标 改变视图观察方向,旋转组合体轴线成水平位置(与题图一致),单击"俯视"图标 ,选择"矩形"命令 画截平面→改变观察方向为 ,将截平面向上平移 3mm 到题图要求位置,如图 7.39c 所示。

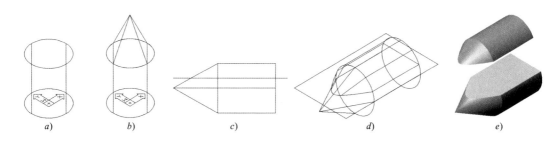

a)　　　b)　　　c)　　　d)　　　e)

图 7.39 创建组合体的实体模型

(7)截切组合体。单击下拉菜单【修改】/【三维操作】/ ⚙剖切⑤（剖切实体命令）→选中实体√→√（"三点定面"方式为默认方式）→用鼠标捕捉截平面上的三个角点→B√（保留两侧；如仅保留一侧，则用鼠标在需保留的一侧指定一点），如图 7.39d 所示。

(8)删去截平面（矩形），将切去的部分向上平移一点，单击【视觉样式】上的"概念样式"图标 ●，完成该组合体实体的体着色，从而完成组合体实体模型的创建，如图 7.39e 所示。

(9)保存文件（在本教材的配套光盘中，文件名为 eg7-6. dwg）。

[例 7.7] 创建如图 7.26 所示填料压盖的实体模型。

解：对填料压盖进行形体分析可知，该零件由带两圆孔的底板及圆筒构成，各部分均为柱体，故可采用面域拉伸的方法创建立体。具体步骤如下：

(1)启动 AutoCAD。双击电脑桌面上的图标 ▲，启动 AutoCAD，进入【AutoCAD 经典】工作空间，并开启三维建模所需工具条。

(2)打开文件并改变视图的观察方向。单击【文件】/【打开】命令（或单击"打开"文件图标 📂），查找到本教材配套光盘中"资料"/"eg7-3. dwg"文件，并打开。单击【视图】工具条上的"西南等轴测"图标 ◇，改变视图的观察方向，如图 7.40a 所示。

(3)创建面域。选取【绘图】工具条中的创建"面域"命令 ◎ →依次选中底板各段圆弧及直线→√，完成底板外轮廓面域的创建；重复上述操作，创建圆筒内、外圆面域。

(4)拉伸。选取【建模】工具条上的"拉伸"命令 🗍 →选中底板外轮廓面域、两小圆→√→

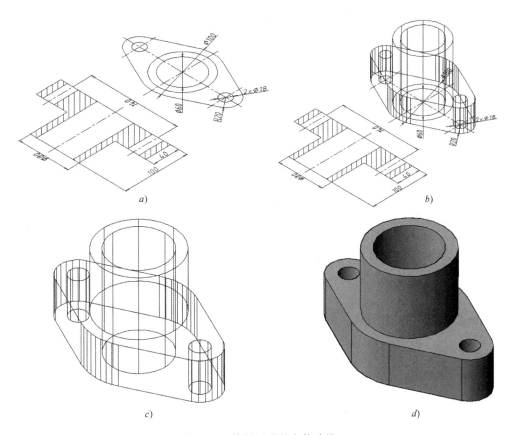

图 7.40　填料压盖的实体建模

209

键入 40 ✓(拉伸高度)→✓(指定拉伸的倾向角度,默认值为 0°),完成底板及两小孔的拉伸;再选"拉伸"命令🔲→选中两圆筒面域→✓→键入 100 ✓→✓,完成圆筒的拉伸,如图 7.40b 所示。

(5)将底板与圆筒外圆合并。选择"并集"命令◎→同时选中底板和圆筒→✓,完成底板与圆筒的合并,如图 7.40c 所示。

(6)穿孔。选择"差集"命令◎→选中已合并的底板及圆筒→✓→依次选中两小圆孔及圆筒内孔→✓,完成从合并体上穿两小圆孔及圆筒内孔的构形,如图 7.40c 所示。

(7)着色。选择【视觉样式】工具条上的"概念样式"图标●进行体着色,如图 7.40d 所示。

(8)保存文件(该文件在教材配套光盘中的文件名为"eg7-7.dwg")。

[例 7.8] 创建图 7.41 所示皮带轮零件的实体模型。

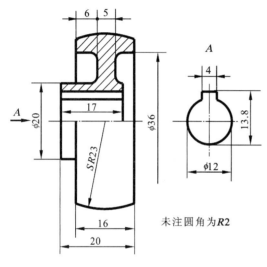

图 7.41　皮带轮零件的视图

解:对题图进行分析可知,该零件主要部分为回转结构,故可采用面域回转方式建模。具体步骤如下:

(1)双击电脑桌面上的图标🅰,启动 AutoCAD,进入【AutoCAD 经典】工作空间。

(2)选择【视图】工具条中的"前视"命令🔲,按图 7.41 中的尺寸绘出轴线及剖面部分的平面图形(注意:不画键槽部分),如图 7.42a 所示。

(3)运用创建"面域"命令◎将所绘平面图形创建为面域,选择【视图】工具条中的"西南等轴测"命令◇改变视图的观察方向,如图 7.42b 所示。

(4)选择【建模】工具条中的"旋转"建模命令🔳→选中面域→✓→捕获回转轴两端点→✓(指定旋转角度,默认值为 360°),完成回转体的创建,如图 7.42c 所示。

(5)选择【视图】工具条中的"左视"命令🔲改变视图观察方向,选择"矩形"命令🔲创建键槽的面域,如图 7.42d 所示。

(6)选择【视图】工具条中的"西南等轴测"命令◇改变视图的观察方向,选取"拉伸"命令🔲→选中键槽面域(矩形)→✓→键入拉伸高度 20 ✓→✓,完成键槽立方体的拉伸,如图 7.42e 所示。

(7)选择"差集"运算图标◎→选中回转体→✓→选中键槽立方体→✓,完成回转体内孔穿键槽的构形,如图 7.42f 所示。

(8)选择【视觉样式】工具条上的"概念样式"图标●进行体着色,如图 7.42g 所示。

(9)保存文件(该文件在教材配套光盘中的文件名为"eg7-8.dwg")。

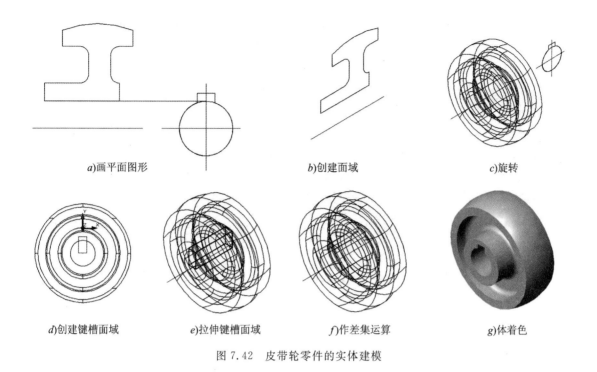

a)画平面图形   b)创建面域   c)旋转

d)创建键槽面域   e)拉伸键槽面域   f)作差集运算   g)体着色

图 7.42　皮带轮零件的实体建模

7.6　Inventor 2020 三维建模的基础知识
[**Basic knowledge of Inventor 2020 3D modeling**]

7.6.1　三维建模的基本概念[Basic concept of **3D** modeling]

Inventor 三维建模与 AutoCAD 三维建模有什么区别与联系呢？AutoCAD 软件,是工程领域广泛适应的,以二维工程图绘制为核心的计算机辅助设计软件,其三维建模功能是后面升级增加的功能。AutoCAD 三维建模具有良好的易学易用性及操作便捷性,但缺乏参数化及产品零件之间的相关性,其模型也主要是几何特征模型,所以,在一个文件中,可随意地创建多个零件的模型,还可以与二维工程图在同一个文件中。而 Inventor 软件,是着眼于工业产品三维设计与制造的三维参数化设计软件,三维建模是其最基本的功能,它继承了 AutoCAD 软件的易学易用性,所创建的模型是参数化、全相关的可视化实体模型。该两款软件同属于 Autodesk 公司,具有良好的兼容性。所以,该两款软件常常被同时学习及应用。

1.产品三维设计的基本思路

(1)在头脑里出现一个完整的机构的三维模型。然后,将这个三维模型进行零部件的分解,分解为单独的零件。可运用绘制草图的方式来展现及不断完善。

(2)选择其中一个主要的零件为整个产品建模的基础零件,并对此零件进行三维建模。

(3)在这一零件的基础上继续完成其他零部件的设计与建模。

(4)将这一系列的零件逐个装配起来,实现产品的数字化设计。

(5)对产品数字模型进行功能分析、运动仿真及优化设计,形成产品的数字样机。

零件参数化三维建模的一般方法及操作步骤如图 7.43 所示。

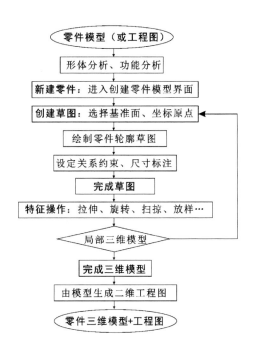

图 7.43　零件参数化三维建模的一般方法及步骤

2.三维参数化建模的基本概念

基于特征：所有组成模型的元素都称之为特征。如草图特征是基于二维草图的特征；应用特征是直接创建于实体模型上的特征。

参数化：可以记录并保存用于创建特征的尺寸与几何关系。尺寸指创建特征时所使用的尺寸。几何关系指草图几何体之间的平行、相切和同心等信息。

全相关：模型与工程图及参考它的装配体是全相关联的。改变其中一个要素(约束)，将会促使相关联的要素同时发生改变。

约束：几何约束包括重合、共线、同心、固定、平行、垂直、水平、竖直、相切、平滑、相等及对称等几何关系；尺寸约束主要通过尺寸的值对物体的大小及相对位置进行约束，而每一个尺寸，都可以作为参数(变量)，改变尺寸大小，便可以方便地实现物体造型的改变。

7.6.2　Inventor 的功能介绍[Inventor function introduction]

Inventor 软件，拥有多个功能模块，每个功能模块都有自己独特的用户操作主界面。其基本功能模块分别是：零件"🌐"、部件"⚙"、工程图"📋"及表达视图"🔧"模块等。

1.零件模块

该模块用于创建零件的三维模型，是该软件的最基本功能模块。通过创建的草图，进行相应的特征操作，实现零件的建模，生成零件的三维模型(＊.ipt 文件)。

Inventor2020 零件模块主界面如图 7.44 所示。

2.部件模块

该模块用于创建工业产品的部件及机器(即装配体)模型。将多个零部件模型装配起来，形成部件或机器的三维模型(＊.iam 文件)。并可在其中直接创建相配合的零件，实现装配体

212

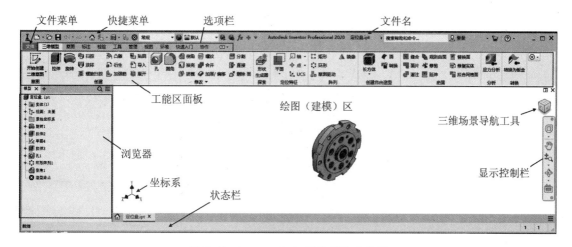

图 7.44　Inventor2020 零件模块主界面

的创建。还可增加相应的装配或角度约束,进行模型的运动仿真。

Inventor2020 部件模块主界面如图 7.45 所示。

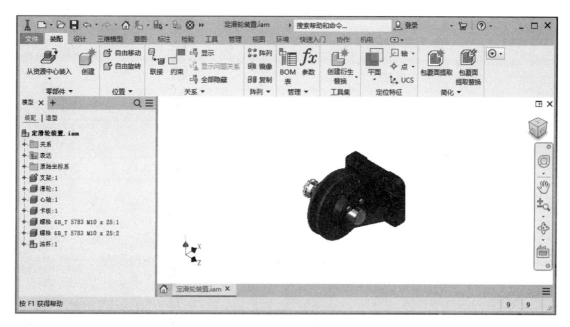

图 7.45　Inventor2020 部件模块主界面

3.表达视图模块

为了向他人明确地表达自己的设计想法等,对已经装配完成的部件进行分解,生成的分解视图称之为表达视图,也称为爆炸式分解图(∗.ipn 文件),可直接保存为视频(即爆炸动画)。

Inventor 2020 表达视图模块主界面如图 7.46 所示。

4.工程图模块

通过对已经创建的三维模型(零件或部件)创建工程视图(∗.idw 文件或 ∗.dwg 文件),从而将三维模型转化为二维工程图,以方便企业生产者、工程师与设计师之间的交流。

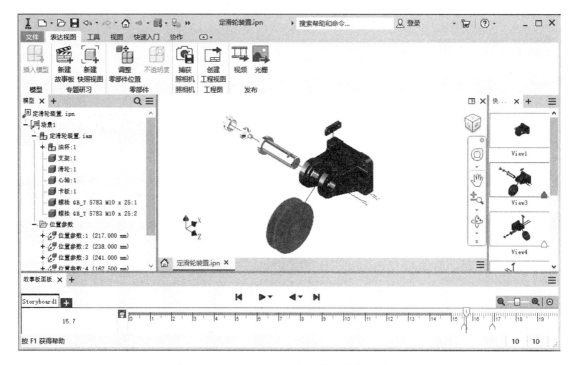

图 7.46　Inventor2020 表达视图模块主界面

Inventor 2020 工程图模块主界面如图 7.47 所示。

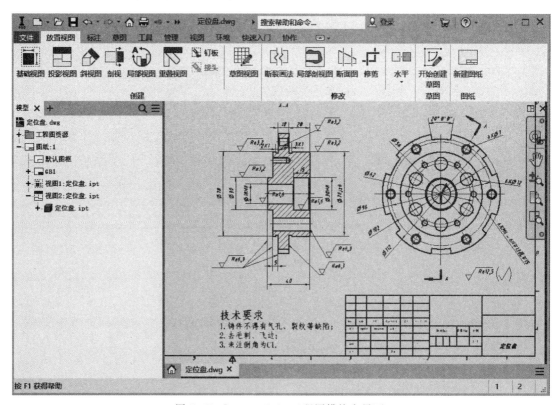

图 7.47　Inventor2020 工程图模块主界面

7.6.3 Inventor 的二维草图绘制[Inventor two-dimensional sketching]

进入零件模块后,单击选项栏中的【草图】按钮,则进入"创建草图"界面,如图 7.48 所示。

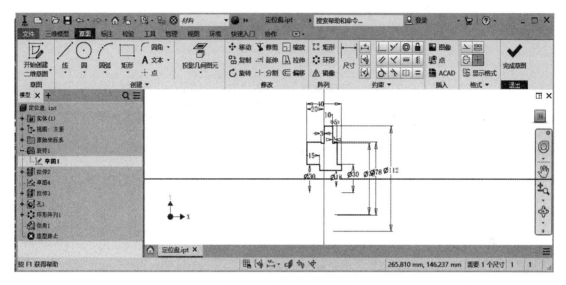

图 7.48 创建草图界面

1.草图绘制方法及步骤

(1)新建 Inventor 零件,进入零件模块主界面;

(2)单击功能区面板中的【开始创建二维草图】按钮,则进入"创建草图"界面;

(3)选择绘图的基准面、基准点;

(4)绘制图形大致轮廓;

(5)添加草图几何关系;

(6)标注草图尺寸;

(7)单击"完成草图"结束草图创建。

2.草图绘制的工具

草图绘制工具栏及其功能说明如图 7.49 所示。

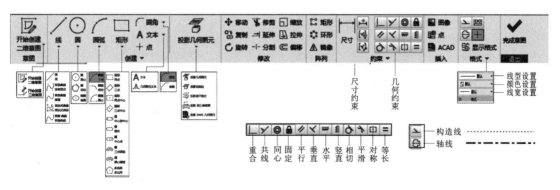

图 7.49 草图绘制工具栏及功能说明

该工具栏包括了绘制草图需要使用的全部工具。有倒三角符号"▼"的工具,表明还包括有下拉扩展功能。如"圆角"工具就包含了"圆角"及"倒角"等。绘制草图构造线(即辅助线)时,则需要将构造线图标打开;绘制回转体轴线时,则需要将轴线图标打开,以方便直径尺寸的标注及形成回转体。

7.6.4 Inventor 的特征建模操作方法[Inventor feature modeling operation]

1.特征操作工具

三维建模特征操作工具栏及功能说明如图 7.50 所示。

图 7.50　特征操作工具栏及功能说明

三维建模工具栏显示内容的控制可通过该行末尾的下拉按钮进行管理,点开该按钮,可看到全部三维建模可使用的工具菜单。通过勾选菜单,便可增加或隐藏三维建模特征操作工具。

2.常用特征的操作方法

(1)【拉伸凸台/基体】/【拉伸切除】

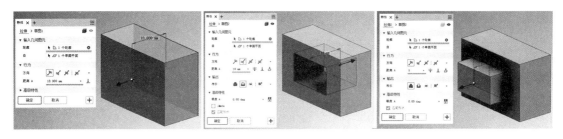

a)拉伸基体　　　　　　　　*b)拉伸切除*　　　　　　　　*c) 拉伸凸台*

图 7.51　【拉伸】特征操作方法

(2)【旋转凸台/基体】/【旋转切除】

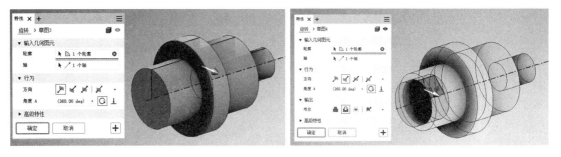

a)旋转基体　　　　　　　　　　　*b)旋转切除*

图 7.52　【旋转】特征操作方法

(3)【扫掠】

216

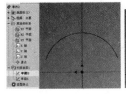
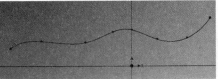
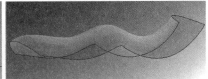

a) 创建草图(轮廓)	b) 创建草图(路径)	c) 扫掠(曲面)

图 7.53 【扫掠】特征操作方法

(4)【放样】

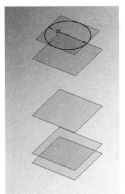
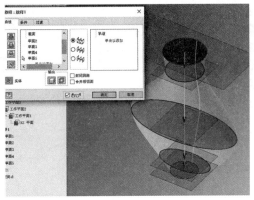

a) 创建草图(截面)	b) 放样(依次选择各截面)	c) 渲染效果

图 7.54 【放样】特征操作方法

7.6.5 由三维模型生成二维工程图[Generating 2D engineering drawing from 3D model]

由三维模型生成二维工程图的步骤如下:
(1)从快捷菜单(或下拉菜单)选择【新建文件】;
(2)从【新建文件】对话框选择【工程图】/【创建】;
(3)选择【基础视图】,调整视图方位,【确定】;
(4)选择【投影视图】或其他表达方式,完成视图表达;
(5)选择【注释】,添加中心线及标注尺寸;
(6)填写标题栏,保存文件。

7.7 Inventor 2020 三维建模及工程图实例
[**Inventor** 2020 3**D modeling and engineering drawing examples**]

7.7.1 Inventor 组合体建模应用举例
[Application example of Inventor composite modeling application]

[**例 7.9**] 创建图 7.55 所示组合体的实体模型,并生成投影图。
解:对题图进行分析可知,该组合体主要由底板、圆筒及上面的耳板构成。具体步骤如下:
(1)双击电脑桌面上的图标 ，打开 Inventor 软件,选择【新建零件】 (或选择【新建】/【Standard.ipt】),进入【创建零件】主界面。

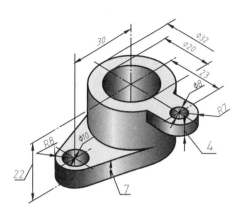

图 7.55　组合体立体图

（2）选择【开始创建二维草图】，在【上】视基准面（XZ 平面）新建草图。

（3）选择【画圆】命令，以坐标原点为圆心画圆（任意大小），选择【尺寸】命令标注圆的尺寸，并将尺寸值修改为 32，如图 7.56a 所示。

（4）选择【完成草图】，进入【三维模型】特征操作界面。选择【拉伸】，弹出【拉伸】特征操作界面，输入【距离 A】的值为 22（mm），如图 7.56b 所示。

（5）【确定】，便得到大圆柱的模型（拉伸 1），如图 7.56c 所示。

（6）选择圆柱上底面为基准面，以【画圆】【画直线】命令创建草图 2，如图 7.57a、b 所示。

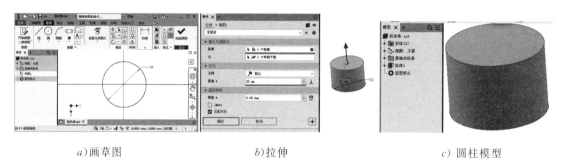

a）画草图　　　　　　　　b）拉伸　　　　　　　　c）圆柱模型

图 7.56　创建大圆柱模型

（7）选【完成草图】，进入特征操作界面。选择【拉伸】，将新建的【草图 2】选为拉伸轮廓，拉伸方向选为向下，输入【距离 A】的值为 4（mm），如图 7.57c 所示，【确定】，完成耳板建模（拉伸 2）。

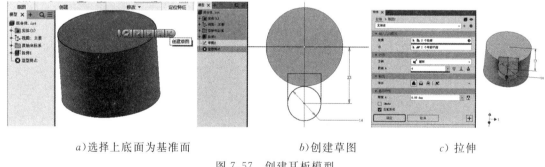

a）选择上底面为基准面　　　　b）创建草图　　　　　　c）拉伸

图 7.57　创建耳板模型

（8）选择圆柱下底面为基准面，以【画圆】【画直线】命令创建草图 3，如图 7.58a 所示；运用【相切】约束使直线与圆相切，并运用【修剪】命令剪掉多余的线条，标注尺寸后，如图 7.58b 所示。

（9）选【完成草图】，进入特征操作界面。选择【拉伸】，将新建的【草图 3】选为拉伸轮廓，拉伸方向选为向上，输入【距离 A】的值为 7（mm），如图 7.58c 所示，【确定】，完成底板建模（拉伸 3）。

（10）选择圆柱上底面为基准面，以【画圆】命令创建【草图 4】，【拉伸切除】圆孔，如图 7.59 a、b、c 所示。保存文件（文件名为：组合体.ipt，后缀".ipt"是自动生成的）。

218

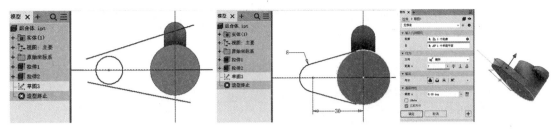

a)选择下底面为基准面,绘制草图   b)几何约束、尺寸约束   c)拉伸

图 7.58   创建底板模型

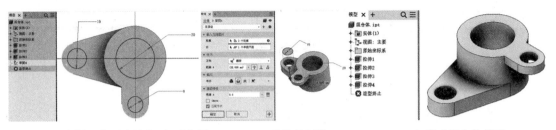

a)选择上底面为基准面,画草图   b)拉伸切除   c)完成组合体模型

图 7.59   创建圆孔,完成模型

(11)选择【新建】/【Standard. dwg】,进入【创建工程图】主界面。选择【基本视图】,出现"工程视图"对话框,如图 7.60 所示。可根据需要调整相应参数,【确定】,则获得第一个视图。

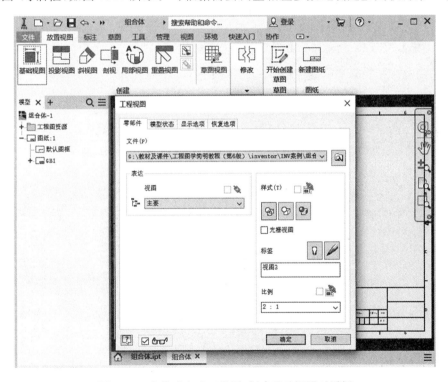

图 7.60   由模型生成工程图,创建基础视图对话框

(12)选择【投影视图】,在相应位置单击鼠标左键,可同时实现多个"投影视图"及"轴测图"的生成,再单击鼠标右键,选择【创建】,获得各投影图,如图 7.61 所示。

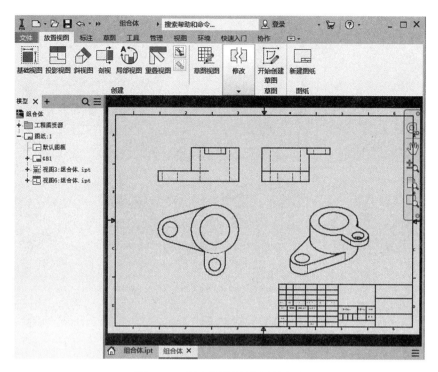

图 7.61　创建投影视图及轴测图

（13）选择下拉菜单【标注】，按住 Shift 键，同时选中三个视图，单击鼠标右键，选择【自动中心线】，【确定】，完成各视图中心线的生成。选择【尺寸】进行尺寸标注。选择【文字】注写标题栏中相应内容，完成后，如图 7.62 所示。保存文件（文件名为：组合体.dwg，后缀".dwg"是自动生成的）。详细操作过程可参见教材配套光盘中的操作演示视频文件。

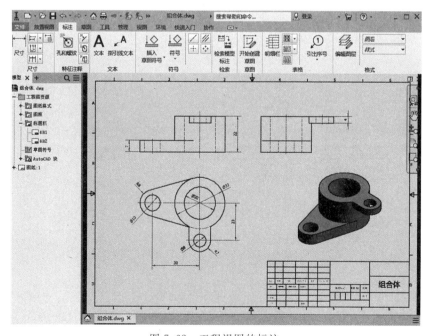

图 7.62　工程视图的标注

7.7.2 Inventor 零件建模应用举例［Application Examples of Part Modeling with Inventor］

［例 7.10］ 创建图 7.63 所示定位盘零件的实体模型,并生成零件图。

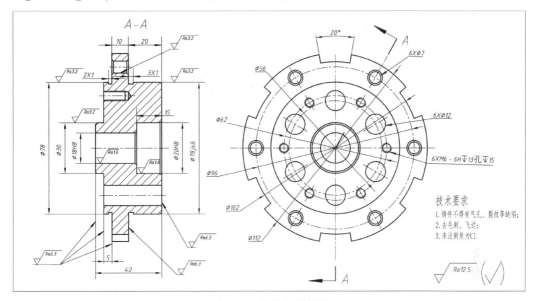

图 7.63 定位盘零件图

解: 对题图进行分析可知,"定位盘"为盘盖类零件。具体步骤如下:

(1)双击电脑桌面上的图标 ,打开 Inventor 软件,选择【新建零件】 (或选择【新建】/【Standard.ipt】),进入【创建零件】主界面。

(2)选择【开始创建二维草图】,在【前】视基准面(XY 平面)创建草图。首先从坐标原点画出回转轴线,再画出截面草图轮廓,运用尺寸约束,标注尺寸,如图 7.64a 所示。【完成草图】,进入【三维模型】特征操作界面,选择【旋转】特征操作,得到基本立体模型,如图 7.64b 所示。

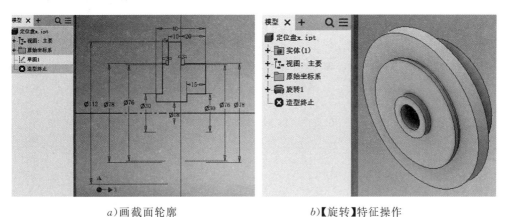

a)画截面轮廓   b)【旋转】特征操作

图 7.64 创建定位盘基本体

(3)选择左边 $\phi78$ 圆的端面为基准面,创建缺口及圆孔定位草图(【草图 2】),如图 7.65a 所示。【完成草图】,进入【三维模型】特征操作界面,选择【拉伸切除】操作,得到缺口模型,如图 7.65b 所示。

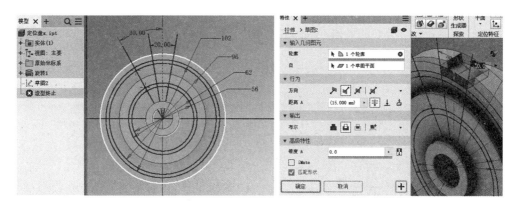

a)创建缺口及圆孔定位草图

b)【拉伸切除】缺口

图 7.65　创建缺口及圆孔定位草图并【拉伸切除】缺口

（4）选择【草图 2】，单击鼠标右键，将【草图 2】设定为【共享草图】，则该草图便可以多次使用了。选择【孔】特征操作，如图 7.66*a* 所示，系统将该草图所绘制的 3 个定位点默认为创建"孔"的圆心。由于该零件的 3 个孔尺寸各不相同，故应将默认位置去掉（点击【位置】后面的×）。在草图上重新选择需要的"孔"位置，并按图进行参数设置，如图 7.66*b* 所示。同理完成另外 1 个通孔及 1 个螺纹孔的创建，如图 7.66*c*、*d* 所示。

a)选择【孔】特征

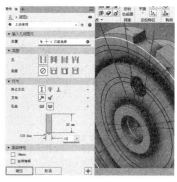

b)重新选的"孔"的位置创建 $\phi12$ 的孔

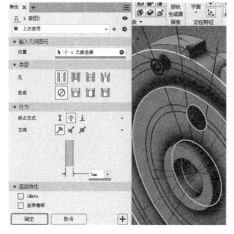

c)创建 $\phi7$ 的孔

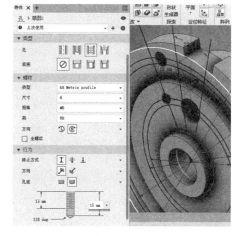

d)创建 M6 的螺纹孔

图 7.66　创建【孔】特征

（5）选择【环形阵列】特征操作，同时选择"缺口"及 3 个"孔"为"特征"，选择"圆柱面"为"旋转轴"，放置数量为 6，如图 7.67a 所示。选择【倒角】操作，修改倒角边长为 1mm，选择需要进行倒角的各边，如图 7.67b 所示。确定，即完成定位盘的建模，如图 7.67c 所示。保存文件（文件名为：定位盘.ipt）。

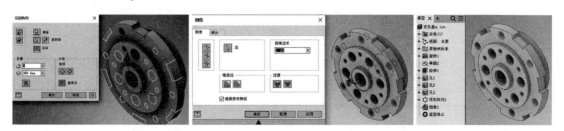

a）设置环形阵列参数　　　　　　b）进行倒角设置　　　　　　c）定位盘三维模型

图 7.67　【环形阵列】变换及倒角，完成建模

（6）选择【新建】/【Standard.dwg】，进入【创建工程图】主界面。选择【基本视图】，由于主视图需要剖视，故以"左视图"为"基本视图"，如图 7.68a 所示。选择【标注】，创建"中心线"。选择【剖视】操作，在"左视图"中确定剖切位置后，单击鼠标右键，选【继续】，并将形成的剖视图移动到适当位置后，单击鼠标左键，即完成"剖视图"的生成，如图 7.68b 所示。

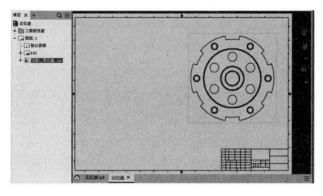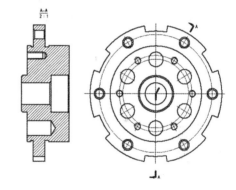

a）生成基础视图（左视图）　　　　　　b）创建全剖的主视图（旋转剖）

图 7.68　定位盘工程视图的生成

（7）标注尺寸、技术要求及标题栏，完成后如图 7.69 所示。保存文件（文件名为：定位盘.dwg）。详细操作过程可参见教材配套光盘中的操作演示视频文件。

7.7.3　Inventor 装配体建模应用举例[Application examples of Inventor assembly modeling]

[例 7.11]　根据"定滑轮装置"零件图（如图 7.70 所示）及效果图（如图 7.71 所示），完成定滑轮装置的零件及装配体的建模，并生成装配图。

解：

第一阶段：完成定滑轮装置各零件的建模。具体步骤如下：

（1）支架的建模，根据零件图可知，该支架前后对称，包括底板、圆筒、支撑板及螺纹孔等结构。建模步骤如图 7.72 所示。

（2）创建滑轮模型，该滑轮为回转体，创建草图后，旋转即成，如图 7.73 所示。

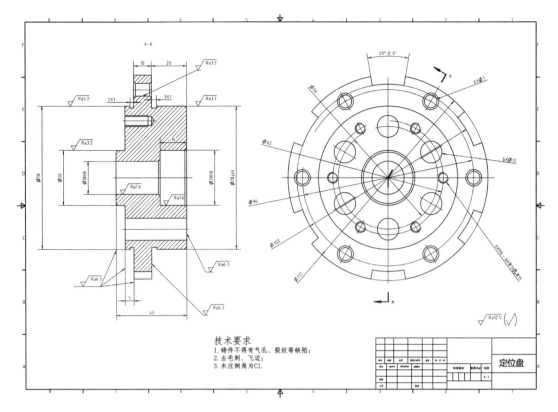

图 7.69　定位盘工程视图

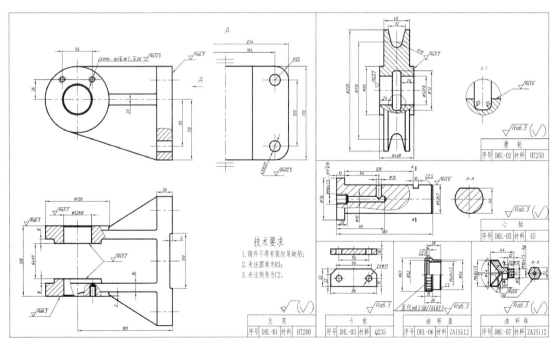

图 7.70　定滑轮装置零件图

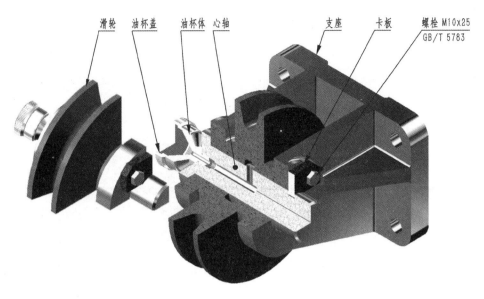

滑轮　油杯盖　油杯体　心轴　　　　支座　　卡板　螺栓 M10x25
　　　　　　　　　　　　　　　　　　　　　　　　　　GB/T 5783

图 7.71　定滑轮装置效果图

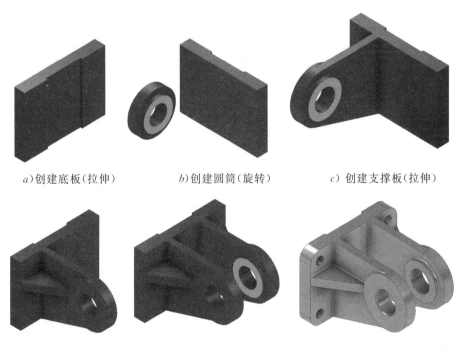

a)创建底板(拉伸)　　　　　*b*)创建圆筒(旋转)　　　　　*c*) 创建支撑板(拉伸)

d)创建肋板(筋板工具)　　　　　*e*)镜像　　　　　*f*) 创建螺孔、底板孔、圆角等

图 7.72　支架的建模步骤

(3)创建心轴模型,心轴为阶梯轴,其端头有螺纹孔及导油孔,另一端有卡槽,建模步骤如
图 7.74 所示。

(4)创建油杯体、油杯盖、卡板的模型,建模步骤如图 7.75 所示。

第二阶段:创建定滑轮装置的装配体。具体步骤如下:

(1)选择【新建】/【Standard.iam】,【创建】,进入创建"部件"主界面。

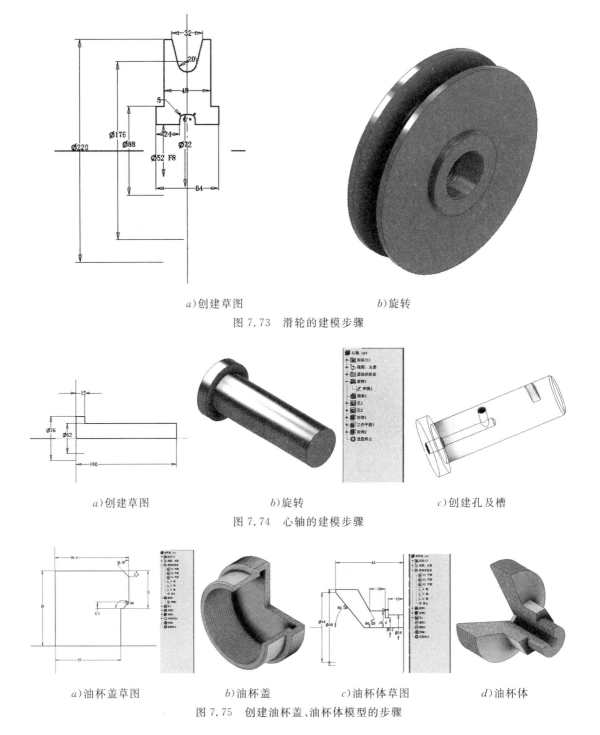

a)创建草图   b)旋转

图 7.73   滑轮的建模步骤

a)创建草图   b)旋转   c)创建孔及槽

图 7.74   心轴的建模步骤

a)油杯盖草图   b)油杯盖   c)油杯体草图   d)油杯体

图 7.75   创建油杯盖、油杯体模型的步骤

(2)选择【放置】,进入【装入零部件】对话框,选择已建好的【支架.ipt】,【打开】,将"支架"零件模型装入到"部件"系统中,单击右键,选择【在原点处固定放置(G)】,则完成"支座"的放置。再次选择【放置】,选择已建好的【滑轮.ipt】,【打开】,将"滑轮"零件模型装入到"部件"系统中;选择【约束】命令,弹出【放置约束】对话框,如图 7.76 所示,选择 ("配合"图标),在界

226

面上选择"滑轮"孔的轴线,选择"支架"上轴孔的轴线,实现孔与孔"同轴"的配合;再选择"滑轮"轮毂端面,选择"支架"轴孔内侧端面,实现"滑轮"与"支架"轴孔端面"重合"的配合。按照上述方法逐一装入其他零件,并进行相应的配合。

(3)装配螺栓,点击【放置】下方的小三角 ▼ ,选择【从资源中心装入】,弹出【从资源中心放置】对话框,如图 7.77a 所示,从对话框中找到"螺栓 GB/T5783",单击【确定】,在装配界面中单击鼠标,弹出"螺栓 GB/T 5783—2000"对话框,如图 7.77b 所示,选择【螺纹描述】为"M10"、【公称长度】为 25,并单击【作为自定义】,选择【确定】,【保存】,将该标准件保存到自定义的装配体文件夹中;再次在装配界面中单击鼠标,则将该螺栓放置到

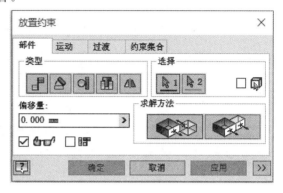

图 7.76 【放置约束】对话框

装配界面中。选择【约束】命令,弹出【放置约束】对话框,选择▣("插入"配合),再选择"螺栓"上螺杆与螺栓头结合处的圆,选择"卡板"表面上用于安装螺栓的圆孔的圆,则将"螺栓"正确地安装到了"卡板"上。同理安装另一个螺栓,由此即完成了标准件的导入安装。

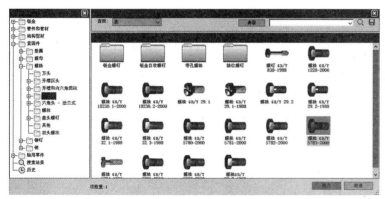
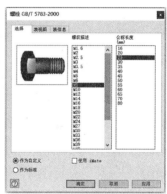

a)【从资源中心放置】对话框   b)螺栓规格选择

图 7.77 从资源中心装配标准件

定滑轮装置装配完成后,其模型及装配浏览器如图 7.78 所示。

第三阶段:创建定滑轮装置的装配图。 创建装配图的方法与创建零件图类似,都是在"工程图"模块进行,具体步骤如下:

(1)选择【新建】/【Standard. dwg】,【创建】,进入创建"工程图"主界面。

(2)选择【基本视图】,如图 7.79 所示,可调整基本视图的显示方式、比例及根据表达需要调整基本视图的方位。确定后在图纸的适当位置单击鼠标,放置视图,单击【确定】,即可完成基本视图。选择【投影视图】,在图纸上先选择"基本视图",然后从"基本视图"向需要的方向进行投影,在图纸的适当位置单击鼠标左键,放置视图,单击鼠标右键,选择【创建】,即可完成投影视图的放置。选择【剖视】,从主视图上确定剖切位置,完成全剖的左视图,如图 7.80 所示。

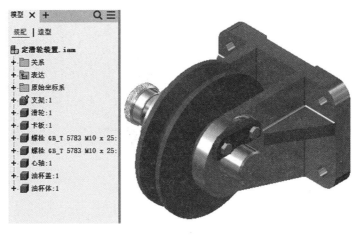

图 7.78　定滑轮装置装配效果

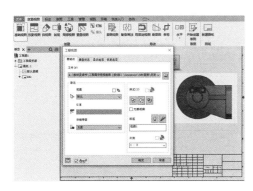

图 7.79　创建基础视图

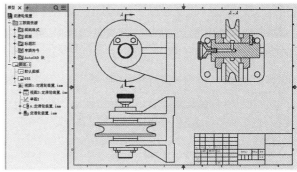

图 7.80　创建投影视图及剖视图

　　为了反映螺钉的安装关系,可在俯视图上进行局部剖,其方法是首先选择俯视图,再选择【开始创建草图】命令,用样条曲线圈出需要剖切的部分,【完成草图】,再选择【局部剖视图】命令,选择样条曲线作为"截面轮廓",选择"螺栓"的转向线作为"剖切深度",【确定】后即可获得需要的局部剖,如图 7.81 所示。

a)创建局部剖视图轮廓草图　　　　　b)局部剖参数选择　　　　　c)局部剖效果

图 7.81　创建局部剖视图

228

(3)画中心线,标注尺寸,进行零件编号,并生成零件明细栏。填写标题栏。完成后如图 7.82 所示。保存文件。详细操作过程可参看教材配套光盘中的操作视频演示文件。

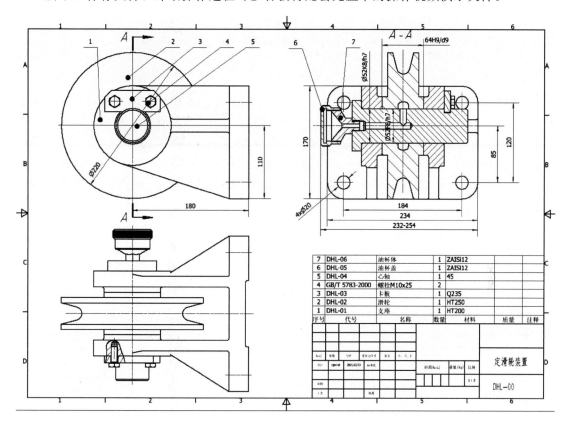

图 7.82　定滑轮装置的装配图

229

8 房屋建筑图

Chapter 8　Housing Architectural Drawings

内容提要：房屋建筑图是房屋建筑施工、装饰、设备安装的依据。本章主要介绍房屋建筑图的基本知识及基本表达方法，并以一住宅的建筑图为例介绍房屋建筑图的读图方法。通过本章的学习，使读者具备初步的阅读房屋建筑图的能力。

Abstract：This chapter introduces some essential knowledge of housing architecture drawings. This type of drawings serves as the basis of building constructing, decorating, and equipment installation. Here a real case of building a house is adopted to help understand reading housing architecture drawings.

8.1　房屋建筑图的基本知识及基本表达方法

[Basic knowledge and descriptions of housing architectural drawings]

8.1.1　房屋的组成[Components of housing]

建筑[construction]为建造、修筑之意，如建造房屋，修筑道路、桥梁等；**建筑物**[buildings]则为由建筑形成的产物。房屋建筑物通常有工业建筑物[industrial buildings]和民用建筑物[civil buildings]之分，而民用建筑物又可分为供人们居住的建筑物（如住宅、宿舍等）和供人们公共使用的建筑物（如办公楼、商场、学校、医院、体育馆等）。

各类房屋建筑物尽管在使用要求、空间组合、外形处理、结构形式、构造方式和规模上各有特点，但其主要组成部分不外乎是**基础**[foundations]、**墙**[walls]与**柱**[pillars]、**楼面**[floors]与**地面**[grounds]、**楼梯**[stairs]、**门**[doors]**窗**[windows]和**屋面**[roofs]等。图8.1为一栋小型住宅的轴测剖面图，各组成部分的名称和位置如图所示。

8.1.2　房屋建筑图的分类[Classifications of housing drawings]

房屋建筑图主要用于指导房屋的施工，所以又称为施工图，它是按照国家标准的规定，完整、准确地表达建筑物的形状、大小以及各部分的结构、构造、装修、附属设施等内容的图样。

房屋建筑图按专业分工的不同，通常分为三类：

(1)**建筑施工图**[construction drawings]（简称**建施**）　反映建筑施工设计的内容，用以表达建筑物的总体布局、外部造型、内部布置、细部构造、内外装饰以及一些固定设施和施工要求，包括施工总说明，总平面图，建筑平面图、立面图、剖面图和详图等。

(2)**结构施工图**[structure drawings]（简称**结施**）　反映建筑结构设计的内容，用以表达建筑物的各承重构件（如基础、承重墙、柱、梁、板等），包括结构施工说明、结构布置平面图、基础图和构件详图等。

(3)**设备施工图**[equipment construction drawings]（简称**设施**）　反映各种设备、管道和

线路的布置、走向、安装等内容,包括给排水、采暖通风和空调、电气等设备的布置平面图、系统图及详图等。

建筑施工图为建筑设计主要内容的体现,并为其他各类施工图的基础和先导,下面将以建筑施工图为主加以介绍。

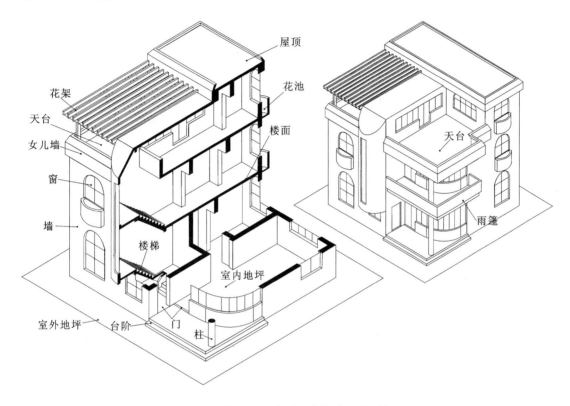

图 8.1 房屋的组成(水平剖切与垂直剖切)

8.1.3 房屋建筑图的基本图示特点[Description feature of housing drawings]

房屋建筑图与机械图的投影方法和表达方法基本一致,都是采用正投影的方法进行绘制的,但因建筑图所采用的国家标准与机械图不同,所以在表达上有其自身的特点。

1. 图的名称[Views' name]

房屋建筑图与机械图的视图名称有所不同,参见表 8.1。

表 8.1 房屋建筑图与机械图的视图名称对照

房屋建筑图	正立面图	平面图	左侧立面图	右侧立面图	底面图	背立面图	剖面图	断面图
机械图	主视图	全剖俯视图	左视图	右视图	仰视图	后视图	剖视图	断面图

房屋建筑图的每个视图都应在图的下方标注图名,并在图名下画一粗横线。

2. 比例[Scale]

房屋建筑图常用的比例如下:

总平面图　　1∶500,1∶1000,1∶2000。

平面图、立面图、剖面图　　1∶50，1∶100，1∶200。

详图　　1∶1，1∶2，1∶5，1∶10，1∶20。

比例应注写在图名的右侧，比例的字高应比图名的字高小一号或二号。

3. 图线［Lines］

房屋建筑图常采用的线型及用途如表 8.2 所示（参照《房屋建筑制图统一标准》GB/T 50001—2010 及《建筑制图标准》GB/T 50104—2010）。图线的宽度 b，宜从下列线宽系列中选取：0.35、0.5、0.7、1、1.4、2（单位：mm），每个图样应根据复杂程度与比例大小，先选定基本线宽 b（粗线宽度），再按粗、中粗、中及细的宽度比率 $b∶0.7b∶0.5b∶0.25b$ 进行选取。

建筑施工图上常采用多种线型，如立面图室外地坪线可用特粗实线绘制，立面图的外轮廓线采用粗实线，门窗洞、窗台、台阶、勒脚、雨篷以及建筑构配件的外轮廓线采用中实线，门窗格子、墙面引条线采用细实线；平面图和剖面图中，剖切到的墙、柱用粗实线，门窗洞及可见的墙、柱、窗台等轮廓线用中实线绘制等。不同类型、不同专业的图，其线型的规定也有所不同，需要时可参照相应的建筑制图国家标准。

表 8.2　图　　线

名　称	线　型	线宽	用　　途
粗实线		b	1）平、剖面图中被剖切的主要建筑构造（包括构配件）的轮廓线； 2）建筑立面图或室内立面图的外轮廓线； 3）建筑构造详图中被剖切的主要部分的轮廓线； 4）建筑构配件详图中的外轮廓线； 5）平、立、剖面图的剖切符号
中粗实线		0.7b	1）平、剖面图中被剖切的次要建筑构造（包括构配件）的轮廓线； 2）建筑平、立、剖面图中建筑构配件的轮廓线； 3）建筑构造详图及建筑构配件详图中的一般轮廓线
中实线		0.5b	小于 0.7b 的图形线、尺寸线、尺寸界线、索引符号、标高符号、详图材料做法引出线等
细实线		0.25b	图例填充线、家具线、纹样线等
中粗虚线		0.7b	1）建筑构造详图及建筑构配件不可见的轮廓线； 2）平面图中的起重机（吊车）轮廓线； 3）拟扩建的建筑物轮廓线
中虚线		0.5b	投影线、小于 0.5b 的不可见轮廓线
细虚线		0.25b	图例填充线、家具线等
粗单点长画线		b	起重机（吊车）轨道线
细单点长画线		0.25b	中心线、对称线、定位轴线
折断线		0.25b	部分省略表示时的断开界线
波浪线		0.25b	部分省略表示时的断开界线，曲线形构件断开界线 构造层次的断开界线

注：地平线的线宽可用 1.4b。

4. 尺寸标注［Dimension］

房屋建筑图上的尺寸标注应包括尺寸界线、尺寸线、尺寸线起止符号和尺寸数字。尺寸界线用细实线绘制，为使图形清晰，其一端应离开视图轮廓线不小于 2mm，另一端宜超出尺寸线（2～3）mm；尺寸线用细实线绘制，应与被注轮廓线平行，且不宜超出尺寸界线；尺寸线起止符号用中粗斜短线绘制，其倾斜方向应与尺寸界线成顺时针 45°角，长度为 2～3mm；尺寸数字应依据读数方向注写在靠近尺寸线的上方中部(见图 8.2)。长度尺寸除标高及总平面图中以"米"为单位外,其余一律以"毫米"为单位。

在房屋建筑图中,要标注室内外地坪、楼地面、台阶、门窗等处的标高。常以房屋底层室内地面作为相对零点标高,用±0.000表示;高于它的为正,标注时省略"+"号,低于它的为负,标高数字前必须加注"-"号。标高的注写形式见图 8.3,标高符号的尖端指在被标注部位的高度上,其尖端可向上,也可向下,标高以"米"为单位,并注写到小数点后第三位。总平面图上的标高采用涂黑三角形表示。

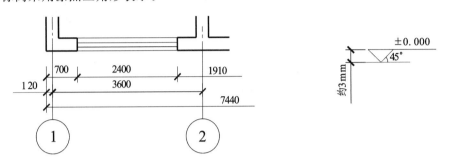

图 8.2 尺寸标注   图 8.3 标高标注

5. 索引符号和详图符号[Index symbols and detail symbols]

在房屋建筑图中,某一局部或构配件如需另见详图时,应以索引符号索引。索引符号用直径为 10mm 的细实线圆绘制,并画出水平直径。上半圆中的数字表示详图编号,下半圆中的数字代表详图所在图纸的图号;若详图与被索引的图在同一张图纸内,则在下半圆中间画一段水平细实线;若索引出的详图采用标准图,则应在索引符号水平直径的延长线上加注标准图册的编号,如图 8.4a、b、c 所示。

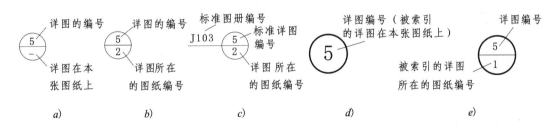

图 8.4 索引符号与详图符号

详图符号用直径为 14mm 的粗实线圆绘制。当详图与被索引的图在同一张图纸内时,详图编号用阿拉伯数字直接注在详图符号内;如不在一张图纸内,则应在详图符号内画一细实线水平直径,上半圆中注写详图编号,下半圆中注写被索引图纸号,如图 8.4d、e 所示。

6. 常用建筑材料图例[Common material symbols]

常用建筑材料的图例如表 8.3 所示。

在房屋建筑图中,比例为 1∶100~1∶200 的平、剖面图,可画简化材料图例,如砖墙、砖柱涂红,钢筋混凝土涂黑。比例小于 1∶200 的平、剖面图可不画材料图例。

7. 常用建筑构造及配件图例[Common structure parts symbols]

房屋建筑图一般采用较小的比例绘制,因此有些构造及配件不能按实际画出,故常采用国标规定的图例表示。表8.4中列出了常用建筑构造及配件的图例。

表8.3 常用建筑材料图例

普通砖	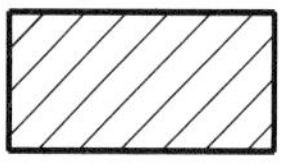	玻璃及其他透明材料	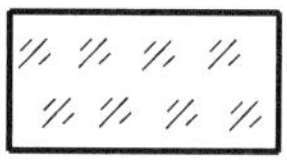	混土凝	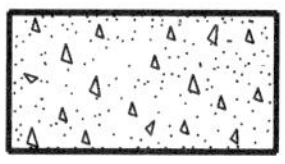
自然土壤		木材	纵剖面	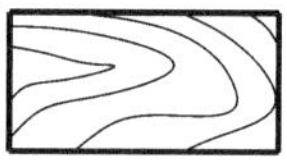 钢筋混凝土	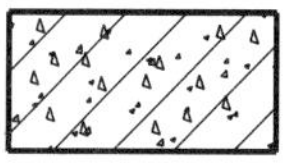
夯实土壤	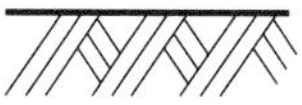		横剖面	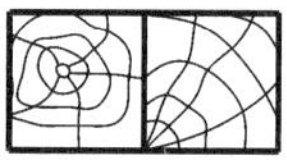 多孔材料	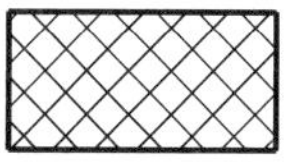
沙、灰土	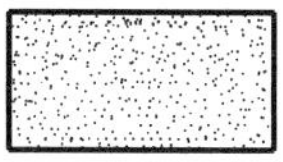	木质胶合板（不分层数）	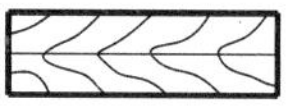	金属材料	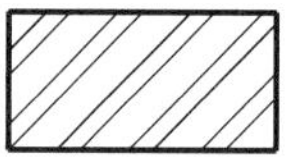

表8.4 常用建筑构造及配件图例

图 例	名 称	图 例	名 称
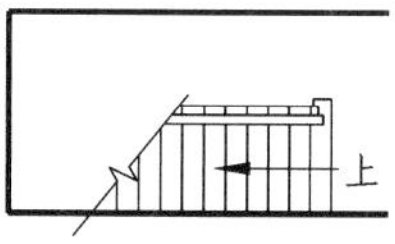	底层楼梯	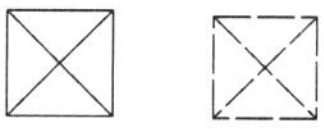	可见检查孔（左）不可见检查孔（右）
			孔洞
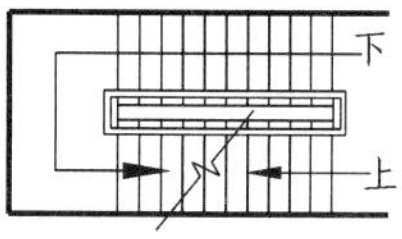	中间层楼梯		墙预留孔
		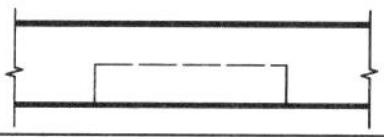	墙预留槽
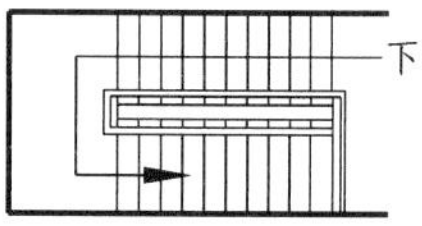	顶层楼梯	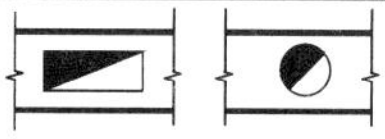	烟道
		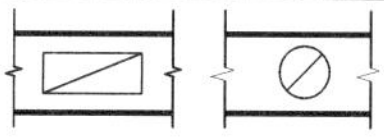	通风道
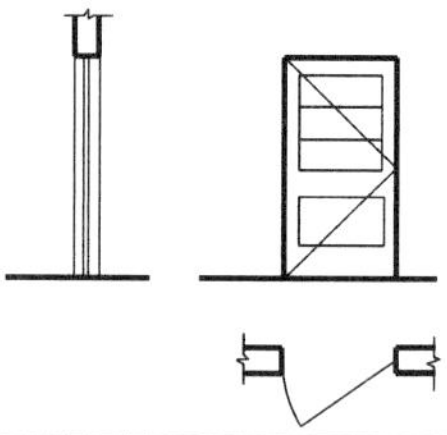	单扇门（平开或单面弹簧）	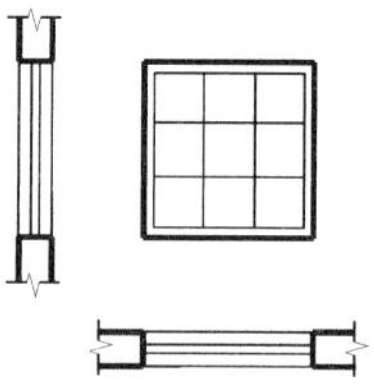	单层固定窗
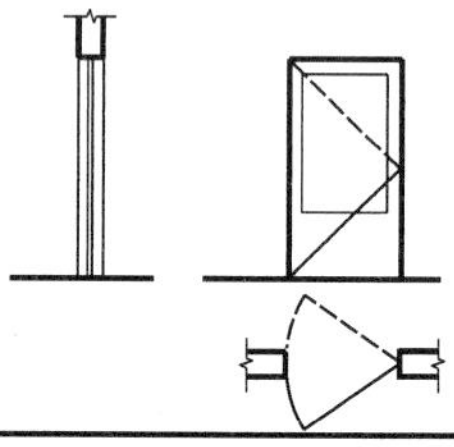	单扇双面弹簧门	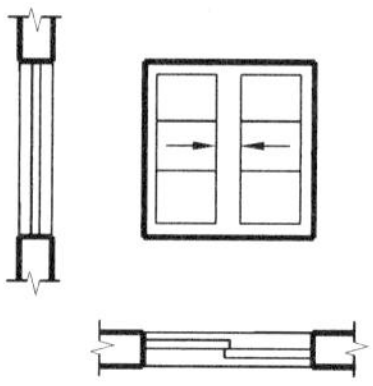	推拉窗

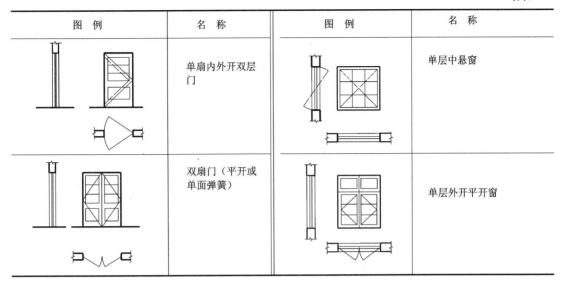

图　例	名　称	图　例	名　称
	单扇内外开双层门		单层中悬窗
	双扇门（平开或单面弹簧）		单层外开平开窗

8.2　房屋建筑图的阅读
[Reading housing drawings]

下面以图 8.1 所示小型住宅的建筑施工图为例,介绍阅读房屋建筑图的方法及步骤。

8.2.1　总平面图[General arrangement drawing]

建筑总平面图也称为总图,是在对拟建建筑所处的地理位置、地形地貌、周围环境、自然条件等实地勘测的基础上绘制成的,它是建筑规划设计的结果,反映建筑物的平面轮廓形状、占地范围、房屋朝向、周围环境、地形地貌、道路交通以及与原有建筑的相对位置等内容。建筑总平面图是新建房屋施工定位、土方施工以及水、电、气等管线布置的重要依据,也是房屋使用价值及潜在价值的重要体现。

图 8.5 为某居民小区的总平面图(局部),其阅读如下:

1. 了解新楼方位、朝向、楼层、风力及环境[Understand the azimuth, facing, wind power and environment of new building]

从图中可以看出,三栋新建住宅位于小区的东南角,坐北朝南,楼高三层,左侧相邻有两栋六层住宅,并有一池塘,后方为办公楼,左后方不远处有一球场,楼前与道路相连,楼的周围均有绿化。从风频率玫瑰(简称风玫瑰)可知该小区的常年风向频率,风力不大,主要为北风、东南风和东风。

2. 了解新楼位置、形状、占地面积、楼间距、标高等[Understand the position, shape, area, between building distance, topographical...etc. of new building]

从图上所标尺寸可知,新楼以西面和北面的道路定位,距左侧六层住宅 23.7m,东西向总长为 11.4m,南北向总长为 10.8m,平面轮廓为近似正方形;三栋新楼的南北楼间距为 19m,东西楼间距为 15m。从标高可知室内地面的绝对标高(即海拔高度,我国以黄海的平均海平面高度为海拔高度的基准)为22.9m,室外地坪的绝对标高为22.6m,可见室内比室外高0.3m。左侧住宅室外地坪的绝对标高为23.1m,可知该处地势为西高东低。

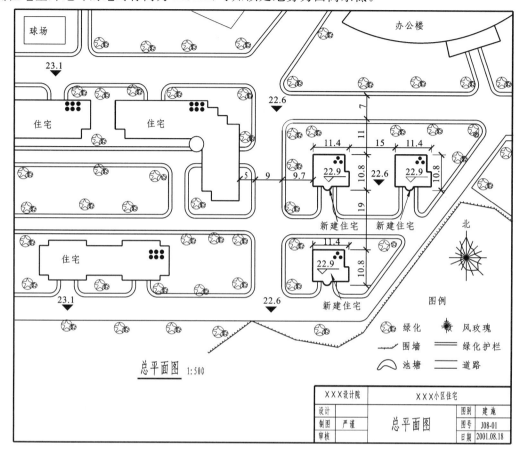

图 8.5　总平面图

8.2.2　建筑平面图、立面图、剖面图及详图[Construction plan, elevation, section, and detailed]

图 8.6 为小型住宅的底层平面图、北立面图、1-1 剖面图及门窗表,图 8.7 为该住宅的三层平面图及女儿墙详图。下面分别加以说明。

1. 建筑平面图[Construction plan]

假想经过门窗洞口,沿水平面将房屋剖开,移去上部而得到的水平投影,称为**建筑平面图**(简称**平面图**)。从平面图中可以了解建筑物的平面形状、大小和布置以及墙、柱、门、窗的位置等内容。

一栋楼房若各层的布置不同,则每层都应画出平面图。如果楼层完全相同,则只画一个标准层平面图,并需在图的下方加以注明。

从图 8.6 中的底层平面图可以看出:

(1)底层平面图表明了该住宅的底层有客厅、饭厅、厨房、卫生间、楼梯间和一房(可作为书房、卧室等),由指北针可知该住宅坐北朝南。

236

（2）该住宅东西向轴线编号为①～④，南北向轴线编号为Ⓐ～Ⓓ。

（3）该住宅底层有 M1、M2 门和 C1、C2、C3、C4、C5 窗，还有 CM1 门连窗。为了便于查阅，一般在底层平面图中需列出门窗表，如图 8.6 中的门窗统计表所示。

（4）为了便于阅读剖面图，需要在平面图上标注剖切符号，表明剖切位置和投射方向（剖切位置线和投射方向均用粗实线绘制），如图 8.6 中的 1-1 即为 1-1 剖面图的剖切位置符号。

（5）平面图的外部尺寸分三道标注：第一道尺寸是外墙总尺寸，表示房屋的总长和总宽，从图中可知该住宅的总长为 10.04m，总宽为 9.74m，可计算出该住宅的占地面积为 97.79m²。第二道尺寸是定位轴线之间的尺寸，用来表示房间的开间和进深，可计算出每个房间的面积大小。第三道尺寸是外墙上门窗洞的宽度、窗间墙的宽度及定位尺寸以及墙的厚度尺寸。

内部尺寸注出房间的净距、内墙门窗、墙身厚度及固定设备的大小和定位尺寸等。

此外，平面图上还应注明室内房间、走道的地面标高，该住宅进厅处的地坪标高定为零（±0.000），室外地坪标高为 −0.300m。标高尺寸以 m 为单位，其余尺寸均以 mm 为单位。

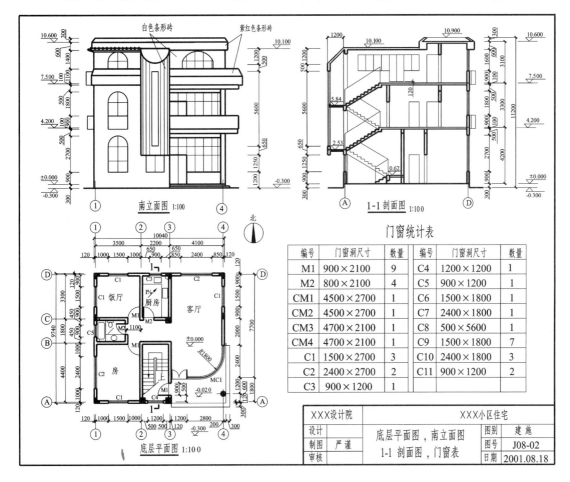

图 8.6 建筑平面图、立面图、剖面图

从图 8.7 中的三层平面图可以看出：

（1）该住宅三层有二室和一卫生间，并有二天台，其左侧天台上有花架，表明该天台可作为屋顶花园。在该层平面图中还反映了屋面坡度、排水分区、天沟及雨水管的位置等。

（2）在平面图上对画详图的构件和设备，要标以详图索引，如图8.7中的 —①即为详图①的索引。

2. 建筑立面图［Construction elevation］

建筑立面图（简称立面图）是在与房屋立面平行的投影面上所得到的正投影图。立面图主要表达房屋的外貌，反映房屋的高度、门窗的排列、屋面的形式和立面装修等内容。

从图8.6中的北立面图可以看出：

（1）该立面图采用1∶100的比例绘制，标有与平面图相一致的轴线编号①、④，以便清楚地反映立面图与平面图的投影关系。

（2）反映了房屋北面的外貌造型和各构件（如门窗、阳台、雨篷等）的形状及位置。

（3）反映了外墙的装饰和所用材料，如女儿墙突出部分采用紫红色条形砖饰面，其余墙面采用白色条形砖饰面。

（4）反映了房屋外墙各主要部位的标高，如室内外地面、窗台、门窗顶、雨篷底面以及房顶等处的标高。

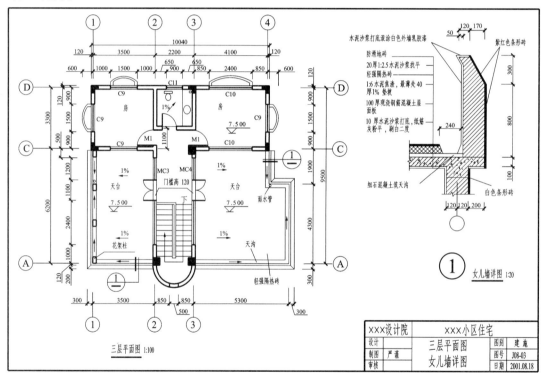

图8.7　三层平面图及女儿墙详图

3. 建筑剖面图［Construction section］

建筑剖面图是根据平面图上标明的剖切位置和投射方向，假想用垂直方向的剖切平面将房屋剖切开后所画出的视图。剖面图主要表达房屋在高度方向的内部构造和结构形式，反映房屋的层次、层高、楼梯、屋面及内部空间关系等。

剖面图的剖切位置和数量，要根据房屋的具体情况和需要表达的部位来确定。剖切位置应选择在能反映内部构造比较复杂和典型的部位，并应通过门窗洞。多层房屋的楼梯间一般

238

均应画出剖面图。剖面图的图名及投射方向应与平面图上的标注一致。

从图 8.6 中的 1-1 剖面图可以看出：

(1)该住宅的 1-1 剖面图采用 1∶100 的比例绘制。根据图名(1-1 剖面图)及轴线编号,可以在底层平面图中找到剖切位置,从而可知该剖面图是通过楼梯间和厨房剖切后,向左投射而得到的。剖切到的部位有楼梯、楼面、屋面、门窗洞等。剖面图反映出该住宅从地面到屋面的内部构造和结构形式。基础部分一般不画,而在"结施"基础详图中表示。

(2)在剖面图中应标注与平面图相对应的轴线编号,如 1-1 剖面图中标注的轴线Ⓐ、Ⓓ。

(3)在剖面图上主要标注内外各部位的高度尺寸及标高。一般应标注室内外地面、各层楼面、楼梯平台、檐口及女儿墙顶面等处的标高。从图中可以看出,该住宅最高处的标高为 10.9m。

外部尺寸标注门窗洞和窗间墙的高度、层间高度及总高度。内部尺寸标注隔板、搁板、平台及室内门窗的高度。

由上述可见,建筑平面图、立面图、剖面图分别从不同的方向表达了建筑物的内外特征,把这三种图综合起来,就可以完整地表达一幢房屋的全貌。因此,在识读房屋建筑图时,应将平、立、剖面图互相联系起来,这样才能更准确、更快捷地读懂房屋建筑图。

4. 建筑详图[Construction detail]

由于平面图、立面图、剖面图所用的绘图比例较小,许多细部往往表示不清楚,为了表明某些局部的详细构造,便于施工,常采用较大比例绘制,这种图称为建筑详图。

常见的建筑详图有:

(1)有特殊设备的房间:用详图表明固定设备的形状及其设置(包括所需的埋件、沟槽等的位置及大小)。

(2)有特殊装修的房间:须绘出装修详图,如吊顶平面等详图。

(3)局部构造详图:如墙身剖面、楼梯、门窗等详图。

详图的标志要与其索引符号相对应。

如图 8.7 中的女儿墙详图,详细地表明了女儿墙、天沟及屋顶的结构及构造。从该图可见:

(1)该图引自本图中的三层平面图,采用 1∶20 的比例绘制。

(2)表明了女儿墙、天沟及屋顶的形状、结构及构造。

(3)表明了女儿墙的材料及做法。

(4)表明了屋顶各层依次的材料及作法。

(5)标注了女儿墙的高度尺寸和各细部的尺寸。

因详图的比例较大,故剖切到的墙、柱、梁、楼板、屋面等断面,都应画出相应材料的剖面符号。

8.2.3 建筑装修施工图[Decoration construction drawing]

随着社会的发展及人们生活水平的提高,对室内外环境质量的要求也越来越高,建筑装修设计及施工,已成为房屋建筑施工中必不可少的重要内容。

一套房屋的装修施工图,一般应包括装修平面布置图、楼地面装修图、墙柱面装修图、天花装修图以及细部节点详图等,有时为体现装修效果,还需绘制装修效果图(一般为透视图)等。

下面仅以图 8.1 所示住宅底层的部分装修图为例,说明装修图的具体内容及阅读方法。

1. 确定各房间功能,绘制平面布置图[Functions of each room, plane arrangement drawing]

这是进行装修必须解决的首要问题,房屋是否好用,首先在于房屋功能的划分,而功能的划分应源于房屋的规划设计。因该住宅共有三层,为一个家庭使用,故底层为公共空间及接待来访之用,二层为卧室,三层为休闲、娱乐、健身场所。由此绘制底层的平面布置图如图 8.8 所示。

从平面布置图可以看出各房间主要家具的布置情况,由此可知各房间的具体功能,从而为装修设计提供依据。

2. 地面装修图[Floor decoration drawing]

该住宅的底层地面装修图如图 8.8 所示。由图可见,底层地面主要采用了三种材料,即石材、地砖和木地板。台阶及室内客厅、饭厅、过道、楼梯间均采用花岗石,且大厅及饭厅还采用了拼花;厨房及卫生间的地面采用防滑地砖;书房采用了木地板。从图中可以看出,装饰材料名称及规格需用文字加以说明,并用细实线反映材料的铺设情况,还应标出拼花的形状及位置尺寸,以方便装修施工。

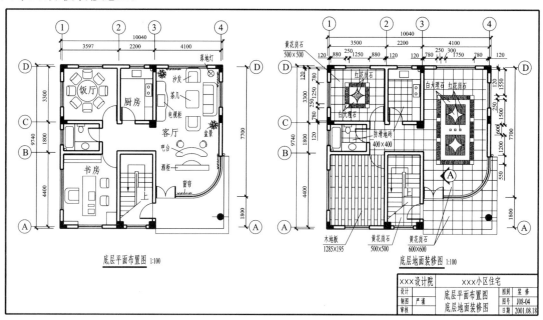

图 8.8 底层平面布置图及底层地面装修图

3. 天花装修图[Ceiling decoration drawing]

如图 8.9 中底层天花装修图所示,该图是沿门窗洞剖切后采用镜像投影(好像是地面上放着镜子,从镜子上看到的成像)而形成。该图反映了天花吊顶的形状、布置以及灯饰的位置,而装饰材料及做法则用文字加以说明。

4. 墙面装修图[Wall decoration drawing]

如图 8.9 中的底层Ⓐ立面图所示,根据底层地面装修图中的内视符号可以找到Ⓐ立面图所指的具体位置,从而知道Ⓐ立面图所表达墙面的位置及投射方向。显然,Ⓐ立面图是采用剖面图的方式绘制的。在Ⓐ立面图中,用中粗的实线反映重要的结构及造型,用细实线反映墙面的细部构造。天花吊顶的构造及形状在该图中也得以反映,而装饰材料及做法则用文字加以

240

说明。

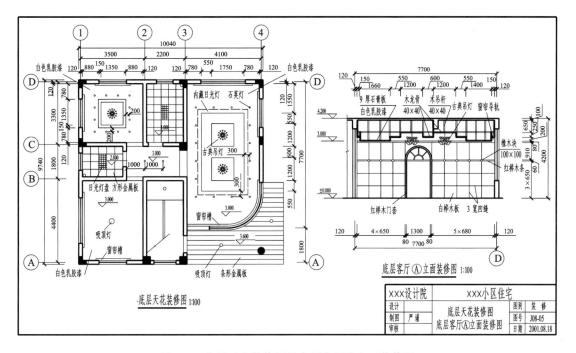

图 8.9　底层天花装修图及底层客厅Ⓐ立面装修图

241

9 其他工程图介绍

Chapter 9　Other Engineering Drawings

内容提要：本章主要介绍展开图和焊接图的基本知识及基本表达方法，并以实例介绍展开图和焊接图的具体应用，供相关专业及有兴趣的读者学习参考。

Abstract：This chapter deals with the basic knowledge and drawings of developed drawings and welding drawings. Again as above, real examples are introduced here to demonstrate the practical application of these two types of drawings.

9.1　展开图
［Developed drawings］

将立体表面按其真实的形状和大小，依次连续地摊平在一个平面上，称为**立体表面的展开**。由展开所得到的图形，称为**立体表面展开图**（简称**展开图**）。展开图是各种薄壁板制件进行放样下料（即在板材上画出各组成部分的表面展开图，然后按图线进行剪切）的基础，也是产品包装设计、服装裁剪的基础。

绘制展开图，其方法的实质是求直线或曲线的实长和求平面或曲面的实形，通常可采用图解法和计算法。下面就平面立体、可展曲面立体和不可展曲面立体的近似展开分别加以介绍。

9.1.1　平面立体展开图的画法［Plane solid developed drawing methods］

棱柱和棱台展开图的画法，如图 9.1 所示。因平面立体的每个表面都是平面，所以只需求出各棱线的实长和各平面的实形即可，一般采用图解法，其求解及作图过程如图 9.1 所示。展开图的外边界线应画为粗实线，其内部的折叠线画为细实线。

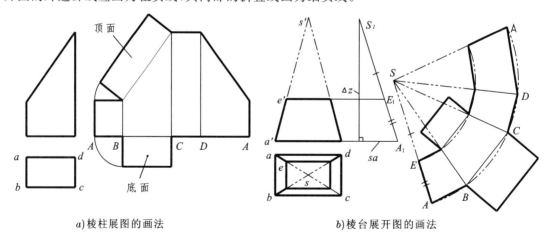

a) 棱柱展图的画法　　　　　b) 棱台展开图的画法

图 9.1　棱柱和棱台展开图的画法

9.1.2 可展曲面展开图的画法[Developable curved surface drawing methods]

当直纹曲面(由直母线形成的曲面)相邻两素线为平行或相交直线时,则该曲面为**可展曲面**(即可以真实地摊平在一个平面上),如柱面和锥面等。

1. 斜口正圆柱管的展开图[Developed drawings of the slanted plane of column tube]

如图 9.2 所示,由于正圆柱面各素线的正面投影反映实长,而底面圆的周长为 πD,因此可

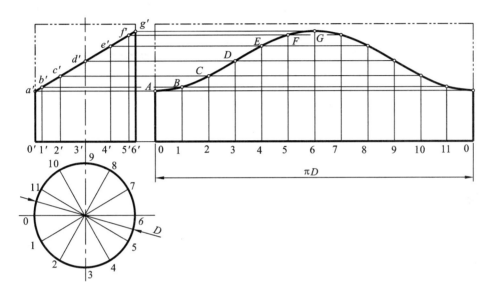

图 9.2　斜口正圆柱管展开图的画法

采用作图与计算相结合的方法绘制圆柱面的展开图。

(1)将圆周分成若干等份,在正面投影上绘出与之对应的各素线,各素线与圆管斜口的交点 A、B、C、D、E、F、G,如图所示。

(2)绘一长度为 πD 的直线,将其分成与圆周相等的份数,如图所示。

(3)分别量取 $0A = 0'a'$、$1B = 1'b'$、$2C = 2'c'$ ……,得到展开图上 A、B、C……各点。

(4)依次光滑连接各点 A、B、C……并整理,即得斜口正圆柱管的展开图,如图 9.2 所示。

2. 斜口正圆锥管的展开图[Developed drawings of slanted plane of cone tube]

如图 9.3 所示,圆锥各素线都经过锥顶,其长度为 l,圆锥底圆的直径为 D,则完整的圆锥面展开应为一半径 $R=l$ 的扇形,其扇形的圆心角

$$\theta = \pi D \cdot 360° / (2\pi l) = D \cdot 180° / l$$

当圆锥被斜截,则截面与锥面的交线即为截交线,其展开图的画法如下:

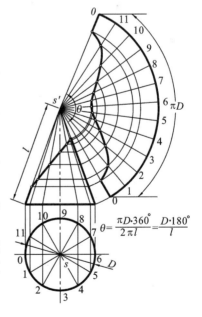

$$\theta = \frac{\pi D \cdot 360°}{2\pi l} = \frac{D \cdot 180°}{l}$$

图 9.3　斜口正圆锥管展开图的画法

243

（1）将底圆分成若干等份，并在正面投影上绘出与之对应的各素线。

（2）过素线与截面的交点作水平线，与圆锥正面投影的转向线相交，求得各素线从顶点到交点处的实长。

（3）计算圆心角 θ，以素线长 l 为半径绘出扇形，将扇形分成与底圆相同的份数。

（4）以 s' 为圆心，分别以 s' 到各交点所作水平线与圆锥转向线的交点长为半径画圆弧，其圆弧与扇形各对应线的交点，即为展开图截交线上的点。

（5）依次光滑连接各点并整理，即得斜口正圆锥管的展开图，如图 9.3 所示。

从圆柱及圆锥展开图的作图过程可见，计算法（解析法）与作图法结合，可充分利用各自的优势，使展开图的作图既准确又方便。当对展开精度要求不高时，也可直接采用作图法，其作图过程与上面的叙述基本相同。如斜口正圆锥管展开图的画法，只需将作图步骤（3）改为"以素线长 l 为半径绘出扇形，并以底圆的每段弦长代替弧长，在所作扇形上卡出相应的份数"，即可。

9.1.3 不可展曲面的近似展开[Approximate development of undeveloped curved surface]

曲纹面和相邻两素线为异面直线的曲面均为**不可展曲面**，如球面、螺旋面等，其展开只能采用近似的方法。近似展开的实质就是把不可展曲面分成若干较小的部分，然后将每一部分曲面近似地看成可展曲面或平面加以展开。下面以圆球面的展开为例进行说明。

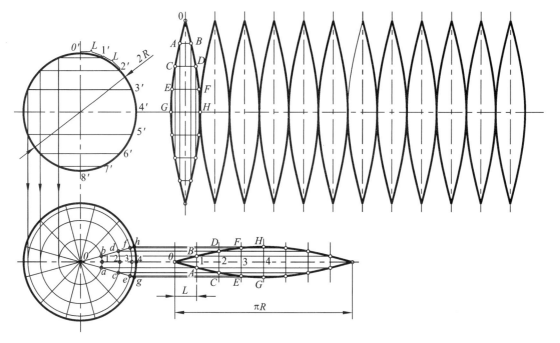

图 9.4　球体表面近似展开图的画法

如图 9.4 所示，其近似展开图的作图方法及步骤如下：

（1）将球面的水平投影分为 12 等份，经各等分点连接圆心，可得 12 块大小及形状完全相同的曲面。因此，只需画出一块的展开图，并连续画出相同的 12 块即可。

（2）将球面的正面投影分为 16 等份，经各等分点作水平线（为水平辅助面），并以各水平线的长度为直径，以点 0 为圆心，在球体的水平投影上画圆。

（3）作一长度为 πR（即为半个圆周的展开长度）的直线，并将该直线分为 8 等份，依次取

$AB=ab$、$CD=cd$、$EF=ef$、$GH=gh$，并用对称的方法作出另一半。依次光滑连接各点，即得一块曲面的近似展开图。

（4）连续画出相同的 12 块，即得球面的近似展开图，如图 9.4 所示。

由曲面展开图的作图方法可见，形（作图法）数（计算法）结合是解决工程问题十分有效的方法，而以"直线"代"曲线"、以"平面"代"曲面"，则正是数学上微积分解决问题的基本思路，也正是简化工程问题及建立数学模型的基本方法。

9.2 焊接图
［Welding drawings］

将两个金属件，经电弧或火焰在连接处进行局部加热，并采用填充熔化金属或加压等方法使其熔合在一起的连接过程，称为**焊接**。显然，焊接属于不可拆卸的连接。常见的焊接接头形式有对接、角接、T 形接和搭接等，如图 9.5 所示。

下面根据 GB/T 324－2008《焊缝符号表示法》及 GB/T 12212－2012《技术制图 焊缝符号的尺寸、比例及简化表示法》对阅读焊接图所需要的主要符号及规定作简要介绍。

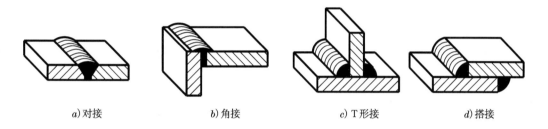

a) 对接　　　　　b) 角接　　　　　c) T 形接　　　　　d) 搭接

图 9.5　焊接的接头形式

9.2.1　焊缝的图示法及代号标注［Welding seam presentation and symbols］

1. 焊缝的图示法［Welding seam presentation］

绘制焊缝时，可用视图、剖视图或断面图表示，也可用轴测图示意表示。在视图中，可见焊缝通常用与轮廓线相垂直的细实线表示，不可见焊缝通常用与轮廓线相垂直的细虚线表示，也可采用加粗线表示焊缝，如图 9.6a 所示；在剖视图或断面图中，焊缝的断面形状通常应涂黑表示，若需要表示坡口形状，也可不涂黑，如图 9.6b 所示。

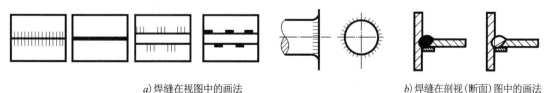

a) 焊缝在视图中的画法　　　　　　　　　　b) 焊缝在剖视（断面）图中的画法

图 9.6　焊缝在视图及剖视（断面）中的画法

2. 焊缝的代号标注［Welding seam symbols］

在图样中，通常采用由若干个焊接符号组成的代号来确切地表示对焊缝的要求，如图 9.7 所示。

焊缝的代号包括如下内容：

（1）指引线　指引线由带箭头线的细实线表示,基准线由两条相互平行的条细实线和细虚线组成,如图 9.7 所示。指引线的箭头应指向焊缝处,必要时允许弯折一次,用细实线绘制。基准线应与图样底边平行;需要时,可在基准线的细实线末端加一尾部符号,用以说明焊接方法、相同焊缝数量等内容。

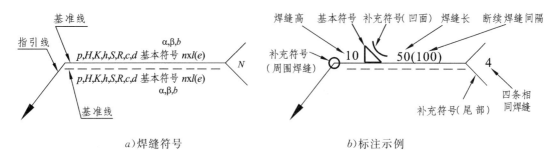

a）焊缝符号　　　　　　　　　　b）标注示例

图 9.7　焊缝的符号及标注示例

（2）基本符号　基本符号是表示焊缝横截面形状的符号,用中粗实线绘制。常用焊缝的基本符号及标注示例如表 9.1 所示。

表 9.1　常用焊缝的基本符号及标注示例

名 称	符 号	图　示　法	标　注　方　法
I形焊缝	‖		
V形焊缝	V		
单边V形焊缝	⌐		
角焊缝	◺		
点焊缝	○		

（3）补充符号　补充符号用于补充说明有关焊缝或接头的某些特征,用中粗实线绘制,如表 9.2 所示。

表 9.2　常用焊缝的补充符号及标注示例

名称	符号	焊缝形式	标注示例	说明
平面	—		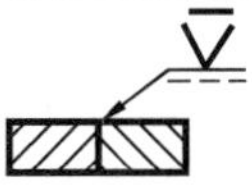	表示V形对接焊缝表面平齐(一般通过加工)
凹面	⌣			表示角焊缝表面凹陷
凸面	⌢		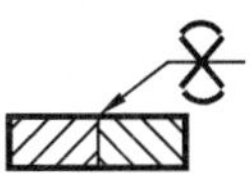	表示双面V形对接焊缝表面凸起
圆滑过渡	⏝			表示角焊缝表面过渡平滑
永久衬板	M		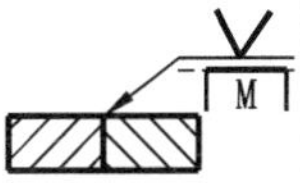	表示V形焊缝的背面底部有永久保留的衬板
临时衬板	MR	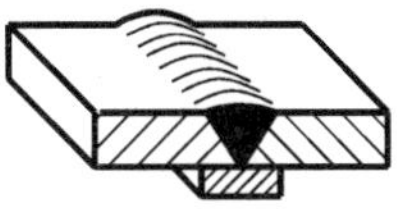	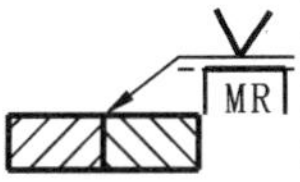	表示V形焊缝的背面底部有临时衬板,其衬板在焊接完成后拆除
三面焊缝	⊏	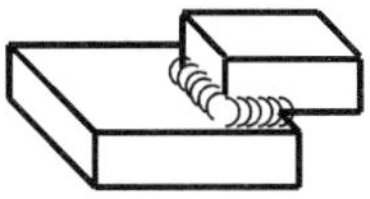	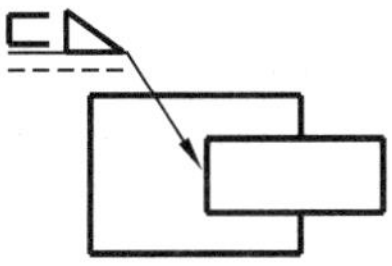	工件三面施焊,为角焊缝
周围焊缝	○	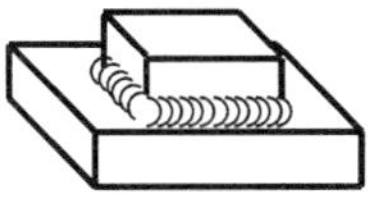	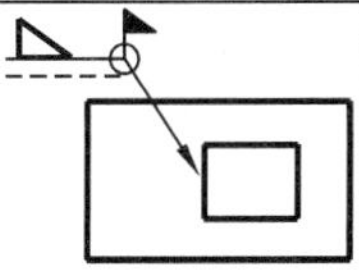	表示在现场沿工件周围施焊,为角焊缝
现场施工	 ⚑			
尾部	 ＜		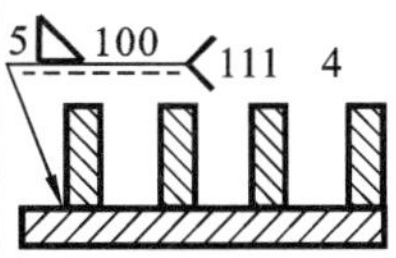 5⟍100 ＜111　4	"111"表示用手工电弧焊,"4"表示有4条相同的角焊缝,焊缝高为5,长为100

（4）基本符号注写位置的规定　注写基本符号时,如箭头与焊缝的施焊面同侧,则基本符号注写于基准线的细实线侧;如箭头与焊缝的施焊面异侧,则基本符号注写于基准线的细虚线侧,如图9.8a、b所示。当为对称焊缝或双面焊缝时,基准线中的细虚线可省略不画,如图9.8c、d所示。

a) 箭头与焊缝同侧　　　b) 箭头与焊缝异侧　　　c) 对称焊缝　　　　　　d) 双面焊缝

图 9.8　基本符号注写位置的规定

3. 焊缝的尺寸符号及标注示例[Welding seam dimensions symbols and label demonstration]

焊缝的尺寸需根据焊接方法、焊件的厚度及材质来确定,详细内容可查阅国家标准 GB985.1－2008 和 GB985.2－2008。常见焊缝的尺寸符号及标注示例如表 9.3 所示。

表 9.3 常见焊缝的尺寸符号及标注示例

接头形式	焊缝形式	标注示例	说明
对接接头			表示V形焊缝的坡口角度为 α ,根部间隙为 b ,有 n 段长度为 l 的焊缝
T形接头			表示单面角焊缝,焊角高度为 K
			表示有 n 段长度为 l 的双面断续角焊缝,间隔为 e ,焊角高为 K
			表示有 n 段长度为 l 的双面交错断续角焊缝,间隔为 e ,焊角高为 K
角接接头			表示为双面焊接,上面为单边V形焊缝,下面为角焊缝
搭接接头			表示有 n 个焊点的点焊,焊核直径为 d ,焊点的间隔为 e

9.2.2 焊缝的表达方法及焊接图举例[Welding seam presentation and welding examples]

1. 焊缝的表达方法[Welding seam presentation]

在图样上,焊缝一般只用焊接符号直接标注在视图的轮廓上,如图 9.9a 所示。需要时也可在图样上采用图示法画出焊缝,并同时标注焊接符号,如图 9.9b 所示。

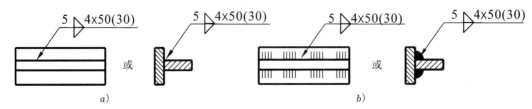

图 9.9 焊缝的表达方法

2.焊接图举例[Welding drawings examples]

图 9.10 为一轴承挂架的焊接图。由图可知,该焊接件由四个构件经焊接而成,构件 1 为立板,构件 2 为横板,构件 3 为肋板,构件 4 为圆筒。

从图中可以看出,焊接图的表达方法与零件图基本一致。主视采用了局部剖反映横板上的孔,左视采用局部视图反映立板上的孔及圆筒的内孔,俯视为视图,反映横板的形状及横板上孔的位置,并采用一处局部放大图反映焊缝的形状及尺寸。

从图上所标的焊接符号可知,立板与横板采用双面焊接,上面为单边 V 形平口焊缝,钝边高为 4,坡口角度为 45°,根部间隙为 2;下面为角焊缝,焊角高为 4。肋板与横板及圆筒采用焊角高为 5 的双面角焊缝,与立板采用焊角高为 4 的角焊缝。圆筒与立板采用焊角高为 4 的周围角焊缝。

焊接图与零件图的不同之处在于各相邻构件的剖面线的倾斜方向应不同,且在焊接图中需对各构件进行编号,并需填写零件明细栏。这样,焊接图从形式上看就很象装配图,但它与装配图也有所不同,因装配图表达的应是部件或机器,而焊接图表达的仅仅是一个零件(焊接件)。因此,通常说焊接图是装配图的形式,零件图的内容。

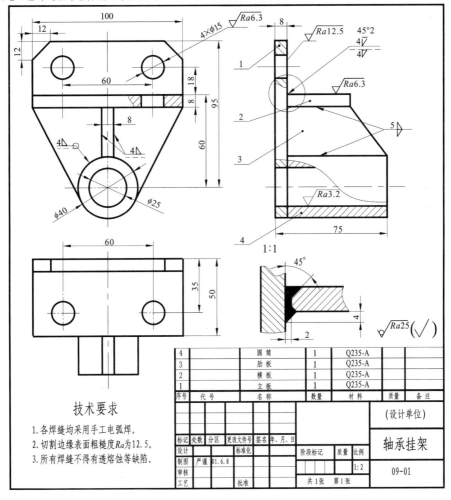

图 9.10　轴承挂架的焊接图

249

附　　录
Appendix

1　极限与配合[Limits and fits]

1.1　标准公差数值[Numerical values tables of standard tolerances]
（摘自 GB/T 1800.1－2020）

附表 1

公称尺寸 mm		标　准　公　差　等　级																
		IT1	IT2	IT3	IT4	IT5	IT6	IT7	IT8	IT9	IT10	IT11	IT12	IT13	IT14	IT15	IT16	IT17	IT18
大于	至	μm											mm						
—	3	0.8	1.2	2	3	4	6	10	14	25	40	60	0.1	0.14	0.25	0.4	0.6	1	1.4
3	6	1	1.5	2.5	4	5	8	12	18	30	48	75	0.12	0.18	0.3	0.48	0.75	1.2	1.8
6	10	1	1.5	2.5	4	6	9	15	22	36	58	90	0.15	0.22	0.36	0.58	0.9	1.5	2.2
10	18	1.2	2	3	5	8	11	18	27	43	70	110	0.18	0.27	0.43	0.7	1.1	1.8	2.7
18	30	1.5	2.5	4	6	9	13	21	33	52	84	130	0.21	0.33	0.52	0.84	1.3	2.1	3.3
30	50	1.5	2.5	4	7	11	16	25	39	62	100	160	0.25	0.39	0.62	1	1.6	2.5	3.9
50	80	2	3	5	8	13	19	30	46	74	120	190	0.3	0.46	0.74	1.2	1.9	3	4.6
80	120	2.5	4	6	10	15	22	35	54	87	140	220	0.35	0.54	0.87	1.4	2.2	3.5	5.4
120	180	3.5	5	8	12	18	25	40	63	100	160	250	0.4	0.63	1	1.6	2.5	4	6.3
180	250	4.5	7	10	14	20	29	46	72	115	185	290	0.46	0.72	1.15	1.85	2.9	4.6	7.2
250	315	6	8	12	16	23	32	52	81	130	210	320	0.52	0.81	1.3	2.1	3.2	5.2	8.1
315	400	7	9	13	18	25	36	57	89	140	230	360	0.57	0.89	1.4	2.3	3.6	5.7	8.9
400	500	8	10	15	20	27	40	63	97	155	250	400	0.63	0.97	1.55	2.5	4	6.3	9.7
500	630	9	11	16	22	32	44	70	110	175	280	440	0.7	1.1	1.75	2.8	4.4	7	11
630	800	10	13	18	25	36	50	80	125	200	320	500	0.8	1.25	2	3.2	5	8	12.5
800	1000	11	15	21	28	40	56	90	140	230	360	560	0.9	1.4	2.3	3.6	5.6	9	14
1000	1250	13	18	24	33	47	66	105	165	260	420	660	1.05	1.65	2.6	4.2	6.6	10.5	16.5
1250	1600	15	21	29	39	55	78	125	195	310	500	780	1.25	1.95	3.1	5	7.8	12.5	19.5
1600	2000	18	25	35	46	65	92	150	230	370	600	920	1.5	2.3	3.7	6	9.2	15	23

注:1. 公称尺寸大于 500mm 的 IT1 至 IT5 的标准公差数值为试行的；2. 公称尺寸小于或等于 1mm 时，无 IT14 至 IT18；3. IT01,IT0 因位置受限排版未录入。

1.2 优先配合中轴的极限偏差[Limit deviations of shaft fits]

（摘自 GB/T 1800.2－2020）

附表 2 μm

公称尺寸 mm 大于	至	c11	d9	f7	f8	g6	g7	h6	h7	h8	h9	h11	k6	k7	n6	p6	s6	u6
—	3	−60 / −120	−20 / −45	−6 / −16	−6 / −20	−2 / −8	−2 / −12	0 / −6	0 / −10	0 / −14	0 / −25	0 / −60	+6 / 0	+10 / 0	+10 / +4	+12 / +6	+20 / +14	+24 / +18
3	6	−70 / −145	−30 / −60	−10 / −22	−10 / −28	−4 / −12	−4 / −16	0 / −8	0 / −12	0 / −18	0 / −30	0 / −75	+9 / +1	+13 / +1	+16 / +8	+20 / +12	+27 / +19	+31 / +23
6	10	−80 / −170	−40 / −76	−13 / −28	−13 / −35	−5 / −14	−5 / −20	0 / −9	0 / −15	0 / −22	0 / −36	0 / −90	+10 / +1	+16 / +1	+19 / +10	+24 / +15	+32 / +23	+37 / +28
10	14	−95 / −205	−50 / −93	−16 / −34	−16 / −43	−6 / −17	−6 / −24	0 / −11	0 / −18	0 / −27	0 / −43	0 / −110	+12 / +1	+19 / +1	+23 / +12	+29 / +18	+39 / +28	+44 / +33
14	18	−95 / −205	−50 / −93	−16 / −34	−16 / −43	−6 / −17	−6 / −24	0 / −11	0 / −18	0 / −27	0 / −43	0 / −110	+12 / +1	+19 / +1	+23 / +12	+29 / +18	+39 / +28	+44 / +33
18	24	−110 / −240	−65 / −117	−20 / −41	−20 / −53	−7 / −20	−7 / −28	0 / −13	0 / −21	0 / −33	0 / −52	0 / −130	+15 / +2	+23 / +2	+28 / +15	+35 / +22	+48 / +35	+54 / +41
24	30	−110 / −240	−65 / −117	−20 / −41	−20 / −53	−7 / −20	−7 / −28	0 / −13	0 / −21	0 / −33	0 / −52	0 / −130	+15 / +2	+23 / +2	+28 / +15	+35 / +22	+48 / +35	+61 / +48
30	40	−120 / −280	−80 / −142	−25 / −50	−25 / −64	−9 / −25	−9 / −34	0 / −16	0 / −25	0 / −39	0 / −62	0 / −160	+18 / +2	+27 / +2	+33 / +17	+42 / +26	+59 / +43	+76 / +60
40	50	−130 / −290	−80 / −142	−25 / −50	−25 / −64	−9 / −25	−9 / −34	0 / −16	0 / −25	0 / −39	0 / −62	0 / −160	+18 / +2	+27 / +2	+33 / +17	+42 / +26	+59 / +43	+86 / +70
50	65	−140 / −330	−100 / −174	−30 / −60	−30 / −76	−10 / −29	−10 / −40	0 / −19	0 / −30	0 / −46	0 / −74	0 / −190	+21 / +2	+32 / +2	+39 / +20	+51 / +32	+72 / +53	+106 / +87
65	80	−150 / −340	−100 / −174	−30 / −60	−30 / −76	−10 / −29	−10 / −40	0 / −19	0 / −30	0 / −46	0 / −74	0 / −190	+21 / +2	+32 / +2	+39 / +20	+51 / +32	+78 / +59	+121 / +102
80	100	−170 / −390	−120 / −207	−36 / −71	−36 / −90	−12 / −34	−12 / −47	0 / −22	0 / −35	0 / −54	0 / −87	0 / −220	+25 / +3	+38 / +3	+45 / +23	+59 / +37	+93 / +71	+146 / +124
100	120	−180 / −400	−120 / −207	−36 / −71	−36 / −90	−12 / −34	−12 / −47	0 / −22	0 / −35	0 / −54	0 / −87	0 / −220	+25 / +3	+38 / +3	+45 / +23	+59 / +37	+101 / +79	+166 / +144
120	140	−200 / −450	−145 / −245	−43 / −83	−43 / −106	−14 / −39	−14 / −54	0 / −25	0 / −40	0 / −63	0 / −100	0 / −250	+28 / +3	+43 / +3	+52 / +27	+68 / +43	+117 / +92	+195 / +170
140	160	−210 / −460	−145 / −245	−43 / −83	−43 / −106	−14 / −39	−14 / −54	0 / −25	0 / −40	0 / −63	0 / −100	0 / −250	+28 / +3	+43 / +3	+52 / +27	+68 / +43	+125 / +100	+215 / +190
160	180	−230 / −480	−145 / −245	−43 / −83	−43 / −106	−14 / −39	−14 / −54	0 / −25	0 / −40	0 / −63	0 / −100	0 / −250	+28 / +3	+43 / +3	+52 / +27	+68 / +43	+133 / +108	+235 / +210
180	200	−240 / −530	−170 / −285	−50 / −96	−50 / −122	−15 / −44	−15 / −61	0 / −29	0 / −46	0 / −72	0 / −115	0 / −290	+33 / +4	+50 / +4	+60 / +31	+79 / +50	+151 / +122	+265 / +236
200	225	−260 / −550	−170 / −285	−50 / −96	−50 / −122	−15 / −44	−15 / −61	0 / −29	0 / −46	0 / −72	0 / −115	0 / −290	+33 / +4	+50 / +4	+60 / +31	+79 / +50	+159 / +130	+287 / +258
225	250	−280 / −570	−170 / −285	−50 / −96	−50 / −122	−15 / −44	−15 / −61	0 / −29	0 / −46	0 / −72	0 / −115	0 / −290	+33 / +4	+50 / +4	+60 / +31	+79 / +50	+169 / +140	+313 / +284
250	280	−300 / −620	−190 / −320	−56 / −108	−56 / −137	−17 / −49	−17 / −69	0 / −32	0 / −52	0 / −81	0 / −130	0 / −320	+36 / +4	+56 / +4	+66 / +34	+88 / +56	+190 / +158	+347 / +315
280	315	−330 / −650	−190 / −320	−56 / −108	−56 / −137	−17 / −49	−17 / −69	0 / −32	0 / −52	0 / −81	0 / −130	0 / −320	+36 / +4	+56 / +4	+66 / +34	+88 / +56	+202 / +170	+382 / +350
315	355	−360 / −720	−210 / −350	−62 / −119	−62 / −151	−18 / −54	−18 / −75	0 / −36	0 / −57	0 / −89	0 / −140	0 / −360	+40 / +4	+61 / +4	+73 / +37	+98 / +62	+226 / +190	+426 / +390
355	400	−400 / −760	−210 / −350	−62 / −119	−62 / −151	−18 / −54	−18 / −75	0 / −36	0 / −57	0 / −89	0 / −140	0 / −360	+40 / +4	+61 / +4	+73 / +37	+98 / +62	+244 / +208	+471 / +435
400	450	−440 / −840	−230 / −385	−68 / −131	−68 / −165	−20 / −60	−20 / −83	0 / −40	0 / −63	0 / −97	0 / −155	0 / −400	+45 / +5	+68 / +5	+80 / +40	+108 / +68	+272 / +232	+530 / +490
450	500	−480 / −880	−385 / ...	−131 / −165													+292 / +252	+580 / +540

1.3 优先配合中孔的极限偏差[Limit deviations of central bore fits]

（摘自 GB/T 1800.2－2020）

附表 3 　　　　　　　　　　　　　　　　　　　　　　　　　　μm

公称尺寸 mm		公 差 带												
		C	D	F	G	H				K	N	P	S	U
大于	至	11	9	8	7	7	8	9	11	7	7	7	7	7
—	3	+120/+60	+45/+20	+20/+6	+12/+2	+10/0	+14/0	+25/0	+60/0	0/-10	-4/-14	-6/-16	-14/-24	-18/-28
3	6	+145/+70	+60/+30	+28/+10	+16/+4	+12/0	+18/0	+30/0	+75/0	+3/-9	-4/-16	-8/-20	-15/-27	-19/-31
6	10	+170/+80	+76/+40	+35/+13	+20/+5	+15/0	+22/0	+36/0	+90/0	+5/-10	-4/-19	-9/-24	-17/-32	-22/-37
10	14	+205/+95	+93/+50	+43/+16	+24/+6	+18/0	+27/0	+43/0	+110/0	+6/-12	-5/-23	-11/-29	-21/-39	-26/-44
14	18	+205/+95	+93/+50	+43/+16	+24/+6	+18/0	+27/0	+43/0	+110/0	+6/-12	-5/-23	-11/-29	-21/-39	-26/-44
18	24	+240/+110	+117/+65	+53/+20	+28/+7	+21/0	+33/0	+52/0	+130/0	+6/-15	-7/-28	-14/-35	-27/-48	-33/-54
24	30	+240/+110	+117/+65	+53/+20	+28/+7	+21/0	+33/0	+52/0	+130/0	+6/-15	-7/-28	-14/-35	-27/-48	-40/-61
30	40	+280/+120	+142/+80	+64/+25	+34/+9	+25/0	+39/0	+62/0	+160/0	+7/-18	-8/-33	-17/-42	-34/-59	-51/-76
40	50	+290/+130	+142/+80	+64/+25	+34/+9	+25/0	+39/0	+62/0	+160/0	+7/-18	-8/-33	-17/-42	-34/-59	-61/-86
50	65	+330/+140	+174/+100	+76/+30	+40/+10	+30/0	+46/0	+74/0	+190/0	+9/-21	-9/-39	-21/-51	-42/-72	-76/-106
65	80	+340/+150	+174/+100	+76/+30	+40/+10	+30/0	+46/0	+74/0	+190/0	+9/-21	-9/-39	-21/-51	-48/-78	-91/-121
80	100	+390/+170	+207/+120	+90/+36	+47/+12	+35/0	+54/0	+87/0	+220/0	+10/-25	-10/-45	-24/-59	-58/-93	-111/-146
100	120	+400/+180	+207/+120	+90/+36	+47/+12	+35/0	+54/0	+87/0	+220/0	+10/-25	-10/-45	-24/-59	-66/-101	-131/-166
120	140	+450/+200	+245/+145	+106/+43	+54/+14	+40/0	+63/0	+100/0	+250/0	+12/-28	-12/-52	-28/-68	-77/-117	-155/-195
140	160	+460/+210	+245/+145	+106/+43	+54/+14	+40/0	+63/0	+100/0	+250/0	+12/-28	-12/-52	-28/-68	-85/-125	-175/-215
160	180	+480/+230	+245/+145	+106/+43	+54/+14	+40/0	+63/0	+100/0	+250/0	+12/-28	-12/-52	-28/-68	-93/-133	-195/-235
180	200	+530/+240	+285/+170	+122/+50	+61/+15	+46/0	+72/0	+115/0	+290/0	+13/-33	-14/-60	-33/-79	-105/-151	-219/-265
200	225	+550/+260	+285/+170	+122/+50	+61/+15	+46/0	+72/0	+115/0	+290/0	+13/-33	-14/-60	-33/-79	-113/-159	-241/-287
225	250	+570/+280	+285/+170	+122/+50	+61/+15	+46/0	+72/0	+115/0	+290/0	+13/-33	-14/-60	-33/-79	-123/-169	-267/-313
250	280	+620/+300	+320/+190	+137/+56	+69/+17	+52/0	+81/0	+130/0	+320/0	+16/-36	-14/-66	-36/-88	-138/-190	-295/-347
280	315	+650/+330	+320/+190	+137/+56	+69/+17	+52/0	+81/0	+130/0	+320/0	+16/-36	-14/-66	-36/-88	-150/-202	-330/-382
315	355	+720/+360	+350/+210	+151/+62	+75/+18	+57/0	+89/0	+140/0	+360/0	+17/-40	-16/-73	-41/-98	-169/-226	-369/-426
355	400	+760/+400	+350/+210	+151/+62	+75/+18	+57/0	+89/0	+140/0	+360/0	+17/-40	-16/-73	-41/-98	-187/-244	-414/-471
400	450	+840/+440	+385/+230	+165/+68	+83/+20	+63/0	+97/0	+155/0	+400/0	+18/-45	-17/-80	-45/-108	-209/-272	-467/-530
450	500	+880/+480	+385/+230	+165/+68	+83/+20	+63/0	+97/0	+155/0	+400/0	+18/-45	-17/-80	-45/-108	-229/-292	-517/-580

2 常用材料的牌号及性能[Nameplate and performance of commonly used materials]

2.1 金属材料[Metal materials]

附表 4

标准	名称	牌号		应用举例	说明
GB/T 700 —2006	普通碳素结构钢	Q215	A级	金属结构件、拉杆、套圈、铆钉、螺栓。短轴、心轴、凸轮(载荷不大的)、垫圈、渗碳零件及焊接件。	"Q"为碳素结构钢屈服强度"屈"字的汉语拼音首位字母,后面的数字表示屈服强度的数值。如 Q235 表示碳素结构钢的屈服强度为 235N/mm²。 新旧牌号对照: Q215—A2 Q235—A3 Q275—A5
			B级		
		Q235	A级	金属结构件,心部强度要求不高的渗碳或氰化零件,吊钩、拉杆、套圈、汽缸、齿轮、螺栓、螺母、连杆、轮轴、楔、盖及焊接件。	
			B级		
			C级		
			D级		
		Q275		轴、轴销、刹车杆、螺母、螺栓、垫圈、连杆、齿轮以及其他强度较高的零件。	
GB/T 699 —2015	优质碳素结构钢	10		用作拉杆、卡头、垫圈、铆钉及用作焊接零件。	牌号的两位数字表示平均碳的质量分数,45 号钢即表示碳的质量分数为 0.45%; 碳的质量分数≤0.25%的碳钢属低碳钢(渗碳钢); 碳的质量分数在(0.25～0.6)%之间的碳钢属中碳钢(调质钢); 碳的质量分数>0.6%的碳钢属高碳钢。 锰的质量分数较高的钢,须加注化学元素符号"Mn"。
		15		用于受力不大和韧性较高的零件,渗碳零件及紧固件(如螺栓、螺钉)、法兰盘和化工贮器。	
		35		用于制造曲轴、转轴、轴销、杠杆、连杆、螺栓、螺母、垫圈、飞轮(多在正火、调质下使用)。	
		45		用作要求综合机械性能高的各种零件,通常经正火或调质处理后使用。用于制造轴、齿轮、齿条、链轮、螺栓、螺母、销钉、键、拉杆等。	
		60		用于制造弹簧、弹簧垫圈、凸轮、轧辊等。	
		15Mn		制作心部机械性能要求较高且须渗碳的零件。	
		65Mn		用作要求耐磨性高的圆盘、衬板、齿轮、花键轴、弹簧等。	
GB/T 3077 —2015	合金结构钢	20Mn2		用作渗碳小齿轮、小轴、活塞销、柴油机套筒、气门推杆、缸套等。	钢中加入一定量的合金元素,提高了钢的力学性能和耐磨性,也提高了钢的淬透性,保证金属在较大截面上获得高的力学性能。
		15Cr		用于要求心部韧性较高的渗碳零件,如船舶主机用螺栓、活塞销、凸轮、凸轮轴,汽轮机套环、机车小零件等。	
		40Cr		用于受变载、中速、中载、强烈磨损而无很大冲击的重要零件,如重要的齿轮、轴、曲轴、连杆、螺栓、螺母等。	
		35SiMn		耐磨、耐疲劳性均佳,适用于小型轴类、齿轮及 430℃ 以下的重要紧固件等。	
		20CrMnTi		工艺性特优,强度、韧性均高,可用于承受高速、中等或重负荷以及冲击、磨损等的重要零件,如渗碳齿轮、凸轮等。	
GB/T 11352 —2009	铸钢	ZG230—450		轧机机架、铁道车辆摇枕、侧梁、铁铮台、机座、箱体、锤轮、450℃ 以下的管路附件等。	"ZG"为铸钢汉语拼音的首位字母,后面的数字表示屈服强度和抗拉强度。如 ZG230—450 表示屈服强度为 230MPa、抗拉强度为 450MPa,对应旧牌号为 ZG25。ZG310—570 对应旧牌号 ZG35。
		ZG310—570		适用于各种形状的零件,如联轴器、齿轮、汽缸、轴、机架、齿圈等。	

续附表4

标准	名称	牌 号	应 用 举 例	说 明
GB/T 9439—2010	灰铸铁	HT150	用于小负荷和对耐磨性无特殊要求的零件，如端盖、外罩、手轮、一般机床的底座、床身及其复杂零件、滑台、工作台和低压管件等。	"HT"为"灰铁"的汉语拼音的首位字母，后面的数字表示抗拉强度。如 HT200 表示抗拉强度为 200MPa 的灰铸铁。
		HT200	用于中等负荷和对耐磨性有一定要求的零件，如机床床身、立柱、飞轮、汽缸、泵体、轴承座、活塞、齿轮箱、阀体等。	
		HT250	用于中等负荷和对耐磨性有一定要求的零件，如阀体、油缸、汽缸、联轴器、机体、齿轮、齿轮箱外壳、飞轮、液压泵和滑阀的壳体等。	
GB/T 1176—2013	5-5-5 锡青铜	ZCuSn5 Pb5Zn5	耐磨性和耐蚀性均好，易加工，铸造性和气密性较好。用于较高负荷、中等滑动速度下工作的耐磨、耐腐蚀零件，如轴瓦、衬套、缸套、活塞、离合器、蜗轮等。	"Z"为铸造汉语拼音的首位字母，各化学元素后面的数字表示该元素含量的百分数，如 ZCuAl10Fe3 表示含：Al(8.1～11)% Fe(2～4)% 其余为 Cu 的铸造铝青铜。
	10-3 铝青铜	ZCuAl10Fe3	机械性能高，耐磨性、耐蚀性、抗氧化性好，可以焊接，不易钎焊，大型铸件自700℃空冷可防止变脆。可用于制造强度高、耐磨、耐蚀的零件，如蜗轮、轴承、衬套、管嘴、耐热管配件等。	
	25-6-3-3 铝黄铜	ZCuZn25 Al6Fe3Mn3	有很高的力学性能，铸造性良好、耐蚀性较好，有应力腐蚀开裂倾向，可以焊接。适用于高强耐磨零件，如桥梁支承板、螺母、螺杆、耐磨板、滑块、蜗轮等。	
	58-2-2 锰黄铜	ZCuZn38 Mn2Pb2	有较高的力学性能和耐蚀性，耐磨性较好，切削性良好。可用于一般用途的构件，船舶仪表等使用的外形简单的铸件，如套筒、衬套、轴瓦、滑块等。	
GB/T 1173—2013	铸造铝合金	ZAlSi12 代号 ZL102	用于制造形状复杂，负荷小，耐腐蚀的薄壁零件和工作温度≤200℃的高气密性零件。	含硅(10～13)% 的铝硅合金。
GB/T 3190—2020	硬铝	2A12 (原LY12)	焊接性能好，适于制作高载荷的零件及构件(不包括冲压件和锻件)。	2A12 表示含铜(3.8～4.9)%、镁(1.2～1.8)%、锰(0.3～0.9)%的硬铝。
	工业纯铝	1060 (代L2)	塑性、耐腐蚀性高，焊接性好，强度低。适于制作贮槽、热交换器、防污染及深冷设备等。	1060 表示含杂质≤0.4% 的工业纯铝。

2.2 非金属材料[Non－metal material]

附表5

标 准	名 称	牌号	说 明	应 用 举 例
GB/T 539—2008	耐油石棉橡胶板	NY250 HNY300	有(0.4～3.0)mm 的十种厚度规格。	供航空发动机用的煤油、润滑油及冷气系统结合处的密封衬垫材料。
GB/T 5574—2008	耐酸碱橡胶板	2707 2807 2709	较高硬度 中等硬度	具有耐酸碱性能，在温度(-30～+60)℃的20%浓度的酸碱液体中工作，用于冲制密封性能较好的垫圈。
	耐油橡胶板	3707 3807 3709 3809	较高硬度	可在一定温度的机油、变压器油、汽油等介质中工作，适用于冲制各种形状的垫圈。
	耐热橡胶板	4708 4808 4710	较高硬度 中等硬度	可在(-30～+100)℃、且压力不大的条件下，于热空气、蒸汽介质中工作，用于冲制各种垫圈及隔热垫板。

3 常用热处理名词解释[Heat treatment vocabulary explanation]

附表 6

名 词		应 用	说 明
退火		用来消除铸、锻、焊零件的内应力,降低硬度,便于切削加工,细化金属晶粒,改善组织,增加韧性。	将钢件加热到临界温度(一般是 710℃～715℃,个别合金钢 800℃～900℃)以上 30℃～50℃,保温一段时间,然后缓慢冷却(一般在炉中冷却)。
正火		用来处理低碳和中碳结构钢及渗碳零件,使其组织细化,增加强度与韧性,减少内应力,改善切削性能。	将钢件加热到临界温度以上,保温一段时间,然后在空气中冷却,冷却速度比退火快。
淬火		用来提高钢的硬度和强度极限,但淬火会引起内应力使钢变脆,所以淬火后必须回火。	将钢件加热到临界温度以上,保温一段时间,然后在水、盐水或油中(个别材料在空气中)急速冷却,使其得到高硬度。
回火		用来消除淬火后的脆性和内应力,提高钢的塑性和冲击韧性。	回火是将淬硬的钢件加热到临界点以下的回火温度,保温一段时间,然后在空气中或油中冷却下来。
调质		用来使钢获得高的韧性和足够的强度。重要的齿轮、轴及丝杆等零件需调质处理。	淬火后在 450℃～650℃进行高温回火,称为调质。
表面淬火	火焰淬火 / 高频淬火	使零件表面获得高硬度,而心部保持一定的韧性,使零件既耐磨又能承受冲击。表面淬火常用来处理齿轮等。	用火焰或高频电流将零件表面迅速加热至临界温度以上,急速冷却。
渗碳淬火		增加钢件的耐磨性能、表面硬度、抗拉强度及疲劳极限。适用于低碳、中碳(C<0.4%)结构钢的中小型零件。	在渗碳剂中将钢件加热到 900℃～950℃,停留一定时间,将碳渗入钢表面,深度约为 0.5mm～2mm。
氮化		增加钢件的耐磨性能、表面硬度、疲劳极限和抗蚀能力。适用于合金钢、碳钢、铸铁件,如机车主轴、丝杆以及在潮湿碱水和燃烧气体介质中工作的零件。	氮化是在 500℃～600℃通入氨的炉子内加热,向钢的表面渗入氮原子的过程。氮化层为 0.025mm～0.8mm,氮化时间需约为 20h～50h。
氰化		增加表面硬度、耐磨性、疲劳强度和耐蚀性,用于要求硬度高、耐磨的中、小型及薄片零件和刀具等。	氰化是在 820℃～860℃炉内通入碳和氮,保温 1h～2h,使钢件的表面同时渗入碳、氮原子,可得到 0.2mm～2mm 的氰化层。
时效		使工件消除内应力,用于量具、精密丝杠、床身导轨、床身等。	低温回火后,精加工之前,加热到 100℃～160℃,保持 5h～40h。对铸件也可用天然时效(放在露天中一年以上)。
发蓝发黑		防腐蚀、美观。用于一般连接的标准件和其他电子类零件。	将金属零件放在很浓的碱和氧化剂溶液中加热氧化,使金属表面形成一层氧化铁所组成的保护性薄膜。
硬度		检测材料抵抗硬物压入其表面的能力。HB 用于退火、正火、调质的零件及铸件;HRC 用于经淬火、回火及表面渗碳、渗氮等处理的零件;HV 用于薄层硬化的零件。	硬度代号:HBS (布氏硬度) HRC (洛氏硬度,C级) HV (维氏硬度)

4 螺纹[**Threads**]

4.1 普通螺纹[Normal thread]（摘自 GB/T 196—2003）

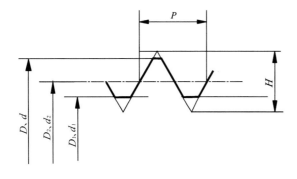

$$D_1 = D - 2 \times \frac{5}{8}H \qquad D_2 = D - 2 \times \frac{3}{8}H$$

$$d_1 = d - 2 \times \frac{5}{8}H \qquad d_2 = d - 2 \times \frac{3}{8}H$$

$$H = \frac{\sqrt{3}}{2}P = 0.866025404P$$

D—内螺纹基本大径 d—外螺纹基本大径

D_1—内螺纹基本小径 d_1—外螺纹基本小径

D_2—内螺纹基本中径 d_2—外螺纹基本中径

P—螺距 H—原始三角形高度

标记示例：

　　粗牙普通螺纹,大径为 16mm,螺距为 2mm,右旋,内螺纹公差带中径和顶径均为 6H,该螺纹标记为：

M16—6H

　　细牙普通螺纹,大径为 16mm,螺距为 1.5mm,左旋,外螺纹公差带中径为 5g,大径为 6g,该螺纹标记为：

M16×1.5LH—5g6g

附表 7

mm

公称直径 D、d		螺距 P		粗牙小径 D_1、d_1	公称直径 D、d		螺距 P		粗牙小径 D_1、d_1
第一系列	第二系列	粗牙	细牙		第一系列	第二系列	粗牙	细牙	
3		0.5	0.35	2.459	20		2.5	2;1.5;1	17.294
	3.5	0.6		2.850		22	2.5	2;1.5;1	19.294
4		0.7	0.5	3.242	24		3	2;1.5;1	20.752
5		0.8		4.134		27	3	2;1.5;1	23.752
6		1	0.75	4.917	30		3.5	3;2;1.5;1	26.211
8		1.25	1;0.75	6.647		33	3.5	3;2;1.5	29.211
10		1.5	1.25;1;0.75	8.376	36		4	3;2;1.5	31.670
12		1.75	1.5;1.25;1	10.106		39	4		34.670
	14	2	1.5;1.25;1	11.835	42		4.5	4;3;2;1.5	37.129
16		2	1.5;1	13.835		45	4.5		40.129
	18	2.5	2;1.5;1	15.294	48		5		42.587

4.2　非螺纹密封的管螺纹[Non thread tight pipe thread]　（摘自 GB/T 7307—2001）

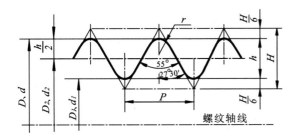

$H=0.960491P$

$h=0.640327P$

$r=0.137329P$

标记示例：

尺寸代号为 3/4、右旋、非螺纹密封的管螺纹，标记为：G3/4

附表 8　　　　　　　　　　　　　　　　　　　　　　　mm

尺寸代号	每25.4mm内的牙数 n	螺距 P	基本尺寸			尺寸代号	每25.4mm内的牙数 n	螺距 P	基本尺寸		
			大径 D、d	中径 D_2、d_2	小径 D_1、d_1				大径 D、d	中径 D_2、d_2	小径 D_1、d_1
1/8	28	0.907	9.728	9.147	8.566	1 1/4		2.309	41.910	40.431	38.952
1/4	19	1.337	13.157	12.301	11.445	1 1/2		2.309	47.303	46.324	44.845
3/8		1.337	16.662	15.806	14.950	1 3/4		2.309	53.746	52.267	50.788
1/2	14	1.814	20.955	19.793	18.631	2	11	2.309	59.614	58.135	56.656
5/8		1.814	22.911	21.749	20.587	2 1/4		2.309	65.710	64.231	62.752
3/4		1.814	26.441	25.279	24.117	2 1/2		2.309	75.148	73.705	72.226
7/8		1.814	30.201	29.039	27.877	2 3/4		2.309	81.534	80.055	78.576
1	11	2.309	33.249	31.770	30.291	3		2.309	87.884	86.405	84.926
1 1/8		2.309	37.897	36.418	34.939	3 1/2		2.309	100.330	98.851	97.372

5 常用螺纹紧固件[Commonly used threaded parts]

5.1 螺栓[Bolt]

六角头螺栓－A 和 B 级(GB/T 5782－2016)　六角头螺栓－全螺纹－A 和 B 级(GB/T 5783－2016)

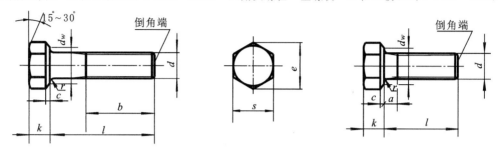

标记示例:

　　螺纹规格 d＝M12、公称长度 l＝80mm、A 级的六角头螺栓,标记为:螺栓 GB/T 5782　M12×80

附表 9　　　　　　　　　　　　　　　　　　　　　　　　　　　　mm

螺纹规格 d			M3	M4	M5	M6	M8	M10	M12	M16	M20	M24
b 参考	$l \leqslant 125$		12	14	16	18	22	26	30	38	46	54
	$125 < l \leqslant 200$		18	20	22	24	28	32	36	44	52	60
	$l > 200$		31	33	35	37	41	45	49	57	65	73
c max	GB/T 5782 GB/T 5783		0.4	0.4	0.5	0.5	0.6	0.6	0.6	0.8	0.8	0.8
d_w min	GB/T 5782	A	4.57	5.88	6.88	8.88	11.63	14.63	16.63	22.49	28.19	33.61
	GB/T 5783	B	4.45	5.74	6.74	8.74	11.47	14.47	16.47	22	27.7	33.25
e min	GB/T 5782	A	6.01	7.66	8.79	11.05	14.38	17.77	20.03	26.75	33.53	39.98
	GB/T 5783	B	5.88	7.50	8.63	10.89	14.20	17.59	19.85	26.17	32.95	39.55
k 公称	GB/T 5782 GB/T 5783		2	2.8	3.5	4	5.3	6.4	7.5	10	12.5	15
r min	GB/T 5782 GB/T 5783		0.1	0.2	0.2	0.25	0.4	0.4	0.6	0.6	0.8	0.8
s 公称	GB/T 5782 GB/T 5783		5.5	7	8	10	13	16	18	24	30	36
a max	GB/T 5783		1.5	2.1	2.4	3	4	4.5	5.3	6	7.5	9
l 公称	商品规格范围	GB/T 5782	20～30	25～40	25～50	30～60	40～80	45～100	50～120	65～160	80～200	90～240
		GB/T 5783	6～30	8～40	10～50	12～60	16～80	20～100	25～120	30～200	40～200	50～200
	系列值		6、8、10、12、16、20、25、30、35、40、45、50、(55)、60、(65)、70、80、90、100、110、120、130、140、150、160、180、200、220、240、260、280、300、320、340、360									

5.2 双头螺柱[Double heads stud]

$b_m=1d$(GB/T 897－1988)、$b_m=1.25d$(GB/T 898－1988)、$b_m=1.5d$(GB/T 899－1988)、
$b_m=2d$(GB/T 900－1988)

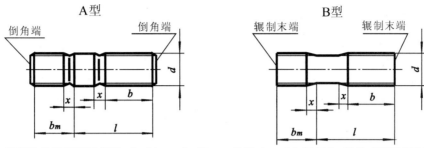

A型   B型

标记示例:1. 两端均为粗牙普通螺纹,$d=10$mm、$l=50$mm、B 型、$b_m=1d$,标记为:螺柱 GB/T 897 M10×50

2. 旋入端为粗牙普通螺纹,旋螺母端为细牙普通螺纹($P=1$),$d=10$mm、$l=50$mm、A 型、$b_m=1d$,
标记为:螺柱 GB/T 897 AM10－M10×1×50

附表 10   mm

螺纹规格d		M5	M6	M8	M10	M12	M16	M20	M24	M30	M36	M42	M48
b_m	GB/T897-1988	5	6	8	10	12	16	20	24	30	36	42	48
	GB/T898-1988	6	8	10	12	15	20	25	30	38	45	52	60
	GB/T899-1988	8	10	12	15	18	24	30	36	45	54	65	72
	GB/T900-1988	10	12	16	20	24	32	40	48	60	72	84	96
x max		1.5P											
l		b											

l	M5	M6	M8	M10	M12	M16	M20	M24	M30	M36	M42	M48
16	10											
(18)												
20		10										
(22)			12									
(25)												
(28)		14	16	14								
30					16							
(32)	16			16								
35						20						
(38)					20		25					
40												
45												
50		18					30	30				
(55)			22									
60							35		40			
(65)								45				
70				26						45	50	
(75)									50			
80					30	38						
(85)												60
90							46	54		60		
(95)											70	
100												80
110									60			
120										78	90	102
130				32								
180					36	44	52	60	72	84	96	108

5.3 螺钉[Screws]

开槽圆柱头螺钉(GB/T 65－2016)   开槽沉头螺钉(GB/T 68－2016)

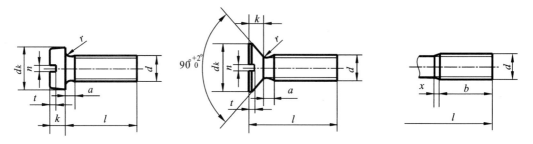

标记示例:

螺纹规格 d＝M5、公称长度 l＝20mm 的开槽圆头螺钉,标记为:螺钉　GB/T 65 M5×20

附表 11   mm

螺 纹 规 格 d		M1.6	M2	M2.5	M3	M4	M5	M6	M8	M10
P	GB/T 65－2000	0.35	0.4	0.45	0.5	0.7	0.8	1	1.25	1.5
	GB/T 68－2000									
b min	GB/T 65－2000				25				38	
	GB/T 68－2000									
d_k max	GB/T 65－2000	3	3.8	4.5	5.5	7	8.5	10	13	16
	GB/T 68－2000	3.6	4.4	5.5	6.3	9.4	10.4	12.6	17.3	20
k max	GB/T 65－2000	1.1	1.4	1.8	2	2.6	3.3	3.9	5	6
	GB/T 68－2000	1	1.2	1.5	1.65	2.7	2.7	3.3	4.65	5
n 公称	GB/T 65－2000	0.4	0.5	0.6	0.8	1.2	1.2	1.6	2	2.5
	GB/T 68－2000									
r	min	GB/T 65－2000	0.1	0.1	0.1	0.1	0.2	0.2	0.25	0.4	0.4
	max	GB/T 68－2000	0.4	0.5	0.6	0.8	1	1.3	1.5	2	2.5
t min	GB/T 65－2000	0.45	0.6	0.7	0.85	1.1	1.3	1.6	2	2.4
	GB/T 68－2000	0.32	0.4	0.5	0.6	1	1.1	1.2	1.8	2
l 公 称	商品规格范围	GB/T 65－2000	2～16	3～20	3～25	4～30	5～40	6～50	8～60	10～80	12～80
		GB/T 68－2000	2.5～16	3～20	4～25	5～30	6～40	8～50			
	全螺纹范围	GB/T 65－2000			$l{\leqslant}30$				$l{\leqslant}40$		
		GB/T 68－2000			$l{\leqslant}30$				$l{\leqslant}45$		
	系列值	2、2.5、3、4、5、6、8、10、12、(14)、16、20、25、30、35、40、45、50、(55)、60、(65)、70、(75)、80									

5.4 紧定螺钉[Grub screw]

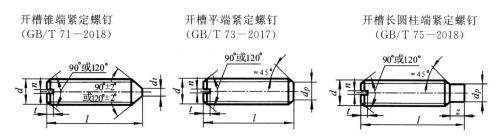

开槽锥端紧定螺钉
（GB/T 71－2018）

开槽平端紧定螺钉
（GB/T 73－2017）

开槽长圆柱端紧定螺钉
（GB/T 75－2018）

标记示例：

螺纹规格 d＝M5、公称长度 l＝12mm 的开槽锥端紧定螺钉,标记为：螺钉　GB/T 71　M5×12

附表 12

	螺 纹 规 格 d		M1.2	M1.6	M2	M2.5	M3	M4	M5	M6	M8	M10	M12
P	GB/T 71、GB/T 73		0.25	0.35	0.4	0.5	0.5	0.7	0.8	1	1.25	1.5	1.75
	GB/T 75		—										
d_t	GB/T 71		0.12	0.16	0.2	0.25	0.3	0.4	0.5	1.5	2	2.5	3
d_p max	GB/T 71、GB/T 73		0.6	0.8	1	1.5	2	2.5	3.5	4	5.5	7	8.5
	GB/T 75		—										
n 公称	GB/T 71、GB/T 73		0.2	0.25	0.25	0.4	0.4	0.6	0.8	1	1.2	1.6	2
	GB/T 75		—										
t min	GB/T 71、GB/T 73		0.4	0.56	0.64	0.72	0.8	1.12	1.28	1.6	2	2.4	2.8
	GB/T 75		—										
z min	GB/T 75		—	0.8	1	1.2	1.5	2	2.5	3	4	5	6
倒角和锥顶角	GB/T 71	120°	l＝2	$l≤2.5$		$l≤3$		$l≤4$	$l≤5$	$l≤6$	$l≤8$	$l≤10$	$l≤12$
		90°	$l≥2.5$	$l≥3$		$l≥4$		$l≥5$	$l≥6$	$l≥8$	$l≥10$	$l≥12$	$l≥14$
	GB/T 73	120°	—	$l≤2$	$l≤2.5$	$l≤3$		$l≤4$	$l≤5$	$l≤6$		$l≤8$	$l≤10$
		90°		$l≥2$	$l≥2.5$	$l≥3$		$l≥4$	$l≥5$	$l≥6$		$l≥8$	$l≥10$	$l≥12$
	GB/T 75	120°	—	$l≤2.5$	$l≤3$	$l≤4$	$l≤5$	$l≤6$	$l≤8$	$l≤10$	$l≤14$	$l≤16$	$l≤20$
		90°	—	$l≥3$	$l≥4$	$l≥5$	$l≥6$	$l≥8$	$l≥10$	$l≥12$	$l≥16$	$l≥20$	$l≥25$
l 公称	商品规格范围	GB/T 71	2～6	2～8	3～10	3～12	4～16	6～20	8～25	8～30	10～40	12～50	14～60
		GB/T 73			2～10	2.5～12	13～16	4～20	5～25	6～30	8～40	10～50	12～60
		GB/T 75	—	2.5～8	3～10	4～12	5～16	6～20	8～25	8～30	10～40	12～50	14～60
	系列值		2，2.5，3，4，5，6，8，10，12，(14)，16，20，25，30，35，40，45，50，(55)，60										

5.5 螺母[Nut]

1. 1 型六角螺母－C 级(GB/T 41－2016)
2. 1 型六角螺母－A 和 B 级(GB/T 6170－2015)
3. 六角薄螺母－A 和 B 级－倒角(GB/T 6172.1－2016)
4. 2 型六角螺母－A 和 B 级(GB/T 6175－2000)

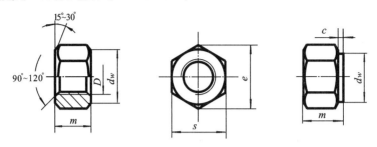

标记示例:

螺纹规格 D＝12mm 的 1 型、C 级六角螺母,标记为:螺母 GB/T 41 M12

附表 13   mm

螺纹规格 D		M1.6	M2	M2.5	M3	M4	M5	M6	M8	M10	M12	M16	M20	M24	M30	M36
c max	GB/T 6170	0.2	0.2	0.3	0.4	0.4	0.5	0.5	0.6	0.6	0.6	0.8	0.8	0.8	0.8	0.8
	GB/T 6175	—	—	—	—	—										
d_w min	GB/T 41	—	—	—	—	—	6.7	8.7	11.5	14.5	16.5	22	27.7	33.3	42.8	51.1
	GB/T 6170	2.4	3.1	4.1	4.6	5.9	6.9	8.9	11.6	14.6	16.6	22.5	27.7	33.2	42.7	51.1
	GB/T 6172.1															
	GB/T 6175	—	—	—	—	—										
e min	GB/T 41	—	—	—	—	—	8.63	10.98	14.20	17.59	19.85	26.17				
	GB/T 6170	3.41	4.32	5.45	6.01	7.66	8.79	11.05	14.38	17.77	20.03	26.75	32.95	39.55	50.85	60.79
	GB/T 6172.1															
	GB/T 6175	—	—	—	—	—										
m max	GB/T 41	—	—	—	—	—	5.6	6.4	7.9	9.5	12.2	15.9	19	22.3	26.4	31.9
	GB/T 6170	1.3	1.6	2	2.4	3.2	4.7	5.2	6.8	8.4	10.8	14.8	18	21.5	25.6	31
	GB/T 6172.1	1	1.2	1.6	1.8	2.2	2.7	3.2	4	5	6	8	10	12	15	18
	GB/T 6175	—	—	—	—	—	5.1	5.7	7.5	9.3	12	16.4	20.3	23.9	28.6	34.7
s max	GB/T 41	—	—	—	—	—	8	10	13	16	18	24	30	36	46	55
	GB/T 6170	3.2	4	5	5.5	7										
	GB/T 6172.1															
	GB/T 6175	—	—	—	—	—										

5.6 垫圈［Washer］

5.6.1 小垫圈—A 级(GB/T 848－2002)、平垫圈—A 级(GB/T 97.1－2002)、
平垫圈-倒角型—A 级(GB/T 97.2－2002)、平垫圈—C 级(GB/T 95－2002)

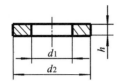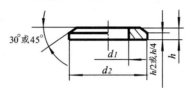

标记示例:标准系列,公称规格 8mm、由钢制造的硬度等级为 200HV 级、不经表面处理的 A 级平垫圈,标记
为:垫圈 GB/T 97.1　8

附表 14

mm

公称规格(螺纹大径 d)		4	5	6	8	10	12	16	20	24	30	36
d_1 公称 (min)	GB/T 848－2002	4.3	5.3	6.4	8.4	10.5	13	17	21	25	31	37
	GB/T 97.1－2002											
	GB/T 97.2－2002	—										
	GB/T 95－2002	4.5	5.5	6.6	9	11	13.5	17.5	22	26	33	39
d_2 公称 (max)	GB/T 848－2002	8	9	11	15	18	20	28	34	39	50	60
	GB/T 97.1－2002	9	10	12	16	20	24	30	37	44	56	66
	GB/T 97.2－2002	—										
	GB/T 95－2002	9										
h 公称	GB/T 848－2002	0.5	1	1.6		1.6		2	2.5	3	4	5
	GB/T 97.1－2002	0.8										
	GB/T 97.2－2002	—	1	1.6		2	2.5		3			
	GB/T 95－2002	0.8										

5.6.2 标准弹簧垫圈［Spring washer］(GB/T 93－1987)

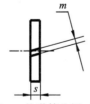

标记示例:标准系列,公称尺寸 d＝16mm 的弹簧垫圈,标记为:垫圈　GB/T 93 16

附表 15

mm

公称尺寸 (螺纹规格 d)	2	2.5	3	4	5	6	8	10	12	16	20	24	30	36	42	48
d_1 min	2.1	2.6	3.1	4.1	5.1	6.1	8.1	10.2	12.2	16.2	20.2	24.5	30.5	36.5	42.5	48.5
$s(b)$公称	0.5	0.65	0.8	1.1	1.3	1.6	2.1	2.6	3.1	4.1	5	6	7.5	9	10.5	12
H max	1	1.3	1.6	2.2	2.6	3.2	4.2	5.2	6.2	8.2	10	12	15	18	21	24
$m\leqslant$	0.25	0.33	0.4	0.55	0.65	0.8	1.05	1.3	1.55	2.05	2.5	3	3.75	4.5	5.25	6

6 键[Key]

6.1 平键 键槽的剖面尺寸 （摘自 GB/T 1095－2003）

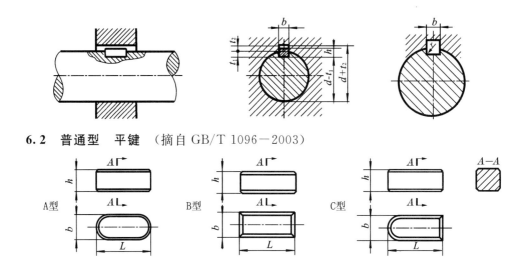

6.2 普通型 平键 （摘自 GB/T 1096－2003）

标记示例：普通 A 型平键，$b=18$mm，$h=11$mm、$L=100$mm，标记为：GB/T 1096 键 18×11×100

普通 B 型平键，$b=18$mm，$h=11$mm、$L=100$mm，标记为：GB/T 1096 键 B18×11×100

附表 16

mm

轴	键		键 槽											
			槽 宽 b						深 度				半径 r	
			基本尺寸 b	极限偏差					轴 t_1		毂 t_2			
公称直径 d	键尺寸 $b×h$	键长度 L		松联结		紧密联结	正常联结		公称尺寸	极限偏差	公称尺寸	极限偏差	最小	最大
				轴 H9	毂 D10	轴和毂 P9	轴 N9	毂 JS9						
自 6~8	2×2	6~20	2	+0.025	+0.060	−0.006	−0.004	±0.0125	1.2	+0.1 0	1.0	+0.1 0	0.08	0.16
>8~10	3×3	6~36	3	0	+0.020	−0.031	−0.029		1.8		1.4			
>10~12	4×4	8~45	4	+0.030 0	+0.078 +0.030	−0.012 −0.042	0 −0.030	±0.015	2.5		1.8			
>12~17	5×5	10~56	5						3.0		2.3			
>17~22	6×6	14~70	6						3.5		2.8		0.16	0.25
>22~30	8×7	18~90	8	+0.036 0	+0.098 +0.040	−0.015 −0.051	0 −0.036	±0.018	4.0		3.3			
>30~38	10×8	22~110	10						5.0		3.3			
>38~44	12×8	28~140	12	+0.043 0	+0.120 +0.050	−0.018 −0.061	0 −0.043	±0.0215	5.0		3.3			
>44~50	14×9	36~160	14						5.5		3.8		0.25	0.40
>50~58	16×10	45~180	16						6.0	+0.2 0	4.3	+0.2 0		
>58~65	18×11	50~200	18						7.0		4.4			
>65~75	20×12	56~220	20	+0.052 0	+0.149 +0.065	−0.022 −0.074	0 −0.052	±0.026	7.5		4.9			
>75~85	22×14	63~250	22						9.0		5.4		0.40	0.60
>85~95	25×14	70~280	25						9.0		5.4			
>95~110	28×16	80~320	28						10.0		6.4			

键长度 L 取值：6，8，10，12，14，16，18，20，22，25，28，32，36，40，45，50，56，63，70，80，90，100，110，125，140，160，180，200，220，250，280，320，360，400，500

注：为了方便使用，表中保留了 GB/T 1095－1979 中左边"轴、公称直径 d"一列。

7 销[Pins]

7.1 圆锥销[Taper pins]（GB/T 117－2000）

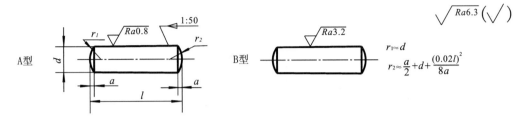

标记示例:公称直径 $d=10$mm、公称长度 $l=60$mm、材料为 35 钢、热处理硬度为(28～38)HRC、表面氧化的 A
型圆锥销,标记为:销 GB/T 117　10×60;如为 B 型,则标记为:销 GB/T 117　B10×60

附表 17 mm

d(公称)	0.6	0.8	1	1.2	1.5	2	2.5	3	4	5
$a\approx$	0.08	0.1	0.12	0.16	0.2	0.25	0.3	0.4	0.5	0.63
l(商品规格范围公称长度)	4～8	5～12	6～16	6～20	8～24	10～35	10～35	12～45	14～55	18～60
d(公称)	6	8	10	12	16	20	25	30	40	50
$a\approx$	0.8	1	1.2	1.6	2	2.5	3	4	5	6.3
l(商品规格范围公称长度)	22～90	22～120	26～160	32～180	40～200	45～200	50～200	55～200	60～200	65～200
l 系列	2, 3, 4, 5, 6, 8, 10, 12, 14, 16, 18, 20, 22, 24, 26, 28, 30, 32, 35, 40, 45, 50, 55, 60, 65, 70, 75, 80, 85, 90, 95, 100, 120, 140, 160, 180, 200									

7.2 圆柱销[Parallel pins]　不淬硬钢和奥氏体不锈钢(GB/T 119.1－2000)

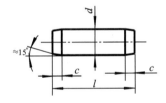

标记示例:公称直径 $d=10$mm、公差为 m6、公称长度 $l=60$mm、材料为钢、不经淬硬、不经表面处理的圆柱销,
标记为:销 GB/T 119.1　10 m6×60

附表 18 mm

d(公称)	0.6	0.8	1	1.2	1.5	2	2.5	3	4	5
$c\approx$	0.12	0.16	0.20	0.25	0.30	0.35	0.40	0.50	0.63	0.80
l(商品规格范围公称长度)	2～6	2～8	4～10	4～12	4～16	6～20	6～24	8～30	8～40	10～50
d(公称)	6	8	10	12	16	20	25	30	40	50
$c\approx$	1.2	1.6	2	2.5	3	3.5	4	5	6.3	8
l(商品规格范围公称长度)	12～60	14～80	18～95	22～140	26～180	35～200	50～200	60～200	80～200	95～200
l 系列	2, 3, 4, 5, 6, 8, 10, 12, 14, 16, 18, 20, 22, 24, 26, 28, 30, 32, 35, 40, 45, 50, 55, 60, 65, 70, 75, 80, 85, 90, 95, 100, 120, 140, 160, 180, 200									

8 轴承 [Bearings]

8.1 深沟球轴承 [Ball Deep groove ball bearings] （摘自 GB/T 276—2013）

附表 19

60000型

轴承代号	外 形 尺 寸/mm		
	d	D	B
10 系列			
608	8	22	7
609	9	24	7
6000	10	26	8
6001	12	28	8
6002	15	32	9
6003	17	35	10
6004	20	42	12
60/22	22	44	12
6005	25	47	12
60/28	28	52	12
6006	30	55	13
60/32	32	58	13
6007	35	62	14
6008	40	68	15
6009	45	75	16
6010	50	80	16
6011	55	90	18
6012	60	95	18
02 系列			
625	5	16	5
626	6	19	6
627	7	22	7
628	8	24	8
629	9	26	8
6200	10	30	9
6201	12	32	10
6202	15	35	11
6203	17	40	12
6204	20	47	14
62/22	22	50	14
6205	25	52	15
62/28	28	58	16
6206	30	62	16
62/32	32	65	17
6207	35	72	17
6208	40	80	18
6209	45	85	19
6210	50	90	20
6211	55	100	21
6212	60	110	22

轴承代号	外 形 尺 寸/mm		
	d	D	B
03 系列			
633	3	13	5
634	4	16	5
635	5	19	6
6300	10	35	11
6301	12	37	12
6302	15	42	13
6303	17	47	14
6304	20	52	15
63/22	22	56	16
6305	25	62	17
63/28	28	68	18
6306	30	72	19
63/32	32	75	20
6307	35	80	21
6308	40	90	23
6309	45	100	25
6310	50	110	27
6311	55	120	29
6312	60	130	31
6313	65	140	33
6314	70	150	35
6315	75	160	37
6316	80	170	39
6317	85	180	41
6318	90	190	43
04 系列			
6404	20	72	19
6405	25	80	21
6406	30	90	23
6407	35	100	25
6408	40	110	27
6409	45	120	29
6410	50	130	31
6411	55	140	33
6412	60	150	35
6413	65	160	37
6414	70	180	42
6415	75	190	45
6416	80	200	48
6417	85	210	52
6418	90	225	54
6419	95	240	55
6420	100	250	58

8.2 圆锥滚子轴承[Tapered roller bearings] （摘自 GB/T 297—1994）

附表 20

30000型

轴承代号	尺寸/mm				
	d	D	T	B	C
13 系列					
31305	25	62	18.25	17	13
31306	30	72	20.75	19	14
31307	35	80	22.75	21	15
31308	40	90	25.25	21	17
31309	45	100	27.25	25	18
31310	50	110	29.25	27	19
31311	55	120	31.5	29	21
31312	60	130	33.5	31	22
31313	65	140	36	33	23
31314	70	150	38	35	25
31315	75	160	40	37	26

轴承代号	尺寸/mm				
	d	D	T	B	C
02 系列					
30202	15	35	11.75	11	10
30203	17	40	13.25	12	11
30204	20	47	15.25	14	12
30205	25	52	16.25	15	13
30206	30	62	17.25	16	14
302/32	32	65	18.25	17	15
30207	35	72	18.25	17	15
30208	40	80	19.75	18	16
30209	45	85	20.75	19	16
30210	50	90	21.75	20	17
30211	55	100	22.75	21	18
30212	60	110	23.75	22	19
30213	65	120	24.75	23	20
30214	70	125	26.25	24	21
30215	75	130	27.25	25	22
03 系列					
30302	15	42	14.25	13	11
30303	17	47	15.25	14	12
30304	20	52	16.25	15	13
30305	25	62	18.25	17	15
30306	30	72	20.75	19	16
30307	35	80	22.75	21	18
30308	40	90	25.75	23	20
30309	45	100	27.25	25	22
30310	50	110	29.25	27	23
30311	55	120	31.5	29	25
30312	60	130	33.5	31	26
30313	65	140	36	33	28
30314	70	150	38	35	30
30315	75	160	40	37	31

轴承代号	尺寸/mm				
	d	D	T	B	C
20 系列					
32004	20	42	15	15	12
320/22	22	44	15	15	11.5
32005	25	47	15	15	11.5
320/28	28	52	16	16	12
32006	30	55	17	17	13
320/32	32	58	17	17	13
32007	35	62	18	18	14
32008	40	68	19	19	14.5
32009	45	75	20	20	15.5
32010	50	80	20	20	15.5
32011	55	90	23	23	17.5
32012	60	95	23	23	17.5
32013	65	100	23	23	17.5
32014	70	110	25	25	19
32015	75	115	25	25	19
22 系列					
32203	17	40	17.25	16	14
32204	20	47	19.25	16	15
32205	25	52	19.25	18	16
32206	30	62	21.25	20	17
32207	35	72	24.25	23	19
32208	40	80	24.75	23	19
32209	45	85	24.75	23	19
32210	50	90	24.75	23	19
32211	55	100	26.75	25	21
32212	60	110	26.75	28	24
32213	65	120	29.75	31	27
32214	70	125	33.25	31	27
32215	75	130	33.25	31	27

8.3 推力球轴承[Thrust ball bearings] （摘自 GB/T 301—2015）

附表 21

51000型

轴承代号	尺 寸/mm			
	d	D	T	D_{1min}
12 系列				
51213	65	100	27	67
51214	70	105	27	72
51215	75	110	27	77
51216	80	115	28	82
51217	85	125	31	88
51218	90	135	35	93
51220	100	150	38	103
13 系列				
51304	20	47	18	22
51305	25	52	18	27
51306	30	60	21	32
51307	35	68	24	37
51308	40	78	26	42
51309	45	85	28	47
51310	50	95	31	52
51311	55	105	35	57
51312	60	110	35	62
51313	65	115	36	67
51314	70	125	40	72
51315	75	135	44	77
51316	80	140	44	82
51317	85	150	49	88
51318	90	155	50	93
51320	100	170	55	103
14 系列				
51405	25	60	24	27
51406	30	70	28	32
51407	35	80	32	37
51408	40	90	36	42
51409	45	100	39	47
51410	50	110	43	52
51411	55	120	48	57
51412	60	130	51	62
51413	65	140	56	67
51414	70	150	60	72
51415	75	160	65	77
51416	80	170	68	82
51417	85	180	72	88
51418	90	190	77	93
51420	100	210	85	103

轴承代号	尺 寸/mm			
	d	D	T	D_{1min}
11 系列				
51100	10	24	9	11
51101	12	26	9	13
51102	15	28	9	16
51103	17	30	9	18
51104	20	35	10	21
51105	25	42	11	26
51106	30	47	11	32
51107	35	52	12	37
51108	40	60	13	42
51109	45	65	14	47
51110	50	70	14	52
51111	55	78	16	57
51112	60	85	17	62
51113	65	90	18	67
51114	70	95	18	72
51115	75	100	19	77
51116	80	105	19	82
51117	85	110	19	87
51118	90	120	22	92
51120	100	135	25	102
12 系列				
51200	10	26	11	12
51201	12	28	11	14
51202	15	32	12	17
51203	17	35	12	19
51204	20	40	14	22
51205	25	47	15	27
51206	30	52	16	32
51207	35	62	18	37
51208	40	68	19	42
51209	45	73	20	47
51210	50	78	22	52
51211	55	90	25	57
51212	60	95	26	62

9 弹簧[Springs]（参考 GB/T 1805—2001，GB/T 4459.4—2003，GB/T 2089—2009 等）

9.1 弹簧概述及术语

弹簧是利用材料的弹性和结构特点，通过变形和储存能量工作的一种机械零（部）件，主要用来减震、夹紧、储能和测力等。国家标准中规定了弹簧标准件的规格。在从事设计工作时，应尽量从标准件中选取，特殊情况可设计非标弹簧。

弹簧的分类方法很多，按其结构形状可分为圆柱螺旋弹簧、变径螺旋弹簧、蜗卷弹簧、非圆形螺旋弹簧、碟形弹簧、板弹簧等。一般使用较多的是圆柱螺旋弹簧，按其功能又可分为圆柱压缩弹簧（Y）、拉伸弹簧（L）及扭转弹簧（N），下面主要以圆柱螺旋弹簧为例进行介绍。

附表 22　弹簧的术语

术　语	定　义	代号	说　明
线径	用于缠绕弹簧的钢丝直径	d	一般按 GB/T 1358 选取
弹簧中径	弹簧内径和外径的平均值	D	一般按 GB/T 1358 选取
弹簧外径	弹簧外圈直径	D_2	$D_2 = D + d$
弹簧内径	弹簧内圈直径	D_1	$D_1 = D - d$
节距	螺旋弹簧两相邻有效圈截面中心线的轴向距离	t	$t = [H_0 - (n_z - 0.5)d]/n$
有效圈数	用于计算弹簧总变形量的簧圈数量	n	一般按 GB/T 1358 选取
总圈数	沿螺旋线两端间的螺旋圈数	n_1	$n_1 = n + n_z$
支承圈数	弹簧端部用于支承或固定的圈数	n_z	YA 型弹簧一般取 1.5 圈、2 圈、2.5 圈
自由高度（长度）	弹簧无负荷作用时的高度（长度）	H_0	一般按 GB/T 1358 选取，YA 型弹簧：$H_0 = nt + (n_z - 0.5)d$
工作高度（长度）	弹簧承受工作负荷作用时的高度（长度）	$H_{1,2,3\cdots n}$	
极限高度（长度）	弹簧承受极限负荷作用时的高度（长度）	H_j	
工作负荷	弹簧工作过程中承受的负荷或扭矩	$F_{1,2,3\cdots n}$ $T_{1,2,3\cdots n}$	
极限负荷	对应于弹簧材料屈服极限的负荷	F_j,T_j	
自由角度	扭转弹簧无扭矩作用时两臂的夹角	φ_0	
旋向	从螺旋弹簧一端观察，以顺时针方向旋转形成为右旋，以逆时针方向旋转形成为左旋		通常右旋可不注，左旋需要标注"左"
应力	单位面积上所受的力	σ、τ	
变形量（挠度）	弹簧沿负荷作用方向产生的相应位移	$f_{1,2,3\cdots n}$	
极限负荷下变形量	弹簧在极限负荷下沿作用方向产生的相应位移	f_j	
螺旋角	螺旋线的升角	γ	$\gamma = \tan^{-1}(t/\pi D)$，$\gamma$ 取：5°～9°
展开长度	制造弹簧所用的坯料长度	L	$L = \pi D n_1/\cos\gamma \approx \pi D n_1$

9.2 弹簧的标记方法

普通圆柱螺旋压缩弹簧的标记由类型代号、规格、精度代号、旋向代号和标准号组成，规定如下：

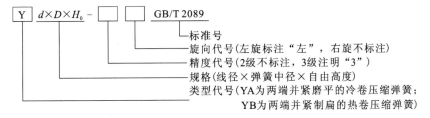

Y $d \times D \times H_0$ - ⬚ ⬚ GB/T 2089

标准号

旋向代号（左旋标注"左"，右旋不标注）

精度代号（2 级不标注，3 级注明"3"）

规格（线径×弹簧中径×自由高度）

类型代号（YA 为两端并紧磨平的冷卷压缩弹簧；YB 为两端并紧制扁的热卷压缩弹簧）

示例 1：YA 型弹簧，线径为 4mm，弹簧中径为 20mm，自由高度为 65mm，精度为 2 级，左旋的两端并紧磨平的冷卷压缩弹簧。标记为：YA $4 \times 20 \times 65$ 左 GB/T 2089

示例 2：YB 型弹簧，线径为 30mm，弹簧中径为 160mm，自由高度为 310mm，精度为 3 级，右旋的两端并紧制扁的热卷压缩弹簧。标记为：YB $30 \times 160 \times 310 - 3$ GB/T 2089

9.3 圆柱螺旋弹簧的画法

附表 23 圆柱螺旋弹簧的画法

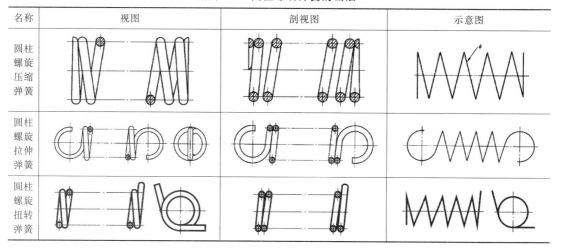

名称	视图	剖视图	示意图
圆柱螺旋压缩弹簧			
圆柱螺旋拉伸弹簧			
圆柱螺旋扭转弹簧			

9.4 圆柱螺旋弹簧的零件工作图示例

（1）圆柱螺旋压缩弹簧

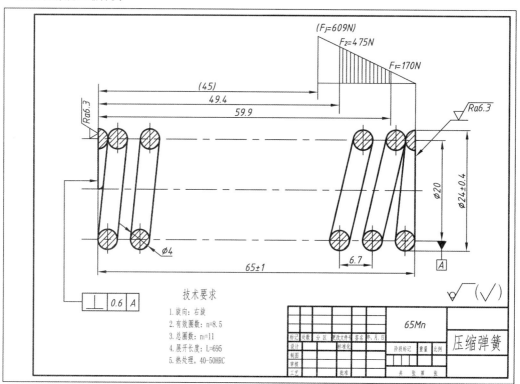

技术要求
1. 旋向：右旋
2. 有效圈数：n=8.5
3. 总圈数：n1=11
4. 展开长度：L=695
5. 热处理，40-50HRC

65Mn

压缩弹簧

（2）圆柱螺旋拉伸弹簧

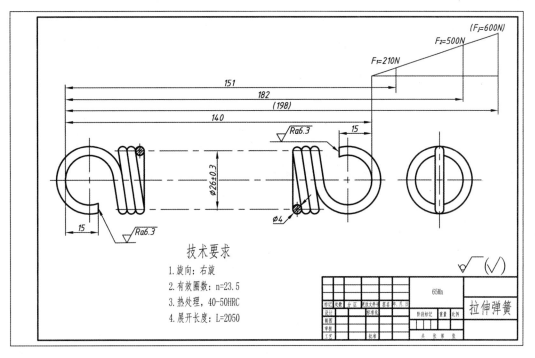

技术要求

1. 旋向：右旋
2. 有效圈数：n=23.5
3. 热处理，40-50HRC
4. 展开长度：L=2050

65Mn

拉伸弹簧

（3）圆柱螺旋扭转弹簧

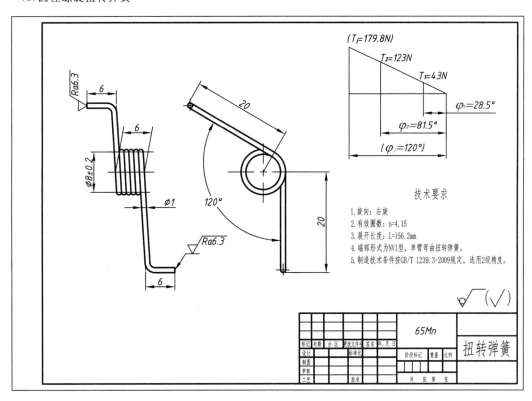

技术要求

1. 旋向：右旋
2. 有效圈数：n=4.15
3. 展开长度：L=156.2mm
4. 端部形式为NVI型，单臂弯曲扭转弹簧。
5. 制造技术条件按GB/T 1239.3-2009规定，适用2级精度。

65Mn

扭转弹簧

10 机械工程 CAD 制图规则[Mechanical engineering drawings rules of CAD]

(摘自 GB/T 14665—2012)

(1)概述

本标准规定了机械工程中用计算机辅助设计(CAD)时的制图规则。适用于在计算机及其外围设备中进行显示、绘制、打印的机械工程图样及有关技术文件。

在机械工程制图中用 CAD 绘制的工程图样,首先应考虑表达准确,看图方便。在完整、清晰、准确地表达机件各部分的前提下,力求制图简便。

(2)图线

在机械工程的 CAD 制图中,所用图线除按照以下规定外,还应遵守 GB/T 17450 和 GB/T 4457.4 中的规定。

机械工程 CAD 制图中的图线宽度,分为粗、细两种,其宽度比为 2∶1。共分为 5 组,粗线宽度分别为 2.0、1.4、1.0、0.7、0.5mm;对应细线宽度方别为 1.0、0.7、0.5、0.35、0.25mm。可根据需要进行选用。

屏幕上图线的颜色,一般设定为:**白色**:粗实线、粗虚线;**绿色**:细实线、波浪线、双折线;**黄色**:细虚线;**红色**:细点画线;**棕色**:粗点画线;**粉红色**:细双点画线

在图线相交时,尽量交在线段上;绘制圆时,可画出圆心符号,如附图 1 所示。

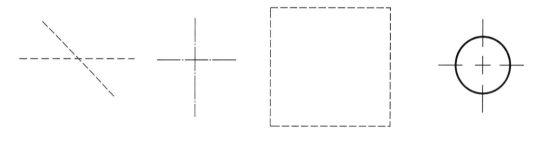

附图 1

(3)字体

在机械工程的 CAD 制图中,所使用的字体,应做到字体端正,笔画清楚,排列整齐,间隔均匀。

在 A0、A1 幅面上,推荐使用汉字的高度为 7mm,数字、字母高度为 5mm;在 A2、A3、A4 幅面上,推荐使用汉字的高度为 5mm,数字、字母高度为 3.5mm。

(4)尺寸线的终端形式

在机械工程的 CAD 制图中,所使用的尺寸线的终端形式有实心箭头、开口箭头、空心箭头、斜线、圆点。机械工程图样中,一般使用实心箭头,当箭头位置不够时,允许用圆点或斜线代替箭头。如附图 2 所示。

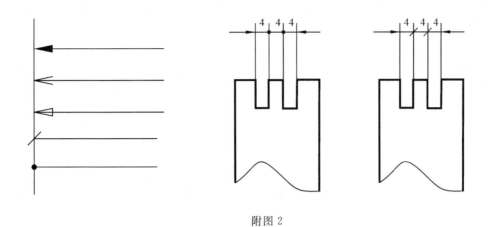

附图2

（5）图样中各种线型在计算机中的分层

在机械工程的 CAD 制图中,图层设置是一个非常重要的内容,推荐图层标示号如附表 24 所示。

附表 24

标识号	描 述	图 例	颜色
01	粗实线		白色
02	细实线 波浪线 双折线		绿色
03	粗虚线		白色
04	细虚线		黄色
05	细点画线		红色
06	粗点画线		棕色
07	细双点划线		粉红色
08	尺寸线,投影连线,尺寸终端与符号细实线,尺寸和公差		
09	参考圆,包括引出线及其终端(如箭头)		
10	剖面符号		
11	文本(细实线)	ABCD	
12	文本(粗实线)	**ABCD**	
13,14,15	用户选用		

参 考 文 献

1. 同济大学,上海交通大学,等. 机械制图(第四版). 北京:高等教育出版社,1997
2. 朱辉,单鸿波,曹桃,等. 画法几何及工程制图(第七版). 上海:上海科技出版社,2013
3. 郑镁. 机械设计中图样表达方法. 西安:西安交通大学出版社,1999
4. 王成刚. 计算机绘图、建模与渲染—AutoCAD、3ds Max 快速入门及应用实训教程. 北京:清华大学出版社,2010
5. 唐克中,朱同钧. 画法几何及工程制图(第二版). 北京:高等教育出版社,1989
6. 朱泗芳. 工程制图(第三版). 北京:高等教育出版社,1999
7. 朱冬梅,胥北澜,何建英. 画法几何及机械制图. 北京:高等教育出版社,2008
8. 大连理工大学工程图学教研室. 机械制图(第七版). 北京:高等教育出版社,2013
9. 谭建荣,张树有,陆国栋,等. 图学基础教程. 北京:高等教育出版社,1999
10. 刘克明. 中国工程图学史. 武汉:华中科技大学出版社,2003
11. 刘林,邓学雄,黎龙. 建筑制图与室内设计制图. 广州:华南理工大学出版社,1997
12. 王成刚,张建新. 工程识图与绘图. 武汉:武汉理工大学出版社,2009
13. 焦永和. 机械制图. 北京:北京理工大学出版社,2001
14. 大连理工大学工程图学教研室. 画法几何学(第七版). 北京:高等教育出版社,2011
15. GIESECKE F E 等. 工程图学(第 8 版). 焦永和,韩宝玲,李苏红,改编. 北京:高等教育出版社,2005
16. 钱可强,汪珍. 机械制图习题集(第四版). 北京:高等教育出版社,1998
17. 大连理工大学工程图学教研室. 机械制图习题集(第六版). 北京:高等教育出版社,2013
18. 徐凤仙,温伯平,朱同钧. 画法几何及工程制图习题集(第二版). 北京:高等教育出版社,1989
19. 董国耀. 机械制图习题集. 北京:北京理工大学出版社,1998
20. 胥北澜,朱冬梅. 画法几何及机械制图习题集. 北京:高等教育出版社,2000
21. 汪应凤,许永年,王颂平. 机械制图习题集(第三版). 武汉:华中理工大学出版社,1996
22. 冯世瑶,孟宪荣,张秀艳. 画法几何及机械制图复习自测题集. 上海:同济大学出版社,1996
23. 刘靖华,蒋寿伟. 速成机械识图、制图、历届试题、电视竞赛题汇编. 上海:上海科学普及出版社,1987
24. 大连理工大学工程图学教研室. 画法几何习题集(第五版). 北京:高等教育出版社,2011
25. 王成刚,谢玉辉. 工程识图与绘图习题集. 武汉:武汉理工大学出版社,2009
26. 朱辉,单鸿波,曹桃,等. 画法几何及工程制图习题集(第七版). 上海:上海科学技术出版社,2013
27. 王成刚,孙靖立,陈倩华. 画法几何及土木工程制图习题集. 武汉:武汉理工大学,2008
28. 王槐德. 机械制图新旧标准代换教程(修订版). 北京:中国标准出版社,2004
29. 国家质量监督检验检疫总局.技术制图 简化表示法 图样画法:GB/T 16675.1—2012.北京:中国标准出版社,2013
30. 国家质量监督检验检疫总局. 技术制图 简化表示法 尺寸标注:GB/T 16675.2—2012.北京:中国标准出版社,2013
31. 国家质量监督检验检疫总局. 产品几何技术规范(GPS)极限与配合 第 1 部分 公差、偏差和配合的基础:GB/T 1800.1—2020.北京:中国标准出版社,2020
32. 国家质量监督检验检疫总局. 产品几何技术规范(GPS)极限与配合 第 2 部分 标准公差等级和孔、轴极限偏差表:GB/T 1800.2—2020.北京:中国标准出版社,2020
33. 王成焘. 现代机械设计——思想与方法. 上海:上海科技文献出版社,1999
34. 王静. 新标准机械图图集. 北京:机械工业出版社,2014